建筑结构设计疑难问题解析与实例

边明钏　编著

中国建筑工业出版社

图书在版编目（CIP）数据

建筑结构设计疑难问题解析与实例/边明钊编著
.—北京：中国建筑工业出版社，2022.2（2023.12重印）
ISBN 978-7-112-27044-6

Ⅰ.①建… Ⅱ.①边… Ⅲ.①建筑结构—结构设计—
研究 Ⅳ.①TU318

中国版本图书馆 CIP 数据核字（2021）第 270055 号

本书分为结构计算、地基基础、地下室、剪力墙与框剪结构、框架结构、综合类、工程事故处理案例及设计案例分析七个篇章，每个篇章由多个专题组成，总计120个专题。既有对当前结构设计中的热点和难点问题的讨论梳理，也有各种结构设计和计算案例及实例的讲解及分析。内容涉及结构设计、结构优化、工程问题处理、鉴定加固等诸多方面。

本书可供从事结构设计的相关专业人员及在校师生使用。

责任编辑：高　悦　王砾瑶
责任校对：张辰双

建筑结构设计疑难问题解析与实例

边明钊　编著

*

中国建筑工业出版社出版、发行（北京海淀三里河路 9 号）
各地新华书店、建筑书店经销
北京龙达新润科技有限公司制版
建工社（河北）印刷有限公司印刷

*

开本：787 毫米×1092 毫米　1/16　印张：14　字数：343 千字
2023 年 1 月第一版　2023 年 12 月第二次印刷
定价：49.00 元
ISBN 978-7-112-27044-6
（38832）

前　言

目前国内建筑结构设计方面的专业图书主要以专家编著的设计规范解读及应用、设计理论教材、结构设计优化等几大类为主，各有侧重。本书编写的出发点和侧重点是结构设计师写给自己的书，其内容都是来自结构设计一线，具有很强的实战性。对于书中所涉及的问题，都是可以直接应用于具体的结构设计之中的，是能够帮助广大结构设计师快速、直接地提高设计能力和解决疑难及常见问题。

作者长期从事建筑结构的设计、审图、优化及鉴定加固工作，多次承担如万科、恒大、万达、新城控股、融创等国内大型房地产企业开发的设计项目以及大型公共建筑和民用建筑、城市综合体、复杂高层建筑、超限建筑设计的结构审核、审定及专业负责人工作，充分了解国内结构设计专业的发展现状。由于工作需要，作者每天要完成大量不同类型的结构设计项目的图纸审核、审定工作，接触大量不同的设计师，他们来自国内各地设计公司，这也让作者在结构设计的专业书籍方面有机会充分了解广大结构设计师的实际和急迫需求。

本书分为结构计算、地基基础、地下室、剪力墙与框剪结构、框架结构、综合类、工程事故处理案例及设计案例分析七个篇章，每个篇章由多个专题组成，总计120个专题。既有对当前结构设计中的热点和难点问题的讨论梳理，也有各种结构设计和计算案例及实例的讲解及分析。内容涉及结构设计、结构优化、工程问题处理、鉴定加固等诸多方面。

本书讨论的所有专题都是作者多年从实际结构设计图纸中沉淀提炼而来的，是一线设计师随时可能遇到的问题。例如管桩严重偏位处理、基础埋深放宽尺度案例、钻孔灌注桩偏位处理、桩基遇溶洞问题处理等案例，都是从作者的实际项目中提炼而来的，具有很高的可操作性和参考价值。

本书每个专题力求综合设计理论、设计规范、模型计算、常用软件、构造要求、实际操作等知识进行梳理解读。在书中所涉及的问题上，希望本书既能为成熟的结构设计师解决不时之需，又能对广大青年设计师提供全面贴身的帮助，希望能成为结构设计师的具有较强实操性的专业书籍。同时本书也可以作为毕业后准备从事建筑结构设计工作的广大在校本科生、研究生走向结构设计师岗位的参考书籍。

由于作者水平有限，书中难免存在不足甚至是谬误之处，恳请读者批评指正。

目　录

结构计算

说明：本篇中涉及的主要规范为《高层建筑混凝土结构技术规程》JGJ 3—2010（简称《高规》）、《建筑抗震设计规范》GB 50011—2010（简称《抗规》）和《建筑结构荷载规范》GB 50009—2012（简称《荷载规范》）。

专题 1.1　楼层剪重比超限的调整方法你用对了吗

楼层最小地震剪力系数（剪重比）是楼层剪力和其上各层重力荷载代表值之和的比值。《抗规》中 5.2.5 条，规定任意楼层的最小地震剪力系数（剪重比），不应小于表 5.2.5 对应的最小值，为强制性条文。

满足最小地震剪力是结构后续抗震计算的前提，如果不满足最小地震剪力要求，必须调整。结构倾覆力矩、内力、位移等都需要重新计算。所以结构剪重比的检查和调整是非常重要的。

那么，当计算输出信息显示，在有效质量系数达到 90% 的前提下，楼层剪重比小于上述的最小值时，是不是只要按规范乘以相应的放大系数就可以了？在实际的设计过程中，很多设计师就是这样处理的。但这样简单处理显然是不够的，设计中常规处理怎样操作合适呢？

首先要清楚，出现上述这种情况，说明结构布置可能存在问题，结构刚度可能不合理，结构存在缺陷。那既然存在缺陷，作为设计师首先就要判断这种缺陷的严重程度，针对不同程度的缺陷，采取不同的调整方法，才是正确的做法。

软件自动调整：以 PKPM 为例，在内力调整信息的剪重比调整选项中勾选调整，程序自动按《抗规》5.2.5 条调整各楼层地震内力参数，当剪重比不满足时，程序计算会自动乘以一个地震剪力调整放大系数，来满足规范对剪重比的要求（如何按照《抗规》要求，根据结构自振周期大小来进行剪重比的精细化调整不在这里讨论）。图 1.1-1 是某项目的地震剪力自动调整的输出信息示意：

但是，不是什么情况都能通过软件自动调整就可以解决的。《抗规》中 5.2.5 条的条文说明明确要求，当底部总剪力相差较多时，结构的选型和总体布置需要重新调整，此时不能仅仅采用乘以放大系数的方法处理。

规范并没有明确给出何时需要这样做的具体标准，实际设计中建议按以下原则把握为

=========各楼层地震剪力系数调整情况 [抗震规范(5.2.5)验算]=========

层号	塔号	X向调整系数	Y向调整系数	
1	1	1.000	1.000	
2	1	1.093	1.061	:本层地震剪力不满足抗震规范 (5.2.5),已作调整
3	1	1.093	1.061	:本层地震剪力不满足抗震规范 (5.2.5),已作调整
4	1	1.093	1.061	:本层地震剪力不满足抗震规范 (5.2.5),已作调整
5	1	1.093	1.061	:本层地震剪力不满足抗震规范 (5.2.5),已作调整
6	1	1.093	1.061	:本层地震剪力不满足抗震规范 (5.2.5),已作调整
7	1	1.093	1.061	:本层地震剪力不满足抗震规范 (5.2.5),已作调整
8	1	1.093	1.061	:本层地震剪力不满足抗震规范 (5.2.5),已作调整
9	1	1.093	1.061	:本层地震剪力不满足抗震规范 (5.2.5),已作调整
10	1	1.093	1.061	:本层地震剪力不满足抗震规范 (5.2.5),已作调整
11	1	1.093	1.061	:本层地震剪力不满足抗震规范 (5.2.5),已作调整
12	1	1.093	1.061	:本层地震剪力不满足抗震规范 (5.2.5),已作调整
13	1	1.093	1.061	:本层地震剪力不满足抗震规范 (5.2.5),已作调整
14	1	1.093	1.061	:本层地震剪力不满足抗震规范 (5.2.5),已作调整
15	1	1.093	1.061	:本层地震剪力不满足抗震规范 (5.2.5),已作调整
16	1	1.093	1.061	:本层地震剪力不满足抗震规范 (5.2.5),已作调整
17	1	1.093	1.061	:本层地震剪力不满足抗震规范 (5.2.5),已作调整
18	1	1.093	1.061	:本层地震剪力不满足抗震规范 (5.2.5),已作调整

图 1.1-1 楼层地震剪力调整系数输出示意图

宜:当较多楼层(20%~30%以上的楼层)的剪重比不满足最小要求时且底部楼层剪重比小于最小值较多(小于最小值的80%或85%)时,就不应仅采取软件的放大系数调整了,而应对结构方案进行调整。下面举个设计案例说明这个过程。

某高层共 29 层,岩石地基,6 度区,无地下室。软件的计算输出信息如下,图 1.1-2 是楼层 X 方向的剪重比,图 1.1-3 是软件自动调整的放大系数。可以看到下面 1-13 层剪重比都小于规范的最小值 0.8%,并且底层输出剪重比为 0.58%,只有规范最小值的 72.5%,属于底层剪重比相差较多的情况。

29	1	52.27	86.53(4.38%)	(4.38%)		525.61	16.20
	2	9.04	9.04(4.34%)	(4.34%)		43.84	2.62
28	1	143.46	173.05(2.19%)	(2.19%)		948.34	68.11
27	1	102.70	254.42(1.89%)	(1.89%)		1599.10	63.95
26	1	99.93	317.78(1.67%)	(1.67%)		2457.86	61.66
25	1	94.03	370.25(1.51%)	(1.51%)		3473.30	59.37
24	1	97.19	413.86(1.37%)	(1.37%)		4611.14	57.08
23	1	96.12	453.16(1.27%)	(1.27%)		5850.03	54.79
22	1	94.54	486.12(1.18%)	(1.18%)		7174.31	52.50
21	1	101.26	516.51(1.10%)	(1.10%)		8570.03	50.21
20	1	98.33	545.47(1.04%)	(1.04%)		10030.86	47.92
19	1	101.99	572.38(0.99%)	(0.99%)		11551.32	45.63
18	1	102.86	599.11(0.94%)	(0.94%)		13129.13	43.35
17	1	102.21	624.17(0.90%)	(0.90%)		14761.66	41.06
16	1	107.26	649.14(0.87%)	(0.87%)		16448.22	38.77
15	1	104.21	674.02(0.84%)	(0.84%)		18188.13	36.48
14	1	107.98	697.73(0.81%)	(0.81%)		19981.59	34.19
13	1	109.37	722.05(0.79%)	(0.79%)		21829.61	31.90
12	1	106.78	745.10(0.77%)	(0.77%)		23731.90	29.61
11	1	112.16	767.22(0.75%)	(0.75%)		25688.43	27.32
10	1	109.98	788.87(0.73%)	(0.73%)		27698.32	25.03
9	1	114.77	809.48(0.71%)	(0.71%)		29760.23	22.74
8	1	119.26	831.70(0.70%)	(0.70%)		31873.42	20.45
7	1	115.81	854.06(0.69%)	(0.69%)		34040.55	18.10
6	1	123.01	876.78(0.67%)	(0.67%)		36261.49	15.82
5	1	117.83	900.41(0.66%)	(0.66%)		38535.75	13.48
4	1	179.81	941.12(0.65%)	(0.65%)		40872.46	18.99
3	1	82.38	960.03(0.64%)	(0.64%)		43271.66	7.43
2	1	242.54	1016.73(0.60%)	(0.60%)		47511.41	22.58
1	1	125.64	1064.89(0.58%)	(0.58%)		50728.34	8.33

抗震规范(5.2.5)条要求的X向楼层最小剪重比 = 0.80%

图 1.1-2 楼层 X 向的剪重比输出示意图

==========各楼层地震剪力系数调整情况 [抗震规范(5.2.5)验算]==========

层号	塔号	X向调整系数	Y向调整系数	
1	1	1.345	1.131	:本层地震剪力不满足抗震规范 (5.2.5),已作调整
2	1	1.345	1.131	:本层地震剪力不满足抗震规范 (5.2.5),已作调整
3	1	1.345	1.131	:本层地震剪力不满足抗震规范 (5.2.5),已作调整
4	1	1.345	1.131	:本层地震剪力不满足抗震规范 (5.2.5),已作调整
5	1	1.345	1.131	:本层地震剪力不满足抗震规范 (5.2.5),已作调整
6	1	1.345	1.131	:本层地震剪力不满足抗震规范 (5.2.5),已作调整
7	1	1.345	1.131	:本层地震剪力不满足抗震规范 (5.2.5),已作调整
8	1	1.345	1.131	:本层地震剪力不满足抗震规范 (5.2.5),已作调整
9	1	1.345	1.131	:本层地震剪力不满足抗震规范 (5.2.5),已作调整
10	1	1.345	1.131	:本层地震剪力不满足抗震规范 (5.2.5),已作调整
11	1	1.345	1.131	:本层地震剪力不满足抗震规范 (5.2.5),已作调整
12	1	1.345	1.131	:本层地震剪力不满足抗震规范 (5.2.5),已作调整
13	1	1.345	1.131	:本层地震剪力不满足抗震规范 (5.2.5),已作调整
14	1	1.345	1.131	:本层地震剪力不满足抗震规范 (5.2.5),已作调整
15	1	1.345	1.131	:本层地震剪力不满足抗震规范 (5.2.5),已作调整
16	1	1.345	1.131	:本层地震剪力不满足抗震规范 (5.2.5),已作调整
17	1	1.345	1.131	:本层地震剪力不满足抗震规范 (5.2.5),已作调整
18	1	1.345	1.131	:本层地震剪力不满足抗震规范 (5.2.5),已作调整
19	1	1.345	1.131	:本层地震剪力不满足抗震规范 (5.2.5),已作调整
20	1	1.345	1.131	:本层地震剪力不满足抗震规范 (5.2.5),已作调整
21	1	1.345	1.131	:本层地震剪力不满足抗震规范 (5.2.5),已作调整
22	1	1.345	1.131	:本层地震剪力不满足抗震规范 (5.2.5),已作调整
23	1	1.345	1.131	:本层地震剪力不满足抗震规范 (5.2.5),已作调整
24	1	1.345	1.131	:本层地震剪力不满足抗震规范 (5.2.5),已作调整
25	1	1.345	1.131	:本层地震剪力不满足抗震规范 (5.2.5),已作调整
26	1	1.345	1.131	:本层地震剪力不满足抗震规范 (5.2.5),已作调整
27	1	1.345	1.131	:本层地震剪力不满足抗震规范 (5.2.5),已作调整
28	1	1.345	1.131	:本层地震剪力不满足抗震规范 (5.2.5),已作调整
29	1	1.345	1.131	:本层地震剪力不满足抗震规范 (5.2.5),已作调整

图 1.1-3　楼层地震剪力调整系数输出示意图

可以看到 X 向楼层最小剪重比超限,超限性质属于超限层数较多,层数为 13 层,$13/29=44.8\%$,底部剪重比超限较大,$0.58/0.8=72.5\%$。这一点从软件自动计算时输出的放大系数也可以看出来,X 向的调整系数已经大于 1.3,说明结构存在明显缺陷,不再适合采用软件进行自动调整了,必须对结构布置和结构刚度(构件尺寸和设置位置)进行调整。不同结构,具体方法不同,但都是以采用增大结构的刚度,以减小结构的基本周期,来达到提高剪重比的方法进行调整。直到调整后的结构经重新计算,满足剪重要求为止。本案例具体调整不在这里讨论,结构调整的方向可以参看专题 1.15。

总之,调整结构方案,尽量让剪重比接近规范要求。如果还不满足,但是程度不那么严重了,可以再进行软件的自动调整。这才是剪重比不足时调整的正确方法。如果只是一味盲目地依靠软件自动调整,在很多情况下会给结构设计带来隐患。

专题 1.2　风载信息中结构基本周期正确取值的讨论

采用 PKPM 或 YJK 软件进行结构计算时,对于总信息中用于结构风荷载计算的结构基本周期的数据,几乎所有设计师都是用后处理结果文件 WZQ. OUT 中的第一自振周期的计算值去进行回代计算,这可能是不准确的。

本专题针对目前普遍采用的建模计算方法,对结构风荷载以及地震作用的影响及正确性进行讨论。

我们首先讨论上述情况对结构的风荷载计算是否合理、是否符合规范要求。

《荷载规范》中 8.4 条：30m 以上结构风载相关的结构自振周期按附录 F。以剪力墙结构为例，近似可按 $T_1=(0.05-0.1)n$，或者：$T_1=0.03+0.03H/\sqrt[3]{B}$（实测推导而来，其中 T_1 为结构的自振周期，n 为建筑总层数，H 为房屋总高度 m，B 为房屋宽度 m）。

由此可知，《荷载规范》中推荐计算风振系数的周期只和建筑的层数、高度、宽度等建筑体型有关。此时的结构基本周期应该是现实中结构真实的基本周期。

下面是某六层框架结构基本周期的对比计算测试结果。

当周期折减系数取 $T_c=0.70$ 时，WZQ. OUT 文件输出的结构周期信息如下：

振型号	周期	转角	平动系数（$X+Y$）	扭转系数
1	1.4833	1.15	1.00(1.00+0.00)	0.00
2	1.2354	91.26	0.97(0.00+0.97)	0.03

各振型作用下 X 方向的基底剪力值：剪力（kN）=1292.99

当周期折减系数取 $T_c=1.00$ 时，WZQ. OUT 文件输出的结构周期信息如下：

振型号	周期	转角	平动系数（$X+Y$）	扭转系数
1	1.4833	1.15	1.00(1.00+0.00)	0.00
2	1.2354	91.26	0.97(0.00+0.97)	0.03

各振型作用下 X 方向的基底剪力值：剪力（kN）=937.96

从计算结果可以看到，当前处理输入的周期折减系数不同时，计算结果中 WZQ. OUT 文件输出的结构周期值是不变的，都是 1.4833 和 1.2354。

所以，WZQ. OUT 中的周期是没有考虑周期折减的结果，是不考虑填充墙作用时的周期，可以认为是模型周期。这时电算的 T_1 是周期指标的计算结果，只是主体结构的基本周期，是一个只有主体构件、没有填充墙等非结构构件的结构的基本周期。

而前述的《荷载规范》中 8.4 条要求，结构风载计算用的是实际建筑的自振周期，填充墙是实际存在的，也就是应该对应模型中折减后的周期。

就是说前处理中的基本周期用来算风荷载，应该是真实结构的基本周期，所以直接采用 WZQ. OUT 中的第一自振周期的计算结果去进行回代计算是不准确的，正确的做法是用 WZQ. OUT 中的第一自振周期的计算结果再乘以周期折减系数后的数值到前处理中进行回代计算。这样得到的风荷载结果才是符合荷载规范要求的。

下面再讨论上述情况对结构的地震作用的计算结果是否符合规范要求。

《抗规》中 5.1.4 条：地震影响系数应根据烈度、场地类别、地震分组、结构自振周期和阻尼比确定。（强条）

《高规》中 4.3.16 条：计算各振型地震影响系数所采用的结构自振周期应考虑非承重墙体的刚度影响予以折减。

采用加速度反应谱计算地震作用时，$F=\alpha G$，其中 F 为地震作用，α 为地震影响系数值，G 为重力荷载代表值。

可以看出，结构地震作用和结构自振周期相关，并且是考虑非承重墙体的刚度影响予以折减后对应的自振周期。

从上面框架结构的对比计算测试结果可以看到，周期折减前后地震作用下 X 方向的基底剪力值是不同的，分别为：剪力（kN）＝1292.99 和 937.96。说明 PKPM 计算地震作用的周期在计算过程中被乘以折减系数了，地震作用的结果是正确的，和规范要求是一致的。

综上，SATWE 风载信息中需要设计人填写的结构基本周期应该是用后处理计算的第一振动周期乘以折减系数后回代才准确（30m 以上和较柔的建筑会体现出影响）。

计算书中输出的周期是未折减的，但是需要注意的是，如果你前面填写了周期折减系数之后，在程序内部计算地震作用的时候，可能会考虑这个折减系数。注意地震力计算时不要重复折减。

所以，电算 T_1、T_2 乘以周期折减系数，用这个值回代计算风荷载，对结构的风荷载计算才是准确的、真实的。以上讨论仅供设计师参考。

专题 1.3　梁扭矩折减系数 0.4 的注意事项

《高规》中 5.2.4 条规定，楼面梁受扭计算中未考虑楼盖对梁扭转的约束作用时，可对梁的计算扭矩予以折减。一般情况，现浇楼板采用刚性楼板假定时，折减系数取值范围 0.4～1.0，常用的结构设计软件默认 0.4。

目前常用的如 PKPM、YJK 等结构设计软件，程序都是通过这个扭矩折减系数来考虑楼板等因素对梁的抗扭转约束作用的，否则梁的计算扭矩是比实际情况偏大的，在计算中应进行适当的折减。

设计中基本都是直接选取默认值 0.4，需要注意是，有些情况下，如果不按实际调整，可能会造成一些实际确实存在很大扭矩的构件的不安全。

首先，在计算时，软件对所有梁构件的扭矩都按照输入的扭矩折减系数进行了折减。这会造成实际确实存在很大扭矩的折梁、曲梁或弧梁的扭矩也被进行了折减，使结构存在安全隐患。这些构件扭矩是不宜进行过多的折减，特别是这类构件一般多是属于结构的边梁，扭矩更不应折减（顺便说一下，PKPM 软件是用折梁模型简化计算弧形梁的，跨中弯矩结果偏于不安全，当圆心角＞40°时更加明显，设计师应单独计算复核）。

其次，若是存在非现浇楼板、楼板开洞或者是设定了弹性楼板等情况，这些部位的梁是没有或只有很小的楼板约束的，梁扭矩也是应该不折减或少折减的。

也有的计算软件对弧形梁、两侧没有楼板的梁是默认不折减的，设计师应注意根据实际情况进行复核。

还有跨度较大的悬挑板及大跨楼面板（如大的客厅处），因其周边梁的抗扭是不足的，也不适宜过多折减。

这种情况，软件计算的处理一般有以下几种方法：

若有的梁需要折减，有的梁不需要折减，我们可以设定折减系数两次，分别取相应各自的计算结果执行。

也可以在"特殊构件补充定义"中的"特殊梁"里交互指定有特殊要求的楼层各梁的扭矩折减系数。

如果更精细化设计时，还需要根据板厚、梁截面大小、单侧楼板、双层侧楼板的关系，在 0.4～1.0 之间调整扭矩折减系数，以便得到更准确的梁扭矩折减系数。

专题 1.4　总信息文件中相邻层侧移刚度比应用解读

PKPM 总信息文件中给出的几种相邻层侧移刚度及其比值多少合理、依据是什么？如何应用？解读整理如下：

（1）R_{atx}，R_{aty}：X、Y 方向本层塔侧移刚度与下一层相应塔侧移刚度的比值（剪切刚度）。

用于特别不规则结构的判断。根据《抗规》中 3.4.1 条文说明的表一：当本层侧向刚度小于相邻上层的 50% 时，属于特别不规则结构。因此这个比值需要满足 2 以内，否则本层刚度比下层刚度大于等于 2 倍了，就是说本层刚度和上层刚度比值小于 0.5 了，结构属于特别不规则，这是不允许的。

用于地下室顶板作为上部结构的嵌固部位的判断。根据《抗规》中 6.1.14 条的规定，以及《高规》中 5.3.7 条的规定：当首层的 R_{atx} 和 R_{aty} 小于 0.5 时，地下室才可作为上部结构的嵌固端。

用于结构软弱层的判断。根据《高规》中 3.5.2 条的规定：对框架结构，楼层与相邻上层的侧向刚度比，不宜小于 0.7。此时 R_{atx} 和 R_{aty} 应小于 1.428，否则将形成软弱层。

对其他常见的结构形式，楼层与相邻上层的侧向刚度比，不宜小于 0.9。此时 R_{atx} 和 R_{aty} 应小于 1.111，否则将形成软弱层。

（2）R_{atx1}，R_{aty1}：X、Y 方向本层塔侧移刚度与上一层相应塔侧移刚度 70% 的比值或上三层平均侧移刚度 80% 的比值中之较小者（抗侧刚度）。

用于结构的规则性判断。R_{atx1}、R_{aty1} 的值主要是针对框架结构的，对其他结构没有实际意义。根据《抗规》中 3.4.3 条要求，当 R_{atx1}，R_{aty1} 都大于 1 时，框架结构在两个方向的侧向刚度才能满足连续变化和竖向规则性的要求，否则为软弱层。

根据《高规》中 3.5.2 条要求，当 R_{atx1}，R_{aty1} 都大于 1 时，框架结构才不会形成软弱层。

《抗规》对应的是表 3.4.3-2 中侧向刚度不规则项。

（3）R_{atx2}，R_{aty2}（抗侧刚度）：X、Y 方向本层塔侧移刚度与相邻上一层塔侧移刚度 90%、110% 或者 150% 比值（110% 是针对当本层层高大于相邻上层层高 1.5 倍时，150% 是针对嵌固层时）。

用于结构的规则性判断。根据《高规》中 3.5.2 条的规定，R_{atx2}、R_{aty2} 的值只针对框-剪、板柱-剪、剪力墙结构、框筒、筒中筒结构。当 R_{atx2}、R_{aty2} 都大于 1 时，说明结构侧向刚度连续，满足竖向规则性的要求，否则形成软弱层。

专题 1.5　剪力墙稳定性验算案例

（1）剪力墙截面如图 1.5-1 所示，相关信息见表 1.5-1。

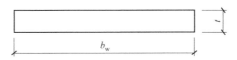

图 1.5-1 剪力墙截面图

已知条件   表 1.5-1

截面形式	一字形
抗震等级	三级
墙肢所在部位	底部加强区
荷载输入方式	竖向荷载设计值
荷载设计值 N(kN)	5900.00
所在楼层层高 h(mm)	5700
腹板厚度 t(mm)	300
腹板高度 b_w(mm)	2400
翼缘厚度 t_1(mm)	0
翼缘厚度 t_2(mm)	0
翼缘高度 bf_1(mm)	0
翼缘高度 bf_2(mm)	0
翼缘高度 bf_3(mm)	0
翼缘高度 bf_4(mm)	0
混凝土强度等级	C50

（2）墙最小厚度验算。

剪力墙最小厚度构造要求：

根据《高规》中 7.2.1 条第 3 款，三级一字形剪力墙，底部加强部位不应小于 180mm，即 t_{min}＝180mm。

项目剪力墙腹板厚度 t＝300mm≥t_{min}＝180mm，满足剪力墙构造厚度要求。

（3）墙肢稳定验算。

混凝土强度等级为 C50，混凝土弹性模量 E_c＝34500N/mm²。

剪力墙墙肢计算长度系数 β：

根据《高规》附录 D.0.3-1，单片独立墙肢（两边支承），β＝1.00。

剪力墙墙肢计算长度 l_0：

根据《高规》附录 D.0.2，剪力墙墙肢计算长度 l_0 应按下式计算：

l_0＝βh＝1.00×5700＝5700mm，h 为墙肢所在楼层的层高。

根据《高规》附录 D.0.1，可知墙肢最大承载力应不大于 $E_c t^3/10l_0^2$，剪力墙最大承载力 q_{max}≤34500×300³/10×5700²＝2867kN/m

墙肢竖向均载 q：

截面面积 A＝300×2400＝720000mm²

墙肢均布荷载设计值：

$$q = N \cdot t / A = 5900.00 \times 300 \times 1000 / 720000 = 2458.3\text{kN/m}$$

（4）结论：

$q = 2458.3\text{kN/m} \leqslant q_{\max} = 2867\text{kN/m}$，根据《高规》附录 D.0.1，满足剪力墙稳定性计算要求。

专题 1.6　特殊情况的抗倾覆验算案例

主塔楼为 28 层剪力墙结构，高度为 86m，山地建筑，场区地形起伏较大，刚性整体筏板基础，塔楼底部"两层地下室"总高度为 9m，宽度为 32m，宽度方向一侧为填土，另外一侧没有填土，为开敞式直接连接室外地面。

以宽度方向为例，地震作用下抗倾覆验算过程如下：

对高层建筑，在荷载作用下，为了防止出现地基压应力过于集中的情况，需要对基础底面压应力较小一端的应力状态加以限制，要求高层结构需要满足《高规》中 12.1.7 条关于基础底面零应力区的要求，具备足够的抗倾覆能力，否则应验算结构的整体倾覆。

需要注意的是，模型中无法准确反映填土情况时，仅仅检查 YJK 结构软件计算总信息中结构整体抗倾覆验算的输出信息是不够的，需要设计师自行完成抗倾覆的补充计算。

本项目 YJK 结构软件计算总信息中结构整体抗倾覆验算的输出信息如下：

	抗倾覆力矩 M_r	倾覆力矩 M_{ov}	比值 M_r/M_{ov}	零应力区（%）
Y 向风	1.853E+007	1.025E+006	18.07	0.00
Y 地震	1.779E+007	9.641E+005	18.45	0.00

根据《高规》12.1.7 条，倾覆计算时，水平荷载和地震作用可以分别考虑，取不利结果选用即可，仅从上面的信息可以看到，结构满足整体抗倾覆的验算要求。

但是，由于本建筑地下室存在总高度为 9m 的单侧填土问题，对这种仅单侧（或两侧、三侧）有填土、模型中不易如实反映的以及有更高要求的建筑等较为复杂的情况，还应取荷载不利组合结果进行补充对比计算。这个过程需要手工计算复核。实际设计过程中，这个部分是很多设计师容易忽视的。

本工程结构建模时因实际情况比较复杂，无法输入地下室一侧的 9m 高填土，其倾覆力矩需要单独计算。根据土力学相关公式，Y 向侧土产生的倾覆力矩 M_{ov1} 计算如下：

$$\text{静止土压力} = 0.5 \times \text{土密度} \times \text{高度} \times \text{高度} \times \text{静止土压力系数} =$$
$$0.5 \times 18 \times 9 \times 9 \times 0.55 = 400.95\text{kN/m}$$
$$\text{总的土水平力} = \text{静止土压力} \times \text{挡土长度} = 400.95 \times 32 = 12830.4\text{kN}$$
$$M_{ov1} = \text{总的土水平力} \times 9/3 = 12830.4 \times 9/3 = 38491\text{kN} \cdot \text{m}$$

根据《荷载规范》，结构抗倾覆验算应采用荷载基本组合值。上面 YJK 输出的只是在单独的风荷载和地震作用下的倾覆比值的结果。本项目，应对侧土压力产生的倾覆力矩、地震作用产生的倾覆力矩和风荷载产生的倾覆力矩，按作用基本组合计算确定。

根据《高规》中 5.6.3 和 5.6.4 条，地震状况下，高层建筑基本组合值考虑风荷载时，需要额外乘以组合值系数，该系数这里应取 0.2。

因 YJK 输出的结果为设计值，所以考虑土的作用、地震、风荷载作用下，Y 向总的倾覆力矩应为（YJK 输出的 Y 向最小抗倾覆力矩为 1.779×10^{7}）：
$$M_{ov}=1.3\times38491+964100+1025000\times0.2$$
$$=1219138kN\cdot m=1.219\times10^{7}kN\cdot m<1.779\times10^{7}$$

最终比值 $M_r/M_{ov}=1.779\times10^{7}/1.219\times10^{7}=14.6>3.0$，满足要求。

注：根据朱炳寅的《高层建筑混凝土结构技术规程应用与分析》中的要求，基底零应力区的条件是，抗倾覆安全系数大于等于 3.0；基底零应力区面积不超过基底面积 15% 的条件是，抗倾覆安全系数大于等于 2.3。

专题 1.7 考虑稳定系数的受压桩承载力验算案例

山区洼地建筑，主楼范围内灌注桩桩径 900mm，混凝土为 C30，持力层为中风化基岩，嵌岩 1.0m。其桩身纵筋为 23 根直径为 14 钢筋，5D 内箍筋加密（D 为桩身直径），单桩反力 5000kN，区域内最大回填土深度为 11m，属于新近填土且松散，下层为 4m 厚粉土和基岩层。

根据《建筑桩基技术规范》JGJ 94—2008（简称《桩规》）中 5.8.4 条，对于高承台桩、穿越液化土的桩，桩身承载力验算时需要考虑压屈稳定影响。本项目上部为较厚的新近回填土且松散，设计中建议按这条规范要求补充验算（考虑新近回填土层存，设计中按高承台桩复核）。

根据《桩规》5.8.2 条，桩身受压承载力计算如下：
$$\psi_c f_c A_{ps}+0.9f'_y A'_s=0.7\times14.3\times(3.14\times450\times450)+0.9\times360\times(23\times154)=7512kN$$

式中　ψ_c——成桩工艺系数，取 0.7；
　　　f_c——混凝土轴心抗压强度设计值；
　　　A_{ps}——桩截面面积；
　　　f'_y——纵向主筋抗压强度设计值；
　　　A'_s——纵向主筋截面面积。

根据《桩规》5.8.4 条，考虑压屈稳定影响计算。

根据《桩规》5.7.5 条，本工程桩侧土水平抗力系数的比例系数实取 $m=0.000014N/mm^2$。

桩身的计算宽度 $b_0=0.9\times(1.5\times900+500)=1665mm$

根据《桩规》5.7.2-6 条：

桩身抗弯刚度：$EI=0.85E_c I_0$，其中 E_c 为混凝土弹性模量（$\times10^4 N/mm^2$），I_0 为桩身换算截面惯性矩（mm^4）

$$EI=0.85\times30000\times3.14900\times900\times900\times900/64=0.85\times30000\times32189906250$$
$$=8.21\times10^{14}N\cdot mm^2$$

$$\frac{mb_0}{EI}=0.000014\times1665/(0.85\times30000\times32189906250)=2.84\times10^{-17}$$

桩水平变形系数为：$\alpha=\sqrt[5]{\dfrac{mb_0}{EI}}=0.00047$

本项目中桩入土长度 $h=15m\geqslant4/0.00047=8510mm=8.51m$，根据《桩规》5.8.4 条：

$$L_c = 0.7 \times (l_0 + 8.510) = 0.7 \times (11 + 8.510) = 12.957\text{m}$$

其中 l_0 为高承台基桩露出地面的长度。

$$L_c = 12.957\text{m}, d = 0.9\text{m}, L_c/d = 12.957/0.9 = 14.4$$

根据《桩规》表 5.8.4-2，桩身稳定系数可取 0.86。

则考虑压屈稳定后的桩身承载力为：$0.86 \times 7512 = 6460\text{kN}$，大于桩反力 5000kN。主楼范围内单桩最大桩基反力为 5000kN，由此可知，桩身承载力满足要求。

专题 1.8 三种不同结构抗侧刚度的主要适用范围

结构抗侧刚度常用的三种计算方法是楼层剪切刚度、楼层剪力和层间位移比、楼层剪弯刚度。

楼层剪切刚度：$K = GA/h$。G 为楼层混凝土剪变模量，A 为楼层抗剪面积，h 为层高。

楼层剪力和层间位移比：$K = V/\Delta$。V 为地震下楼层剪力，Δ 为地震下层间位移。

楼层剪弯刚度（单位力作用下的层间位移角）：$K = H/\Delta$。H 为层高，Δ 为单位力下的层间位移。

由上述可见，三种刚度的性质不同，并没有必然的联系，规范给它们确定了不同的适用范围。

楼层剪切刚度规范应用：

《抗规》第 6.1.14 条、《高规》第 5.3.7 条，当地下室顶板作为上部结构的嵌固部位时，地下室结构的侧向刚度与上部结构的侧向刚度之比不宜小于 2。嵌固部位判断时侧向刚度计算采用的是剪切刚度。

《高规》附录 E.0.1 条，转换层在 1~2 层时（底部大空间），可近似采用转换层上、下层结构等效剪切刚度比 γ_{el} 表示转换层上、下层结构刚度的变化，γ_{el} 宜接近 1，非抗震设计时 γ_{el} 不应小于 0.4，抗震设计时 γ_{el} 不应小于 0.5。这里侧向刚度的计算采用剪切刚度。

楼层地震剪力和层间位移比规范应用：

《抗规》第 3.4.1 条，本层侧向刚度小于相邻上层的 50%，为特别不规则结构。

《抗规》3.4.2 和 3.4.3 条，楼层侧向刚度不宜小于上部相邻楼层侧向刚度的 70% 或其上相邻三层侧向刚度平均值的 80%，是规则性判断的条件之一。

《高规》3.5.2 条，框架结构本层与相邻上层的侧向刚度比不宜小于 0.7，与相邻上部三层侧向刚度平均值的比值不宜小于 0.8，用于软弱层判断。

对含有剪力墙的结构，本层与相邻上层的侧向刚度比不宜小于 0.9；且本层层高大于上层层高的 1.5 倍时，该比值不宜小于 1.1；对结构底部嵌固层，该比值不宜小于 1.5，用于软弱层判断。

《高规》附录 E.0.2 条，转换层设置在 2 层以上时，转换层与相邻上层的侧向刚度比不应小于 0.6。

《高规》附录 E.0.3 条，转换层设置在 2 层以上时，转换层下部结构与上部结构的等效侧向刚度比，宜接近 1，非抗震设计时不应小于 0.5，抗震设计时不应小于 0.8。

这些侧向刚度的计算均采用楼层地震剪力和层间位移比。

楼层剪弯刚度规范应用如下：

《高规》附录 E.0.3 条，转换层设置在 2 层以上时，转换层下部结构与上部结构的等效侧向刚度比，宜接近 1，非抗震设计时不应小于 0.5，抗震设计时不应小于 0.8。这里等效侧向刚度也是等效剪弯刚度。

《高规》附录 E.0.2 条，同上，不赘述。

结构采用有限元模型计算分析时，用不同的侧向刚度方法计算，只是影响层刚度比结果，对内力、位移等其他计算结果没有影响。

专题 1.9　YJK 位移（位移角）曲线解读

位移曲线应上下渐变，不应出现大的突变，位移值须满足规范有关要求。位移与结构的总体刚度有关，可以根据位移曲线对结构的整体刚度增加认识。

计算位移越小，其结构的总体刚度就越大，反之，位移值越大，其结构总体刚度就越小，可以根据初算的结果对整体结构进行调整。如位移值偏小，则可以减小整体结果的刚度，对墙、梁的截面尺寸可适当减小或取消部分剪力墙。反之，如果位移偏大，则考虑如何增加整体结构的刚度，包括加大有关构件的尺寸、改变结构抵抗水平力的形式、增设加强层、斜撑等。读懂结构位移曲线有助于增强对结构的整体把控。

剪力墙结构的位移曲线，具有悬臂弯曲梁的特征，位移越往上增长越快，总体呈外弯形曲线。

图 1.9-1、图 1.9-2 是某 27 层剪力墙结构住宅的位移、位移角曲线图。其楼层位移曲线平滑无明显突变，呈现剪切型受力状态，地震作用下位移角大于风荷载位移角，工程的水平作用由地震作用工况控制。地震和风荷载（位移图略）作用的 X、Y 向位移角均满足《高规》中第 3.7.3 条的要求（1/1000），结构的整体刚度较大，特别是 Y 向。顶层由于有小机房有所突变。

框架结构的位移曲线，具有剪切梁的特征，位移越往上增长越慢，总体呈内收型曲线。

图 1.9-3、图 1.9-4 是某 6 层框架厂房的位移、位移角曲线图。该厂房底层层高较大且无楼板，所以该处位移角曲线变化显著。但总体呈现弯曲型受力状态，风荷载和地震作用的 X、Y 向位移角均满足《高规》第 3.7.3 条的要求（1/550），结构的整体刚度较大；而地震作用下位移角大于风荷载位移角（位移图略），表明本工程的水平作用由地震作用工况控制。

框剪结构和框筒结构的位移曲线，介于以上两者之间，总体呈反 S 形曲线，中部接近直线。

图 1.9-5、图 1.9-6 是某 17 层酒店，框剪（内筒），地下 1 层，1～4 层为裙房。其层位移曲线平滑无明显突变，呈现剪切型受力状态，位移角在 4 层裙房顶处有一定突变，和实际相符。地震作用下位移角大于风荷载位移角，工程的水平作用由地震作用工况控制。地震和风荷载（位移图略）作用的 X、Y 向位移角均满足《高规》第 3.7.3 条的要求（1/800），结构的整体刚度较大，设计中可适当调整。

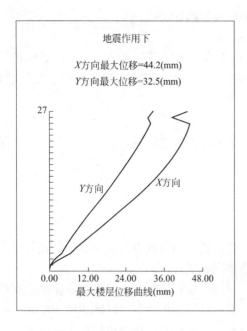

图 1.9-1 最大楼层位移曲线

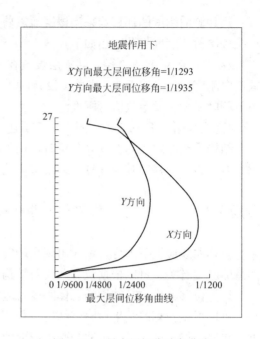

图 1.9-2 最大层间位移角曲线

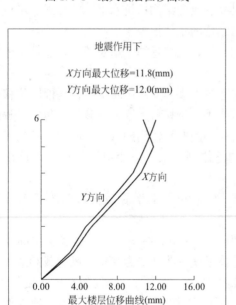

图 1.9-3 最大楼层位移曲线

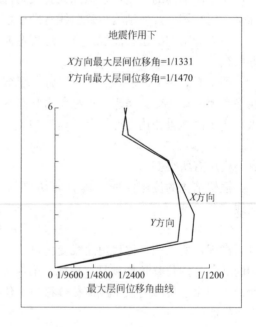

图 1.9-4 最大层间位移角曲线

对竖向刚度比较均匀的结构，上面三种曲线应为连续光滑的曲线，不应有大的凹凸变化和明显的折点。

通过结构位移曲线和结构层间位移角曲线，还可以了解到 X、Y 向最大层间位移角和最大位移的数值以及发生的楼层，进而判断是否满足限值要求、结构是否满足性能目标要求等。

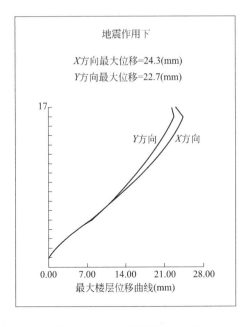

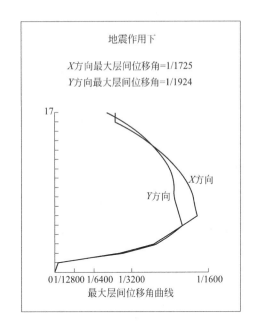

图 1.9-5　最大楼层位移曲线　　　　　　　图 1.9-6　最大层间位移角曲线

专题 1.10　PKPM 输出结果中三处地震倾覆力矩解读

　　PKPM 的输出结果中有多处数据可以得到地震倾覆力矩，如何应用才符合规范要求，是这个专题要讨论内容。

　　（1）总信息 wmass.out 输出文件中的倾覆力矩：

　　在结构整体抗倾覆验算结果中提供了零应力区的百分比值、抗倾覆弯矩、倾覆弯矩以及两者的比值等数据。

　　解析：这里提供的倾覆力矩（M）是指结构受到的总水平力（V）对基础底面地基反力最大边缘处的力矩值。表达式为：$M = V(2H/3 + C)$，C 为地下室（基础）埋深，H 为建筑高度。

　　抗倾覆力矩的表达式为：$M = G \times B/2$，B 为地下室（基础）底面宽度，G 为建筑物自重。这里都是指标准值。注意实际设计中不是单纯的按 $B/2$ 计算的，而是要计入上部结构的质量不均匀分布情况，得到上部结构的综合质心位置去计算抗倾覆力矩。PKPM 就是这样计算的。

　　这里最终目的是通过结构的倾覆力矩和抗倾覆力矩的平衡公式，得到基础底面的零应力区的百分比值，这才是规范要控制的指标，对应的是《高规》第 12.1.7 条。

　　《高规》中 12.1.7 条，在重力荷载与水平荷载标准值或重力荷载代表值与多遇水平地震标准值共同作用下，高宽比大于 4 的高层建筑，基础底面不宜出现零应力区；高宽比不大于 4 的高层建筑，基础底面与地基之间零应力区面积不应超过基础底面面积的 15%。

　　重力荷载与水平荷载标准值组合时，活荷载乘以组合系数为 0.7，即 1.0 恒载＋0.7 活荷载＋风荷载；重力荷载代表值与多遇水平地震标准值组合时，活荷载乘以重力荷载代表值系数 0.5，即 1.0 恒载＋0.5 活荷载＋水平地震作用。

所以，总信息 wmass.out 输出文件中的倾覆力矩，在这里是用来验算结构是否满足《高规》中 12.1.7 条要求的，满足要求就表明高层建筑结构的抗倾覆力矩有足够的安全储备，不需要再验算结构的整体倾覆了。

（2）倾覆力矩及 $0.2V_0$ 调整 wv02q.out 输出文件中的倾覆力矩：

wv02q.out 文本中，框架柱、剪力墙的倾覆力矩百分比结果有三种表达方式，"《抗规》方式""轴力方式""改进轴力方式"。"《抗规》方式"是指按规定水平力作用下计算的倾覆力矩统计的结果，和现行规范要求一致，设计中就是采用的这种计算结果的，其他两种我们就不必做讨论了。

wv02q.out 文本中，给出了各楼层的框架柱、短肢墙、普通墙等竖向构件的倾覆力矩值，这里提供的倾覆力矩是用于判断结构类别的。它对应的是《抗规》中 6.1.3-1 条和《高规》中 8.1.3 条要求。

《抗规》6.1.3-1 条：设置少量抗震墙的框架结构，在规定的水平力作用下，底部框架所承担的地震倾覆力矩大于结构总地震倾覆力矩的 50％时，其框架的抗震等级仍应按框架结构确定，抗震墙的抗震等级可与框架的抗震等级相同。

《高规》8.1.3 条：框架剪力墙结构，应根据在规定的水平力作用下结构底层框架部分承受的地震倾覆力矩与结构总地震倾覆力矩的比值，确定相应的设计方法。

即根据上述倾覆力矩值，对框架剪力墙结构、部分短肢剪力墙结构、少量抗震墙的框架结构进一步分类并确定相应的设计方法。

但是，这里的倾覆力矩是指结构底层的倾覆力矩，只需要查看嵌固端（或第一层）的倾覆力矩计算结果即可。

（3）周期、地震作用与振型输出文件 wzq.out 文本：

这个文件中，在"地震外力、层剪力、倾覆力矩"项，有各个楼层的倾覆力矩统计结果，这个结果是在没有对结构进行剪重比调整时，根据其中的地震作用下的楼层剪力计算得到的。当结构满足剪重比要求时，和 wv02q.out 文本中结果相同。

注意，wzq.out 文本的输出结果主要为限制各楼层的最小水平地震剪力的，是针对《抗规》5.2.5 条和《高规》4.3.12 条而设置的，所以这里的倾覆力矩值并没有单独的作用。

专题 1.11 多遇地震弹性时程分析要点讲解

根据《高规》中 4.3.4 条的规定，如某工程符合 4.3.4-3 项要求时，应采用弹性时程分析法进行多遇地震下的补充计算，但常规的规则结构是可以不进行弹性时程分析计算的。

弹性时程分析计算中，应同时选取天然地震波和人工地震波，其中天然地震波数量不少于 2/3，同时至少有一条人工波。这主要是考虑两种地震波的"互补"性，达到更全面的激励结构各个振型响应的目的。

规范要求的，多组时程曲线的平均地震波影响系数曲线和反应谱法的地震影响系数曲线要在"统计意义上相符"。这主要指的是在对应于结构主要振型的周期点上相差不大于

20%。主要振型的周期点是指第一和第二两个 X、Y 方向的平动周期和第三个扭转周期的位置及其所对应地震影响系数。

输入地震波的有效持续时间，规范要求的是地震波最大峰值前后各 10% 的数值作为起始和结束的峰值点，它们之间的时间段为有效持续时间。例如 8 度区的时程分析中，加速度最大值为 70，有效持续时间就是指其峰值前后各 7.0 处之间的时间段，并且不小于 $5T_g$。

根据输入地震波的底部剪力和反应谱的结果对比检验地震波时，一般结构（非空间结构等）只要求主方向的底部剪力满足要求即可。例如 X 向为主方向时，只需要验证 X 方向底部剪力就可以了。

弹性时程分析作为反应谱法的补充计算，主要指对结构计算结果的底部剪力、楼层剪力和层间位移进行比较，如果弹性时程分析的结果大于反应谱法的结果，就需要对结构的相关内力和配筋进行调整。实际设计中最主要和最需要关注的验证标准是结构的底部剪力值。

计算结束后，主要是通过查看分析 0°、90°主方向最大楼层位移曲线，获取最大层间位移角信息。通过查看分析 0°、90°主方向最大楼层剪力曲线，获取基底剪力信息，通过查看楼层剪力分布，可查找薄弱层。

每条时程曲线计算所得的结构底部剪力均应满足《高规》中 4.3.5.1 的要求，最大层间位移角满足《高规》中 3.7.3.1 条的要求。

由三条波的最大层间位移角曲线可知，最大 X 向层间位移角和最大 Y 向层间位移角应满足规范限值的要求，并有一定富余度。剪力墙结构位移曲线以弯剪型为主，曲线光滑无突变，反映结构侧向刚度较为均匀，结构无薄弱层。

弹性时程分析得到最大层间位移角及基底剪力应满足三组地震波作用下的结构基底剪力均在振型分解反应谱法计算基底剪力的 65%～135% 范围内，三组地震波作用下的平均基底剪力在振型分解反应谱法计算基底剪力的 80%～120% 范围内，应满足《高规》第 4.3.5 条及其条文说明中的要求。

根据计算得到的楼层位移曲线和剪力曲线能够判断楼层有无突变，结构整体性是否合理。在多遇地震水准作用下，只有振型分解反应谱法和时程分析法的分析结果均表明，结构的各项控制指标均满足规范要求，结构构件在多遇地震下处于弹性状态，才能说明结构选型可靠、布置合理，各构件的截面尺寸适宜、配筋构造适当，整体结构的变形能有效防止非结构构件的破坏，结构在多遇地震作用下能够满足抗震设防性能水准的相应要求。

专题 1.12 多遇地震反应谱计算分析结果判断

在考虑偶然偏心地震作用、双向地震作用、最不利地震作用方向、扭转耦联以及施工模拟加载的影响等前提下，合理的结构至少要满足以下几方面要求。

有效质量系数大于 90%，表明所取振型数满足要求；

各层受剪承载力均不小于上一层的 80%，满足《高规》中 3.5.3 条的规定，确认不存在楼层抗剪承载力突变；

X 向和 Y 向的楼层剪重比均大于《高规》第 4.3.12 限值；

结构两个方向的周期和振动特性较为接近，第一扭转周期与第一平动周期之比宜小于规范限值 0.85，满足《高规》第 3.4.5 条要求；

在偶然偏心地震作用下，按《高规》第 3.4.5 条规定 X 向、Y 向水平地震作用计算得出的最大扭转位移小于 1.4；

塔楼剪力墙最大轴压比、框架混凝土柱最大轴压比，均满足规范对轴压比的规定；

按《高规》第 3.5.2 条的各项要求，结构无明显薄弱层，属于抗侧刚度规则结构；

结构刚重比大于 1.4，能够通过《高规》第 5.4.4 条的整体稳定验算；结构刚重比小于 2.7，计算中考虑重力二阶效应的影响；

结构整体抗倾覆验算，底板无零应力区，结构对抗倾覆的安全性有一定富余；

两种及以上模型的计算结果相近，说明计算结果合理、有效，计算模型符合结构的实际工作状况；

多遇地震和风荷载作用下的层间位移角均小于相应限值，满足《高规》第 3.7.3 条的要求；

结构周期和自重适中，剪重比符合规范要求，位移和轴压比满足规范要求，构件截面取值合理，结构体系选择恰当；

地震作用下的楼层受剪承载力以及楼层抗侧刚度没有明显突变，均满足规范要求，无结构薄弱层；

所有构件均未出现超筋情况，轴压比满足规范要求，从刚度和强度上均能满足各构件处于弹性阶段的要求。

具备以上条件时，表明结构在多遇地震作用下能够满足性能水准 1 的要求。

专题 1.13 小震和大震的时程分析结果判断

（1）小震性能设计时弹性时程分析结果判断的主要内容：

弹性时程分析结果显示，所选三条地震记录满足规范的选波要求，三条波计算得到的 X 向最大层间位移角、Y 向最大层间位移角均符合现行规范的要求。时程分析与反应谱分析的结果比较接近，并取两者包络值进行结构构件的配筋设计。

地震作用下的楼层受剪承载力以及楼层抗侧刚度没有明显突变，均满足规范要求，无结构薄弱层。

所有构件均未出现超筋情况，轴压比满足规范要求，从刚度和强度上均能满足各构件处于弹性阶段的要求，由此可以推断结构在多遇地震作用下能够充分满足性能水准的要求。

从多模型的反应谱计算结果来看，其计算结果要基本一致，结构动力特性基本吻合，说明计算程序合适，计算结果可靠。分别计算的周期、层间位移角及位移比值接近，各类指标均在合理范围内，满足现行规范的要求。

（2）大震性能设计时弹塑性时程分析结果判断的主要内容：

大震作用下弹塑性时程分析时，给定地震波作用下，结构允许出现比较严重结构性破坏，震后结构处于稳定状态，满足"大震不倒"的抗震设防目标；结构在 X 向、Y 向的层间位移角最大值均应满足《高规》中表 3.7.5 的层间弹塑性位移角限值的要求；结构在 X、Y 两个主方向顶层位移符合相应要求。

观察结构在大震作用下屈服和屈曲的全过程的变化情况；通过观察楼层最大层间位移角和层间位移时的楼层各构件变形和裂缝发展情况，判断大震下结构是否存在薄弱层、薄弱构件及其薄弱程度如何。

还通过观察塑性铰的产生位置和产生次序及程度，可以发现和确认薄弱构件的具体位置；剪力墙在罕遇地震下性能是否符合预期。连梁可以有较明显损伤，充分耗能，有效地保护了剪力墙墙肢；底部加强区剪力墙的少部分墙体的损坏程度、墙体内水平钢筋塑性屈服的程度、竖向钢筋发生塑性屈服的程度及其塑性应变值的大小均应符合相应的性能目标的规范描述。

观察罕遇地震下钢筋混凝土梁柱性能是否符合预期，框架柱出现受压损伤的程度、数量、部位、柱内钢筋出现轻微塑性应变的程度和数量是否满足对应性能目前的规范要求。大震作用下部分框梁的梁端允许进入屈服阶段，也允许出现部分塑性铰，但其塑性铰的分布不宜过于集中。

由此可以初步推断结构在罕遇地震作用下的受力性能是否满足设计抗震性能目标的要求，就是该结构在大震作用下是否满足不倒塌的抗震设计目标。

专题 1.14　中震作用时构件承载力抗震性能验算

根据抗震性能目标要求，需对结构在中震作用下的构件承载力进行复核，确定其是否达到设定的构件性能指标。这里仅以高层框剪结构为例，说明运用常规结构软件 PKPM、YJK，采用振型分解反应谱法进行构件的中震抗弯不屈服、抗剪弹性计算时，需要重点验算的构件和重点关注的内容。

中震作用时构件承载力抗震性能验算一般均要求底部加强区按照中震和小震包络设计，满足中震抗剪弹性或不屈服、抗弯不屈服的性能目标。一般部位竖向构件截面满足中震最小抗震截面的性能目标。因此结构设计师在具体设计中，通常至少需要进行以下几个方面的验算。

（1）底部加强区剪力墙的中震抗剪弹性验算

根据结构抗震性能要求，底部加强区的剪力墙作为关键构件，当进行中震抗剪弹性的验算时，首先需要查看剪力墙截面的各层的剪压比图，确认剪压比是否满足限值要求，确保剪力墙的混凝土不会在钢筋没有充分发挥作用时被破坏。其次需要查看计算结果的各层剪力墙计算水平钢筋配筋率图，确认剪力墙的抗剪承载力（水平钢筋）是否满足中震时要求。

中震抗剪弹性计算得到的墙身水平钢筋配筋率不建议超过 0.75%，此时可以认为剪力墙水平钢筋按照小震和中震的计算结果取大值即可满足中震抗剪弹性的性能要求。

按照等效弹性算法复核中震作用下的构件承载力时，底部加强区剪力墙水平钢筋、边缘构件最终要采用中震和小震包络设计。

（2）底部加强区剪力墙的中震抗弯不屈服验算

根据结构抗震性能要求，底部加强区剪力墙作为关键构件，需满足中震抗弯不屈服的要求。此时需要查看底部加强区剪力墙中震不屈服边缘构件配筋率图，计算时可以对应中震作用，适当提高剪力墙竖向分布筋配筋率，避免边缘构件配筋过大。由此可知边缘构件是否满足要求。

最终按中震和小震包络值配筋即可满足中震抗弯不屈服的性能目标。

（3）一般部位剪力墙需进行中震抗剪最小截面的验算

根据结构抗震性能要求，一般部位的剪力墙作为普通竖向构件，需满足最小抗剪截面要求。需要查看各层剪力墙的中震不屈服剪压比图，所有剪力墙的剪压比均应满足规范限值，则可认为一般部位剪力墙满足中震抗剪截面的性能目标。

（4）框架柱的抗震性能验算

底部加强区范围框架柱的中震抗剪弹性、抗弯不屈服验算：

底部加强区范围的框架柱作为关键构件，其中震抗剪弹性、抗弯不屈服的验算结果主要包括有，各层框架柱剪压比图、底部加强区框架柱中震不屈服计算配筋图。给出了中震抗剪弹性、抗弯不屈服计算得到的框架柱纵向钢筋和箍筋配筋计算值，最终按中震和小震配筋包络值设计即可满足中震抗剪弹性、抗弯不屈服的性能要求。此时框架柱允许极少量局部出现轻微的受压损伤，柱内钢筋仅少量出现轻微塑性应变。

非底部加强区范围框架柱的中震抗剪最小截面的性能验算：

一般部位的框架柱需满足最小抗剪截面要求。中震不屈服的计算结果要查看标准层框架柱中震不屈服剪压比图，所有框架柱的剪压比均小于 1.0（$V \leq 0.15 f_{ck} bh$）。

（5）中震作用下竖向构件的偏心受拉验算要求

中震下会有局部墙肢出现了偏拉，应选取底部拉力较大、具有代表性的墙肢提取其在中震下恒载（N_d）、活载（N_l）及地震工况下的轴向力（N_e），按墙肢轴向力 $N_k = N_e + (N_d + 0.5 N_l)$ 去验算墙肢名义应力 $\sigma_k = N_k / A_q$，式中 A_q 为墙肢面积。但框架柱建议尽可能不要出现拉应力。

验算结果，墙肢的名义拉应力不宜超过混凝土的抗拉强度标准值 f_{tk}。塔楼偏心受拉名义拉应力与混凝土抗拉强度标准值的比值不大于 1 为宜。

构造上建议对小偏拉墙肢的抗震等级提高一级加强，已经是特一级的墙肢建议竖向分布筋的配筋率提高一级处理。

（6）连梁的中震验算

连梁在中震不屈服工况下个别构件可能会出现超筋，连梁部分进入屈服阶段。应针对性加强处理。连梁进入屈服阶段，正说明形成了较好的耗能机制，对墙肢提供保护，符合设计预期。

（7）斜柱、框支柱等关键构件验算

如有斜柱、框支柱，其全高为关键构件，此时还应查看这些构件在中震抗弯弹性、抗剪弹性工况下的配筋简图和剪压比（$V \leq 0.15 f_c bh$），是否满足抗剪最小截面的性能目标。并按中震和小震配筋的包络值对其进行配筋，使其满足中震抗弯弹性、抗剪弹性的性能要求。

（8）核心筒之间连接的框架梁（关键构件）验算

这类框架梁在楼层全高范围内应被定为关键构件，查看其在中震抗弯弹性、抗剪弹性工况下的配筋简图和剪压比。查看其是否满足抗剪最小截面的性能目标。按中震和小震配筋的包络值对其进行配筋，使其满足中震抗弯弹性、抗剪弹性的性能要求。

（9）半榀框架梁及其他重要框架梁（关键构件）验算

这类框架梁在楼层全高范围内也应被定为关键构件，查看其在中震抗弯弹性、抗剪弹性工况下的剪压比和配筋，是否满足抗剪最小截面的性能目标。并按中震和小震配筋的包络值对其进行配筋，使其满足中震抗弯弹性、抗剪弹性的性能要求。框架梁允许部分进入屈服阶段。

（10）其他设计师认定的关键构件验算（略）

专题 1.15　剪重比调整必须知道的两个问题

（1）剪重比不足时结构的调整方向

《抗规》中 5.2.5 条文说明中指出，采用振型分解反应谱法计算水平地震剪力时，对于基本周期大于 3.5s 的结构，计算的水平地震剪力偏小，对此提出了控制水平地震剪力最小值的要求，并通过控制不同烈度下的最小剪力系数来实现；只要底部楼层剪力不满足要求，结构各楼层的剪力都需要调整。

从规范的描述看出，剪重比的调整实际是对振型分解反应谱法计算结果的一种纠偏。从地震影响系数和剪力系数的计算公式可知，结构自振周期越小，地震影响系数越大，剪力系数也就越大。

而我们知道，调整结构自振周期，不是局部的调整问题，它是一个结构整体调整的问题。结构刚度和自振周期成反比，只有通过调整结构的整体刚度，才能最有效的调整地震剪力系数，就是说地震剪力系数和结构的整体刚度直接相关，二者是正相关。所以剪重比不足的调整，不是局部刚度不足的调整问题，而是结构整体刚度偏小调整的问题。

需要结构设计师注意的是，特别是当楼层地震剪力调整系数大于 1.3（1.25）时，这种结构的整体调整就尤为重要。一般情况下，当楼层地震剪力明显过小时，排除结构建模缺陷外，最有效的方法就是增大楼层的竖向构件的尺寸和数量。

但是，结构随着刚度增大剪重比也增大，结构质量增大剪重比则减小。因此要保证在增加刚度时，不能因为质量也随之增大而抵消对剪重比的影响。要做到这点，就要通过结构的整体刚度的合理调整，快速增加结构侧移刚度，才能超过质量增加的影响。所以在增大楼层的构件的尺寸和数量时，重点增加哪些位置的构件尺寸以及在哪些位置增加竖向构件就显得比较关键，通常是以增加周边和角部的构件尺寸和数量最为有效。而且这种调整需要对结构的所有楼层进行调整，才能有效改变结构偏柔的问题。

因此在结构全楼层范围内增大结构的侧移刚度时，结构周期的减小才会明显，结构的剪重比增大才会明显。所以改善剪重比是整体问题，不是局部问题，不是哪层不足只调整哪层。这才是结构剪重比调整的正确方式。

（2）剪重比调整和结构扭转效应的关系

《高规》和《抗规》都有关于剪重比的要求，都是强制性条文，内容基本一样。这里以《高规》为例，《高规》中 4.3.12 条给出了楼层最小地震剪力系数（剪重比）的要求，见表 1.15-1。

楼层最小地震剪力系数
表 1. 15-1

类别	6 度	7 度	8 度	9 度
扭转效应明显或基本周期 小于 3.5s 的结构	0.008	0.016(0.024)	0.032(0.048)	0.064
基本周期大于 5.0s 的结构	0.006	0.012(0.018)	0.024(0.036)	0.048

注：1. 基本周期介于 3.5s 和 5.0s 之间的结构，应允许线性插入取值；

2. 7、8 度时括号内数值分别用于设计基本地震加速度为 0.15g 和 0.30g 的地区。

表 1.15-1 中的系数值是剪重比的最低标准，楼层计算的剪重比小于这个值时，就需要进行调整。但是对于基本周期在 3.5～5.0s 之间的较长周期或长周期结构（现在高层、超高层很多，基本周期大于 3.5s 的情况也很常见），其楼层最小地震剪力系数是不是可以根据注 1 说的在 3.5～5.0s 之间按线性插值确定就行了？答案是否定的，还必须要对结构扭转效应的程度作出判断，才能最终确定最小地震剪力系数值，这也是许多设计师非常容易忽视的。

以 8 度区为例，从《高规》4.3.12 条可知，结构基本周期小于 3.5s 时，最小地震剪力系数为 0.032。假如结构基本周期为 4.0s 时，根据上表的注 1，按插入计算，最小地震剪力系数应为 0.029，很多设计师也是按照这个标准操作的，只要看到计算的剪重比不小于 0.029，就认为不需要调整。这种操作其实是不对的，将对结构带来安全隐患。

《高规》4.3.12 表中第一栏：扭转效应明显或基本周期小于 3.5s 时，8 度区的最小地震剪力系数值为 0.032。这里我们不能忽略"扭转效应明显"的要求，就是说只要是"扭转效应明显"的结构，即使基本周期大于 3.5s（3.5～5.0s），最小地震剪力系数值也不能小于 0.032。所以上面案例中，如果结构符合扭转效应明显的标准，其最小地震剪力系数就不能取 0.029，仍应按 0.032 控制执行。

所以在确定最小地震剪力系数值时，对于基本周期在 3.5～5.0s 之间的结构，还必须先判断结构是否属于"扭转效应明显"。如何判断？《高规》4.3.12 条的条文说明中有"扭转效应明显的结构，是指楼层最大水平位移（或层间位移）大于楼层平均水平位移（或层间位移）1.2 倍的结构"，以 PKPM 软件为例，设计师必须到输出的后处理文件 WDISP. OUT 中查看上述的比值（位移比），如果大于 1.2（很常见），就是"扭转效应明显"了。此时最小地震剪力系数就不能取插值，仍应按表 1.15-1 中第一栏的对应系数控制执行。

以 8 度区为例，如果结构位移比大于 1.2，其最小地震剪力系数值就不能取 0.029 了，应该也是不能小于 0.032 才对。这时软件操作上，设计师还要在前处理的参数定义中的内力调整项，点选"扭转效应明显"参数才可以。

所以在某些情况下，结构剪重比的调整，不能忽视对结构扭转效应程度的判断，否则会造成本应该调整的却没有调整。

专题 1.16 弹性时程分析规范解析及选波要求

常规的高层建筑，在多遇地震的情况下，结构的抗震计算规范推荐主要有三种方法：底部剪力法、振型分解反应谱法和弹性时程分析法。底部剪力法主要适用于 40m 以下的规则结构，实际设计中已经较少使用。目前多数情况是采用振型分解反应谱法或考虑扭转耦联震动影响的振型分解反应谱法进行多遇地震分析。而弹性时程分析方法也是针对多遇地震时的一种计算方法，是对反应谱法的一种补充计算。

《高规》中 4.3.4-3 条和《抗规》中 5.1.2-3 条，规定了需要进行多遇地震下的弹性时程分析补充计算的建筑种类。

时程分析法主要是针对上述条文中的这些特别不规则、特别重要的和较高的高层建筑才要求采用的。主要目的是对时程分析和反应谱法计算结果中的底部剪力、楼层剪力和层间位移进行比较，如果时程分析结果大于反应谱法时，结构的相关部位的内力和配筋就要做对应的调整。

时程分析计算时，对地震波选择的要求：

每条地震波计算的结构底部剪力不应小于振型分解反应谱法求得的 65%，一般也不应大于振型分解反应谱法求得的 135%。多条地震波计算的结果在结构主方向的结构底部剪力平均值不应小于振型分解反应谱法求得的 80%，并且不大于 120%。

多组输入的地震波的平均地震影响系数曲线与振型反应谱法采用的地震影响系数曲线相比，在对应于结构主要振型的各周期点上相差不宜大于 20%。这里的主要振型的周期点是指第一和第二两个 X、Y 方向的平动周期和第三个扭转周期的位置及其所对应地震影响系数。

输入的时程曲线数量随建筑高度及复杂性正比例增加，重要工程不少于 5+2 组，其他工程选 2+1 组进行计算分析。当取 2+1 组时程曲线进行计算时，结构地震作用效应宜取时程法计算结果的包络值与振型分解反应谱法计算结果的较大值；当取 5+2 组及以上时程曲线进行计算时，结构地震作用效应可取时程法计算结果的平均值与振型分解反应谱法计算结果的较大值。

输入的地震加速度时程曲线还应满足地震动三要素要求，即频谱特性、有效加速度峰值和持续时间都要符合规定要求。

频谱特性是通过由建筑所处的场地类别和设计地震分组确定的特征周期表达的。特征周期值根据《高规》JGJ 3—2010 中表 4.3.7-2 或《抗规》GB 50011—2010 中表 5.1.4-2 查得。选波需要在这个特征周期值或略大于这个值的特征周期所对应的地震波中选取。

有效加速度峰值即时程分析输入的地震加速度的最大值，根据《高规》表 4.3.5 或《抗规》表 5.1.2-2 查得。计算中也可视需要适当加大。这个加速度的最大值通常按 1（水平 1）∶0.85（水平 2）∶0.65（竖向）比例调整。但是弹性时程分析中只需要输入主分量的峰值加速度就可以了。

输入的地震波的有效持续时间一般为结构基本周期的 5～10 倍或 15s。这个结构基本周期就是指振型分解反应谱法计算的结构的水平第一周期。

符合上述条件的地震波就是满足规范要求的波。当然，由于目前软件提供的备选地震波数量很多，一般情况，初选合格的地震波也会有很多组，最终用哪组进行结构计算，这将是设计师在实际设计中如何把控的另外问题。

以 PKPM 软件为例，选择地震波时，旧版软件需要经过反复试算进行筛选，目前软件增加了按规范要求自动完成地震波初选的功能，更加方便设计师操作。

专题 1.17　弹性时程分析案例分享

案例：某医疗综合楼，结构层 28 层，乙类，框架剪力墙结构。7 度区，建筑总高

102m，结构的阻尼比（％）＝5.00，地震分组为第一组，场地类别二类。

根据《高规》中4.3.4-3条的规定，本工程应采用弹性时程分析法进行多遇地震下的补充计算。本项目采用PKPM软件程序进行弹性时程分析。

在时程分析中，特征周期0.35s，主分量地震波加速度峰值取35cm/s²（其他两个方向可以不考虑），地震波有效持续时间均不小于$5T_g$和15s的较大值。

根据《高规》和《抗规》对地震波的频谱特性、有效峰值和持续时间三要素的规定等选波的相关要求，最终选取Ⅱ类场地上两组实际强震记录（TH013TG035、TH063TG035）以及一组人工波（RH1TG035）进行弹性时程分析，见图1.17-1～图1.17-3。其地震波波形及其加速度反应谱与规范反应谱的对比见图1.17-4。地震波平均谱与规范谱前三周期点比值见图1.17-5。

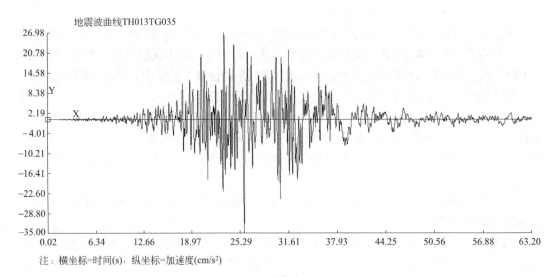

注：横坐标=时间(s)，纵坐标=加速度(cm/s²)

图1.17-1　地震波曲线 TH013TG035

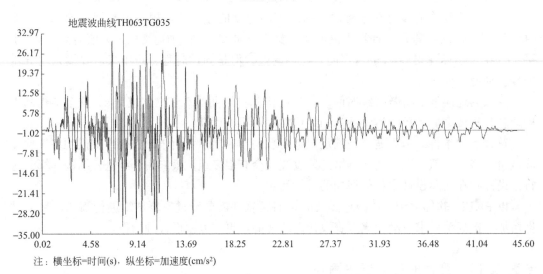

注：横坐标=时间(s)，纵坐标=加速度(cm/s²)

图1.17-2　地震波曲线 TH063TG035

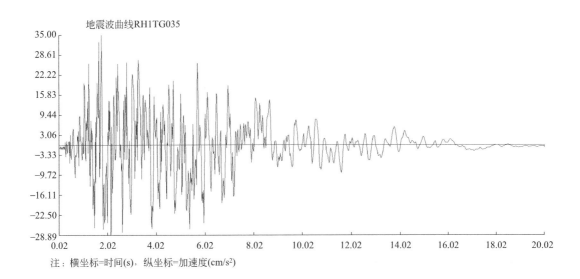

注：横坐标=时间(s)，纵坐标=加速度(cm/s²)

图 1.17-3 地震波曲线 RH1TG035

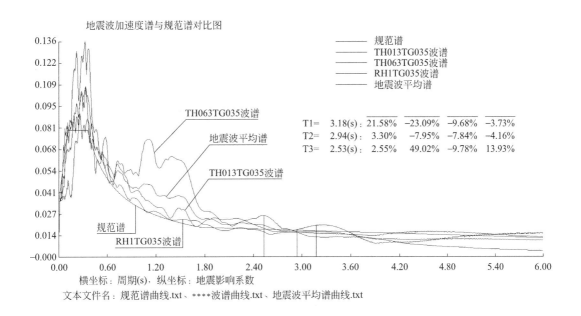

横坐标：周期(s)，纵坐标：地震影响系数
文本文件名：规范谱曲线.txt、****波谱曲线.txt、地震波平均谱曲线.txt

图 1.17-4 地震波加速度谱与规范谱对比图

　　弹性时程分析得到的最大层间位移角及基底剪力详见表 1.17-1，三组地震波作用下的结构基底剪力均在振型分解反应谱法计算基底剪力的 65%～135% 范围内，多条地震波作用下的平均基底剪力在振型分解反应谱法计算基底剪力的 80%～120% 范围内。当取 3 组时程曲线进行计算时，结构地震作用效应宜取时程法计算结果的包络值与振型分解反应谱法计算结果的较大值，详见表 1.17-1。同时还要满足《高规》第 4.3.5 条及相关要求。

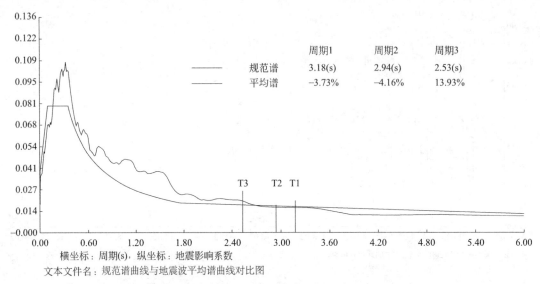

横坐标：周期(s)，纵坐标：地震影响系数
文本文件名：规范谱曲线与地震波平均谱曲线对比图

图 1.17-5　地震波平均谱与规范谱前三周期点比值

弹性时程分析的最大层间位移角及基底剪力对比　　　　　表 1.17-1

地震方向	项次	最大层间位移角(计算层)	基底总剪力(kN)	基底最大总剪力与振型分解法的比值
	TH013TG035	1/1430(11F)	10787.789	99%
	TH063TG035	1/1487(17F)	13900.800	128%
0°	RH1TG035	1/1558(9F)	10277.655	95%
	地震波包络值	1/1430(11F)	13900.800	128%
	振型分解法	1/1161(14F)	10819.54	—
	TH013TG035	1/1047(12F)	11692.823	80%
	TH063TG035	1/1121(18F)	14533.453	99%
90°	RH1TG035	1/1332(15F)	16757.752	115%
	地震波包络值	1/1047(12F)	16757.752	115%
	振型分解法	1/1020(13F)	14545.47	—

注：三组地震波底部剪力 X 向平均值 11655.42kN，CQC 为 10819.55kN，比值 108%。三组地震波底部剪力 Y 向平均值 14328.00kN，CQC 为 14545.47kN，比值 98.5%。

X、Y 方向楼层剪力包络图、层间位移角包络图详见图 1.17-6~图 1.17-9。

由三条波的最大层间位移角曲线可以看出，最大 X 向层间位移角为 1/1430，最大 Y 向层间位移角为 1/1047，均满足规范对框剪结构的限值 1/800 的要求。位移曲线以弯剪型为主，曲线光滑无明显突变，反映结构侧向刚度较为均匀，基本可以判断结构无薄弱层。读取各条波及 CQC 法基底剪力，可知最终所选地震波从各个地震波对应的基底剪力与 CQC 法相比，以及其平均值与 CQC 法相比都满足规范要求。

PKPM 的弹性时程分析结果显示，所选三条地震记录满足规范的选波要求，三条波计算得到的最大层间位移角符合现行规范的要求。时程分析与反应谱分析的结果比较接

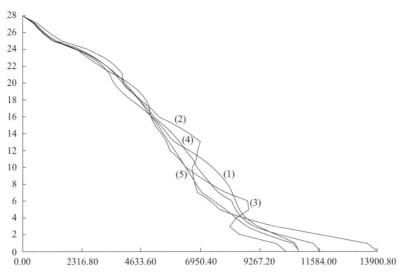

第1塔第1方向楼层剪力包络
注：横坐标=楼层剪力(kN)；纵坐标=楼层号；
(1)TH013TG035[10787.79](2)TH063TG035[13900.80](3)RH1TG035[10277.66]
(4)平均值[11655.42](5)CQC[10819.54]

图 1.17-6　*X* 方向楼层剪力包络图

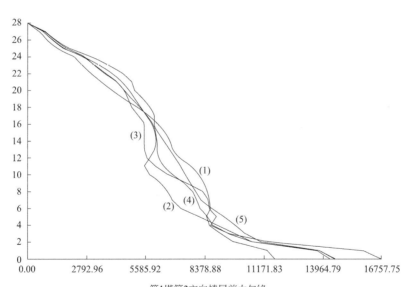

第1塔第2方向楼层剪力包络
注：横坐标=楼层剪力(kN)；纵坐标=楼层号；
(1)TH013TG035[11692.82](2)TH063TG035[14533.45](3)RH1TG035[16757.75]
(4)平均值[14328.01](5)CQC[14545.47]

图 1.17-7　*Y* 方向楼层剪力包络图

近，结构构件取两者包络值进行设计。

地震作用下的楼层受剪承载力以及楼层抗侧刚度没有明显突变，均满足规范要求，无结构薄弱层。

所有构件均未出现超筋情况，轴压比满足规范要求，从刚度和强度上均能满足各构件

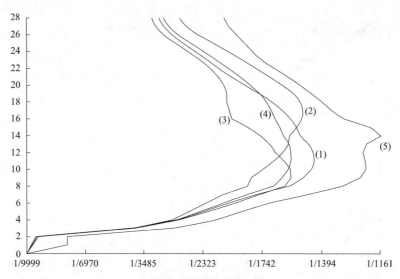

第1塔第1方向层间位移角包络
注：横坐标=层间位移角；纵坐标=楼层号；
(1)TH013TG035[1/1430](2)TH063TG035[1/1487](3)RH1TG035[1/1558]
(4)平均值[1/1555](5)CQC[1/1161]

图 1.17-8　X 方向层间位移角包络图

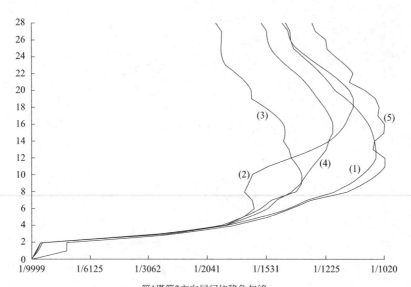

第1塔第2方向层间位移角包络
注：横坐标=层间位移角；纵坐标=楼层号；
(1)TH013TG035[1/1047](2)TH063TG035[1/1121](3)RH1TG035[1/1332]
(4)平均值[1/1198](5)CQC[1/1020]

图 1.17-9　Y 方向层间位移角包络图

处于弹性阶段的要求，计算结果可靠。各类指标均在合理范围内，满足现行规范的要求，结构在多遇地震作用下能够充分满足性能水准 1 的要求。

专题 1.18 特定场地项目风荷载输入不足问题

PKPM 等计算软件的总信息中都有"修正后的基本风压"项。怎样理解和执行各计算软件对基本风压、修正后的基本风压或不同地形地貌上建筑的风压输入要求，并没有引起足够重视，特别是对于特殊场地的情况。

例如：我国是按行政区划来给出当地基本风压的，同一地区范围采用同一基本风压。那么如果同一地区的一栋建筑建于平地，另一栋建筑建在山丘，两者的基本风压取值规范是相同的，这时计算如果只是输入基本风压，两者的计算结果完全相同。但是仅从常识上也能知道，它们所承受的风荷载明显相距甚远。平坦地区建筑修正后的基本风压＝基本风压，但是山地建筑就不一样了。

在实际结构设计中，地面粗糙度、复杂体型、敏感建筑等，这些根据计算机提示可以分别输入，计算机会依据规范进行计算。而对于山地建筑，建筑处于山上、山下、半坡的哪个位置，计算机是无法确定的，山地建筑所受的风荷载要往往比平地大得多，如果仍然输入基本风压值，计算结果将明显偏小。这时就需要设计师人工将本地区基本风压修正为适合本工程所在特殊位置的数值，且同样能用规范规定公式计算风荷载标准值所需的基本风压输入值，也就是修正后的基本风压。这个值我们可以认为就是这种情况下的修正后的基本风压。

《荷载规范》中 8.1.2 条，基本风压是按当地空旷平坦或稍有起伏地面上距地面 10m 高度处 10min 平均的风速观测数据，经概率统计得出 50 年一遇最大值确定的风速，由此确定的风压。

也就是说，如果所设计的工程不是在本地区平坦地面上，而是在山区或海拔高度较高，且明显高于本地区空旷平坦地面海拔高度时，就应对本地区的基本风压进行修正，并在总信息中输入修正后的基本风压。

基本风压是《荷载规范》等国家标准中提出的，但是规范及其他资料没有修正后的基本风压这一概念，修正后的基本风压是在软件计算时出现的概念，修正的意思是指软件不会自动考虑《荷载规范》8.2.2 条规定的应在基本风压上所做的调整，主要是指山地建筑、坡地建筑和风口建筑。

当工程建造在坡地、山区或海拔高度明显高于本地区平坦地区海拔高度时，应将初始高度变化系数和地形条件修正系数提前乘在基本风压 W_0 上，才能得到计算时所需的修正后的基本风压。

如何把基本风压调整为修正后的基本风压？根据《荷载规范》8.2.2 条，对于山区的建筑物，风压高度变化系数除可按平坦地面的粗糙度类别由本规范确定外，还应考虑地形条件的修正，修正系数 η。也就是说山地建筑的基本风压修正是从两个方面来进行，即风压高度变化修正系数 μ_z' 和地形条件修正系数 η。

地形条件修正系数 η 应按《荷载规范》8.2.2-1～8.2.2-3 条计算确定，这里需要说明的是山峰或山坡顶部 B 处的 η_B 计算公式中的 z 值的取值问题。

$$\eta_B = [1 + k\tan\alpha(1 - z/2.5H)]^2$$

其中 z 为建筑物计算位置离建筑物地面的高度，在此是个变数。计算时输入了基本风压或修正后的基本风压等参数后，计算机会依据规范要求在计算建筑物不同位置所承受的风荷载时，自己调整 z 的参数。而我们在求地形条件修正系数 η 时，只能将 z 确定为一个常数，否则我们会得到多个修正后的基本风压，无法利用计算软件进行计算。

根据风荷载作用随建筑物高度增加而增加，且风荷载标准值呈现出近似倒三角形的原理，由几何学可知倒三角形的形心，即风荷载合力点，是在建筑高度 2/3 处。而实际上须要进行地形条件修正的建筑，风荷载作用是呈现出倒梯形的，此时倒梯形的上边、底边均为未知数，无法算出 z，加之目前找不到计算地形条件修正系数 η 时，关于计算位置离建筑物地面的高度 z 的明确规定，因此我们只能进行近似计算。

可以先将倒梯形划分为一个矩形和一个倒三角形，得出矩形合力点为 $h/2$；倒三角形的合力点为 $2h/3$；因此 $z=h/2 \sim 2h/3$ 之间，可由设计人根据自己的经验结合计算结果调整。要注意的是：z 越小、η 越大，修正后的基本风压越大。

风压高度变化修正系数 μ'_z 作为基本风压修正的风压高度变化系数，应不考虑建筑本身高度，只考虑建设地点建筑室外地面与本地区空旷平坦地面海拔高度差，再根据建设地点地面粗糙度查《荷载规范》风压高度变化修正系数 μ_z 表，既得到山地建筑的风压高度变化修正系数 μ'_z。

由于主体结构的风荷载标准值与风压高度变化系数、基本风压、风荷载体型系数、风振系数等成正比的，见《荷载规范》中 $W_k = \beta_z \mu_s \mu_z W_o$，因此我们只要将风压高度变化修正系数 μ'_z，乘以地形条件修正系数 η，再乘以基本风压 W_o，即可得到修正后的基本风压 W'_o，即 $W'_o = W_o \mu'_z \eta$，山地建筑中修正后的基本风压应输入这个值才是正确的。

山地建筑修正后的基本风压计算实例：

某建筑，结构高度 $h=60m$，坐落于 300m 高的山顶 B，地面粗糙度为 B，山顶至起坡的角度为 $12.3°$，本地区海拔高度为 $16.0m$，基本风压为 $0.40kN/m^2$。

由上可知，$\tan 12.3° = 0.218$，$H = 300 - 16 = 284m$，由《荷载规范》8.2.2 可知，系数 $k = 2.2$。

计算偏保守计，取建筑物计算位置离建筑物地面的高度 $z = 2h/3 = 40m$。

1）山峰位 B 地形条件修正系数 η'_B：

$$\eta'_B = [1 + k \tan\alpha(1 - z/2.5H)]^2 = [1 + 2.2 \times 0.218(1 - 40/710)]^2 \approx 2.11$$

2）风压高度变化修正系数 μ'_z

地面粗糙度 B，建筑室外地面海拔高度 $H = 284m$；内插法得风压高度变化系数 2.74。

故得：风压高度变化修正系数 $\mu'_z = 2.74$，修正的基本风压 W'_o

$$W'_o = W_o \mu'_z \eta'_B = 0.40 \times 2.74 \times 2.11 = 2.31 N/m^2$$

从该工程修正的基本风压来看，是本地区基本风压 $0.40N/m^2$ 的 5.8 倍，相差甚大。

专题 1.19　结构师需查看的主要计算输出结果汇总

利用软件进行结构计算时，需要结构师查看的结构计算主要输出结果详见表 1.19-1。

结构计算主要输出结果　　　　　　　　　　　　　　表 1.19-1

计算指标			数据来源
自振周期	T_1		周期、地震力输出文件
	T_2		
	T_3		
第 1 扭转/第 1 平动周期(周期比)			周期、地震力输出文件
地震下首层剪力(kN)		X	总信息
		Y	
地面以上单位面积重度(总质量/底层模型面积)			总信息
最小剪重比		X	周期、地震力输出文件
		Y	
地震下首层倾覆弯矩(kN·m)		X	总信息
		Y	
有效质量系数		X	周期、地震力输出文件
		Y	
风荷载下最大层间位移角		X	位移输出文件
		Y	
地震作用下最大层间位移角		X	位移输出文件
		Y	
规定水平地震作用下考虑偶然偏心最大扭转位移比		X	位移输出文件
		Y	
构件最大轴压比		剪力墙	计算结果
		框架柱	
本层侧向刚度与上层侧向刚度的比值		X	总信息
		Y	
楼层受剪承载力与上层的比值		X	总信息
		Y	
刚重比 EJ_d/GH^2		X	总信息
		Y	
地震下首层框架承担倾覆力矩(kN·m)及其与首层总倾覆力矩的比值		X	总信息
		Y	
地震下首层框架承担剪力(kN·m)及其与首层总剪力的比值		X	总信息
		Y	
风荷载作用下抗倾覆力矩 M_r/倾覆力矩 M_{ov}		X	总信息
		Y	
地震作用下抗倾覆力矩 M_r/倾覆力矩 M_{ov}		X	总信息
		Y	
零应力区		X	总信息
		Y	
地震作用最大的方向			周期、地震作用输出文件

注（以高层建筑为例）：

(1) 结构两个方向的周期和振动特性较为接近；第一扭转周期与第一平动周期之比小于规范限值要求。

(2) 有效质量系数大于 90%，所取振型数满足要求。软件可自动设置。

(3) 多遇地震和风荷载作用下的层间位移角小于《高规》中 3.7.3 条的要求。

(4) X 向和 Y 向的楼层剪重比均大于《高规》4.3.12 限值。

(5) 在考虑偶然偏心影响的规定水平地震作用下，位移比要满足《高规》第 3.4.5 条规定，不宜大于 1.2，不应大于 1.5。

(6) 竖向构件的最大轴压比，均应满足规范对轴压比的相应规定。

(7) 结构侧向刚度要满足《高规》第 3.5.2 条、《抗规》中 3.4.3 条相关要求。

(8) 各层受剪承载力均不宜小于上一层的 80%，不应小于上一层的 65%。不存在楼层抗剪承载力突变。

(9) 楼层质量分布均匀性要满足《高规》3.5.6 条要求。

(10) 结构刚重比要满足《高规》5.4.4 条的整体稳定验算要求。

(11) 结构整体抗倾覆验算要满足《抗规》4.2.4 条、《高规》12.1.7 条相关要求。

(12) 复杂结构建议选用两种类型软件计算，结果相近，说明计算结果合理、有效，计算模型符合结构的实际工作状况。

(13) 结构自重适中，构件截面取值合理，结构体系选择恰当。

专题 1.20　跟我做温度应力分析——案例分享

某项目结构地上部分长度超过现浇钢筋混凝土框架-剪力墙结构伸缩缝最大间距较多（设置后浇带），进行温度应力分析。

根据《荷载规范》中 9.3.1 条、附录 E，以及地勘报告查得项目地历年平均气温 15.0℃，历年极端最高气温 36.3℃，极端最低气温 -6.8℃，后浇带合拢的温度为 15℃。

对结构最大温升的工况，升温温差＝结构最高平均温度－结构最低初始平均温度；对结构的最大温降的工况，降温温差＝结构最低平均温度－结构最高初始平均温度。

升温温差：$\Delta T_k = 21.3℃$；降温温差：$\Delta T_k = -21.8℃$。考虑混凝土收缩徐变影响，综合按最终降温取 -36.8℃ 考虑。混凝土松弛和刚度折减影响通过计算机参数控制确定。

采用 YJK 对结构进行温差变化（升温按 22℃，降温按 -36.8℃ 考虑）的温度应力分析，基本步骤如下：

参数确定：温度折减系数、非刚性板假定、温度作用组合系数等参数设置、改进膜元等。

楼板属性：定义弹性膜或弹性板 6，本项目选弹性膜全楼设置。

温度荷载：温差定义（升温和降温）、温度荷载布置、本项目为全楼布置（有地下室的时候不宜采用全楼布置）。

执行生成数据和计算。

计算结果中的主要图形（仅选某一楼层局部）：降温某层 X 向楼板应力分布图、降温某层 X 向楼板内力分布图、某层板底配筋图，分别见图 1.20-1～图 1.20-3。

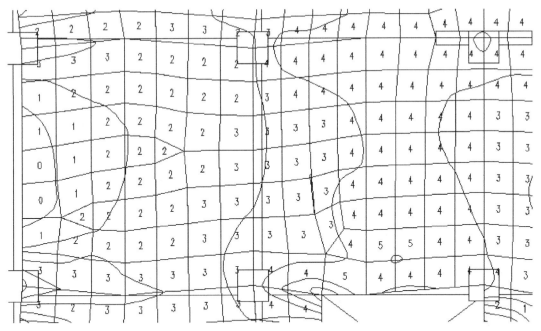

图 1.20-1　降温某层 X 向楼板应力分布图 N/mm²

图 1.20-2　降温某层 X 向楼板内力分布图 kN/m

结果表明，在降温的工况下，左侧结构部分楼板主要应力小于 C30 混凝土的抗拉强度标准值，右侧部分楼板及开洞周边区域及连廊区域在降温工况下的局部主拉应力超过了 C30 混凝土的抗拉强度标准值 2.01MPa。

根据以上计算结果，本工程连廊周边楼板加厚至 150mm，双层双向配筋，每层每个

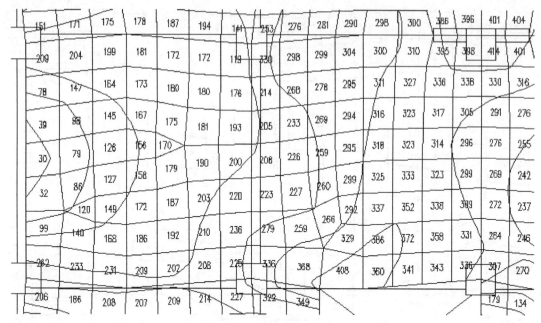

图 1.20-3　某层板底配筋 mm^2/m

方向配筋率不小于 0.25%，且满足温度计算所需配筋，开洞及个别柱节点处加大配筋，满足温度计算所需配筋，或者增设附加钢筋。

楼板配筋需要注意的是，对温度应力超过混凝土的抗拉强度标准值较大的区域，楼板拉通钢筋的配置除了满足混凝土楼板的构造要求外，还必须满足最不利的温度工况下的额外内力的需求，需要单独另行验算确定。

梁的温度计算分析结果，配筋软件可以选包络结果，可直接选用，不再赘述。实际设计的配筋结果就是对考虑温度效应和未考虑时两种情况结果的包络。

根据应力计算结果，为减小结构超长影响，设计构造上一般可采用以下措施中一项或几项，以减少温度和混凝土收缩变形的影响：

1）设置后浇带（后浇带间距 35m 左右），除要求施工 60d 后方可浇筑外，还应严格控制施工后浇带的浇筑时间和材料膨胀率；

2）根据应力分析结果，楼板加厚、配筋加大。

3）后浇带钢筋采用搭接接头。

4）梁顶面设通长钢筋。

5）梁两侧腰筋按受拉锚固设计。

6）温度应力计算较大的楼层楼板板面拟布置双层双向贯通钢筋。

7）在屋盖设置保温层，温度筋等措施，以减小温度应力。

8）如果是超长结构，建议尽可能推迟后浇带的封闭时间，推迟至 4~6 个月后为宜，以利于减少混凝土的收缩变形影响。

9）在结构的构件配筋时，宜采用小直径钢筋和小间距的配筋方式，尽量双向通常设置分布筋，至少要沿主要温度方向设置通长钢筋。

10）为减小混凝土的收缩变形，要求施工中混凝土的里表温差不大于 23℃、表面与大气温差不大于 20℃ 为宜。严格落实混凝土养护中的保湿、控温等具体措施。结构施工后浇带的合拢温度宜为 9~18℃，并尽可能地低温合拢。

专题 1.21 合理选择 YJK 板施工图中板的计算方法

结构设计中，绝大部分楼板都是以承受竖向荷载为主的，以 YJK 软件为例，如果没有特殊需要（温度荷载计算、特殊板的板应力分析等），楼板的配筋都是在后期的"板施工图"模块中单独进行计算的。

目前 YJK 楼板施工图中，楼板计算给出了三种方法：手册算法、塑性算法和有限元算法。有限元算法是新增加的，点选时要同时考虑梁弹性变形。

塑性算法是在板内形成塑性铰线的一种极限平衡方法，相对于弹性算法，可以真正地减少弯矩，在多数情况下塑性算法的钢筋量是可以减少的，弹性和塑性算法在板尺寸较小时没有变化或变化很小，板跨较大时，区别才会体现明显。这种方法在不同的设计院看法不同，主要是某些情况下相比于弹性算法容易产生裂缝，目前只是在特定的建筑设计中采用，还没有普遍用于楼板配筋计算。本专题主要讨论的是手册算法和有限元算法的对比。

手册算法（弹性算法）是通过弯矩调幅进行内力重分布传统计算理论，在建筑结构静力计算手册中查得弯矩系数得到板的弯矩和配筋。这种调幅的本质只是把支座钢筋转到了跨中，总的钢筋量变化很小。它是以主次梁分割出来板块为单元，按照单双向板计算弯矩和配筋的（规则单元），既不能考虑梁的变形影响，也不能考虑相邻板块的影响。

在板施工图中，有限元算法是新增加的选项，它考虑了梁弹性变形以及相邻楼板的支座和变形协调，使得计算结果更加符合实际、更加准确。

可能因为习惯使然，目前在实际结构设计中，绝大多数设计师采用的是手册算法（弹性算法），并且根据以往和塑性算法的对比，想当然的认为手册算法会更加安全保险。实际情况是这样吗？

在一些项目的设计中，我们发现手册算法和有限元算法两者的计算结果有时候相差还是比较明显的，经过对比分析，手册算法更加保险的说法也被打上了问号，值得进一步讨论。

图 1.21-1、图 1.21-2 是某项目的楼板配筋计算结果，每个柱网由主次梁组成，框架梁围成的楼板又被次梁分割成小的单元。图 1.21-1 是手册算法的计算配筋结果，图 1.21-2 是有限元算法的计算配筋结果。

从计算结果可以看出两者的不同：

有限元算法的框架梁支座处的配筋值，有的比手册算法大了近一倍；而次梁支座处的楼板配筋却都小于手册算法，局部小的非常多，还有为零值的。

有限元算法的板底配筋除了构造配筋外，几乎都大于手册算法的计算值，局部有的大了近一倍。

就是说，手册算法和有限元算法的配筋结果对比，手册算法的板底配筋明显小于有限元算法；手册算法的次梁支座处配筋明显大于有限元算法；手册算法的框架梁支座处的配筋明显小于有限元算法。

经过分析可以知道，造成这种的现象的因素可能不止一种，但是最主要的原因是：手

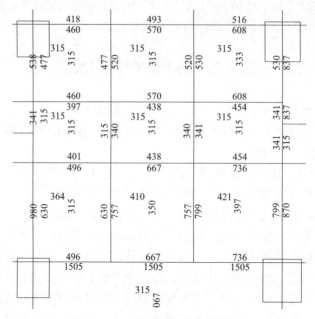

图 1.21-1　手册算法计算配筋结果

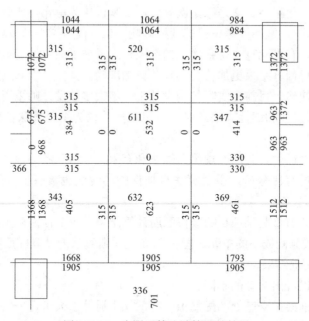

图 1.21-2　有限元算法计算配筋结果

册算法是把每个主次梁都当作板单元的支座来计算的（固定或铰接，不考虑变形）；而有限元算法是考虑了主次梁以及楼板的弹性变形影响，就是说当次梁刚度相对较小时，在荷载作用下会和楼板一起向下弯曲变形，结果必将导致楼板的板底弯矩增大、配筋增大。而次梁由于向下弯曲变形，减弱了其作为楼板的支座的能力，楼板在次梁支座处的配筋必然减少。又由于次梁和楼板整体向下的变形影响，必然导致框架梁支座处负弯矩增大配筋加大。

　　另外，从不同案例分析中还可以知道，手册算法在周边有相邻板时，四周是按固接计算的，但是如果相邻板厚度相对较薄时，是无法形成固接的，这时计算的板底筋是偏小的，支座筋却是偏大的。同时对梁也会产生不平衡弯矩影响。此时如果不做人为调整是存在安全隐患的。

　　图 1.21-3 是有限元算法计算的节点位移 2D 图，为了便于放大数据，看得清楚，对数据显示进行了处理，每隔一个数据被删除了，但数据的真实性和变化规律不受影响。

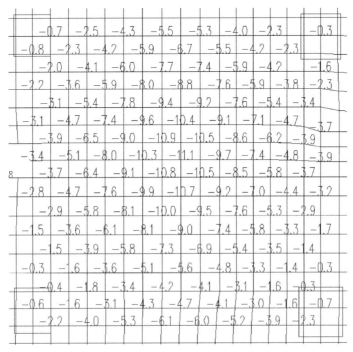

图 1.21-3　有限元算法节点位移 2D 图

　　从有限元算法节点位移图的计算数据可以清楚地看到，该柱跨范围内的楼板各个节点的位移均为向下的，包括次梁位移，并且呈现中部位移最大，向四周发散减小的规律。在模型中的等值线有限元算法节点位移 2D 图中，可以更清楚地看到，这块板变形时是向下的整体网兜形状。这充分说明，在实际受力中，次梁存在整体向下的弯曲变形，已经无法满足手册算法时，把次梁作为板单元的支座要求了，此种情况下手册算法确实存在误差较大的可能。而且不同的案例表明，有限元算法对板的挠度和裂缝控制也更加合理准确。

　　综上所述，手册算法在次梁较多、次梁刚度较小、板跨较大、相邻板厚相差较大、荷载较大等情况下，不一定可靠，甚至是有安全隐患的。手册算法假设梁支座是没有竖向和水平变形的，但是实际工程中，由于刚度的不同，梁是存在不同的变形的。而这一点对于板的配筋是有很大的影响的。这时候建议设计师更应该参考有限元算法的结果进行楼板配筋，而不应按照既往的习惯始终按手册算法计算，这样才能满足楼板的实际受力要求。

专题 1.22 结构抗震性能设计的软件应用

结构设计常用软件目前基本是采用中、大震不屈服和中、大震弹性方法来进行抗震性能分析的量化计算,通过对基本模型和中、大震的各个子模型的包络计算,来完成抗震性能分析,同时还能对不同性能水准要求的构件的不屈服或弹性计算的正截面或斜截面单独定义,分别计算,简单易用。

以 PKPM 软件 V5.2.3 版本为例介绍如下:

在前处理菜单中,点击参数定义进入性能设计界面,选择按《高规》进行性能设计,勾选需要考虑的性能目标,比如中震不屈服、弹性,大震不屈服、弹性等,软件将自动设置好对应的计算参数,不必再人为填写大量的参数和调整模型了。各个模型和构件的性能目标将根据这里的定义进行计算。

进入多模型定义界面,在这里需要分别对关键构件和耗能构件等相应的抗震性能目标进行具体指定。可以单个构件也可以全楼或全楼层分别指定。需要注意的是,这里构件指定的性能目标,生成数据后,必须在性能目标相应的子模型中去查找。

进入多模型控制信息界面,可以查看到定义的各个子模型,性能设计中是以小震作为基本模型的,其余各个模型都是子模型。

生成模型,这个界面可以对需要修改的模型进行调整,否则不需要操作。然后即可生成数据及包络计算。

计算完成后,还可以查看、修改各个子模型的性能目标。比如某个框架梁,前面指定的是大震正截面不屈服和中震斜截面弹性,那这个框架梁的结果小震仍是多遇地震的配筋计算结果,大震正截面不屈服和中震斜截面弹性的配筋结果要分别到大震正截面不屈服和中震斜截面弹性的子模型中查看,而主模型的配筋结果中,该框架梁的正截面受弯配筋和箍筋是采用的中大震的包络配筋结果形成的,并用于设计制图。

在性能包络设计中,在前处理中修改性能目标的指定,需要大量的时间重新计算整个模型,目前程序提供了在结果中直接修改和指定性能目标的功能,不需要重新计算模型,可以快速地查看修改后的包络结果,根据需要决定取舍。但这个结果在下次计算中是不保存的。

性能设计分析只是针对配筋结果的补充计算,其他仍按小震模型控制设计。

选取一个框架结构的抗震性能计算结果,以其中的一段框架梁来说明计算结果的应用情况。该框架梁的抗震性能目标是中震正截面不屈服+斜截面弹性,大震正截面不屈服+斜截面不屈服。性能包络计算生成的各个模型的配筋简图详见图 1.22-1~图 1.22-5。

图 1.22-1 主模型配筋结果简图

可以看到,主模型中对这个框架梁的正截面和斜截面的配筋采用的是最大的结果,就

图 1.22-2　小震模型配筋结果简图

图 1.22-3　中震正截面不屈服模型配筋结果简图

图 1.22-4　中震斜截面弹性模型配筋结果简图

图 1.22-5　大震不屈服模型配筋结果简图

是大震不屈服模型的配筋结果。案例仅仅是以框架梁为例进行抗震性能设计结果应用的说明，框架柱的配筋未经调整，不做参考。

抗震性能设计是对结构配筋的补充计算，是对之前的"小震不坏、中震可修、大震不倒"的三水准性能设计目标的中、大震以概念设计为主的量化分析。

专题 1.23　超限结构抗震性能分析要点介绍

超限高层的结构抗震性能设计目标分为 A、B、C、D 四个等级和 1、2、3、4、5 五个性能水准。应采用两种独立软件进行对比分析。本专题以整体结构性能目标为 D（1、4、5）的一般超限工程的分析过程为例，介绍下超限结构抗震性能分析的要点和主要步骤。

（1）多遇地震作用下（反应谱计算及分析）抗震性能分析要点归纳

1）按常规结构设计进行建模和弹性计算分析

根据项目实际情况选择考虑偶然偏心地震作用、双向地震作用、扭转耦联、最不利地震作用方向等常规参数建模计算，目的是验证结构是否满足性能水准 1 和现行规范的有关要求和限值。

结构计算主要输入参数按现行规范和常规要求合理即可。然后根据结构主要计算结果，对结构宏观控制指标以及层位移及层间位移角曲线、地震作用下结构楼层剪力和倾覆弯矩变化曲线、楼层侧向刚度和刚度比、楼层抗剪承载力和抗剪承载力比等重要输出信息的合理性做出分析。

通过上述分析计算，小震下满足性能水准 1 的结构，应基本达到但不限于以下各项要求：

两种独立软件的计算结果相近，指标指向一致，说明计算参数合理、计算结果有效，模型符合结构的实际情况。两个软件的计算结果均满足现行规范的要求。

结构两个方向的第一周期和振动特性较为接近，周期比宜小于 0.85。

楼层层间位移角满足《高规》楼层层间最大位移与层高之比的限值要求。

考虑偶然偏心影响的规定水平地震作用下，楼层最大位移比不宜大于 1.20，不应大于 1.4。

楼层剪重比达到规范要求。即使少数楼层剪重比小于规范限值，但调整系数较小，且楼层数量较少。

有效质量系数大于 90%～95%，振型数达到规范要求；构件均未出现超筋情况。

塔楼剪力墙、框架柱的最大轴压比满足《高规》中 6.4.2、7.2.13 的限值要求。

结构整体抗倾覆力矩与倾覆力矩的比值满足规范限值要求，无零应力区。

结构相邻楼层的侧向刚度比满足《高规》第 3.5.2 条要求，无薄弱层。

楼层层间受剪承载力满足《高规》第 3.5.3 条的规定，没有楼层承载力突变。

结构刚重比满足《高规》5.4.4 条要求，满足整体稳定验算，且结构刚重比宜大于 2.7，可不考虑重力二阶效应的影响。结构对抗倾覆的安全性有一定富余。

高度超过 150m 的高层，还应满足《高规》3.7.6 条对结构顶点风振加速度限值。

其他符合结构特点的信息达到相关要求。

2）多遇地震时结构的弹性时程分析

特别不规则建筑、甲类建筑和《抗规》中表 5.1.2-1 所列高度范围的高层建筑，还应采用弹性时程分析法进行多遇地震的补充计算。所以对于这类超限高层，就需要补充弹性时程分析计算。

多遇地震弹性时程分析要点及过程详见本篇的专题 16 弹性时程分析规范解析及选波要求和专题 17 弹性时程分析案例分享即可，不再赘述。

综合以上结果，推断本工程在多遇地震作用下能满足结构抗震性能水准 1。

（2）设防地震作用下的抗震性能分析要点归纳

根据设定的性能目标要求，应对结构在设防地震作用下的关键构件承载力进行复核，目的是验证结构是否满足性能水准 4 的有关要求和限值。关键构件抗震承载力要满足中震不屈服，即底部加强区剪力墙等关键构件抗剪、抗弯承载力应满足《高规》式（3.11.3-2）的计算要求；钢筋混凝土竖向构件的受剪截面应满足抗剪最小截面控制的要求，即满足《高规》式（3.11.3-4）的计算要求。

这里既可以根据需要采用弹塑性方法进行计算分析，也可以采用等效弹性方法进行计算分析。下面就以 YJK 软件为例，采用等效弹性振型分解反应谱法进行中震不屈服计算的要点和主要过程进行介绍。

自行输入相关参数计算时，中震等效弹性反应谱计算参数选取可以参看相关专题。方便起见，设计师可以直接采用新版软件的"抗震性能设计"模块，选择中震不屈服，同时对不同计算目标的构件进行单独定义，进行包络设计，即可一次性完成设防地震作用下的抗震性能分析计算。

1) 中震不屈服整体输出计算结果主要查看层间位移角，此时结构变形参考设计指标值应小于 3～5 倍弹性层间位移限值，以剪力墙结构为例，此时其限值取为 1/333～1/250 为宜；查看基底剪力并与多遇地震时的基底剪力进行对比分析，不宜超过小震的 2.85 倍。

2) 底部加强区剪力墙等关键构件抗震承载力不屈服验算结果查看

采用 YJK 软件可勾选中震不屈服选项，进行配筋设计。其抗剪不屈服、抗弯不屈服的配筋可查看楼层剪力墙（构件）水平配筋简图、剪力墙剪压比图、约束边缘构件计算钢筋配筋率图等，复核是否存在超筋现象等，并以此修正计算结果。

3) 非底部加强区竖向构件的验算结果查看

根据结构抗震性能要求，非底部加强区竖向构件作为普通竖向构件，允许部分竖向构件和大部分耗能构件进入屈服阶段，但竖向构件需满足最小抗剪截面要求。此时应符合非底部加强区竖向构件中震不屈服计算结果的楼层剪力墙水平配筋图、剪力墙剪压比图、边缘构件计算钢筋配筋率图等，复核纵筋超筋情况，其超筋比例应符合上述表述，允许部分进入屈服阶段。

4) 剪力墙（竖向构件）的受剪截面验算结果查看

剪力墙抗剪截面验算结果，通过查看剪力墙墙肢编号简图信息结合有关配筋信息图等，对典型墙肢的剪力和墙肢剪力最大值的对比，判断底部加强区和非加强区剪力墙的受剪截面是否满足规范要求。

5) 框架梁和连梁的验算结果查看

根据结构性能目标的要求，作为耗能构件的框架梁和连梁，允许大部分进入屈服阶段。通过检查楼层梁配筋图，查看框架梁和连梁出现超筋的情况，是正截面抗弯超筋多还是斜截面抗剪超筋多，主要分布在哪些楼层，占比多少。由此判断是否满足抗震性能目标要求。

6) 小偏拉墙肢验算结果检查

超限高层建筑工程抗震设防专项审查技术要点中，第十二条（三）（四）项要求，要对竖向构件和关键构件的中震下偏拉验算进行复核。为了保证墙肢延性，同时要求中震时出现小偏心受拉的混凝土构件，应采用《高规》中规定的特一级构造。中震时双向水平地震下墙肢全截面由轴向力产生的平均名义拉应力超过混凝土抗拉强度标准值时宜设置型钢承担拉力，且平均名义拉应力不宜超过两倍混凝土抗拉强度标准值（可按弹性模量换算考虑型钢和钢板的作用），全截面型钢和钢板的含钢率超过 2.5% 时可按比例适当放松。

通过检查各个楼层小偏拉墙肢分布情况（如软件没有直接给出小偏拉，则需要人工对偏拉构件进行小偏心受拉判断），对出现小偏心受拉的混凝土构件按上述要求采取对应措施。

注：人工复核受拉情况时，可选取底部拉力较大的典型墙肢，取其恒载、活载及地震工况下的轴向力，可按 $N_k = N_E + (N_D + 0.5N_L)$ 验算、墙肢应力 $\sigma_k = N_k / A_Q$，A_Q 为

墙肢面积。小偏拉墙肢的处理可参看专题 4.1。

7）如存在其他关键构件，比如斜柱（撑）、底层半框梁、连接核心筒的框架梁等，也应进行查看复核，不详述。

综上，根据以上计算分析，对结构设防地震作用下的抗震性能分析结果进行汇总阐述，确认结构能够满足性能水准 4 的有关要求。

（3）罕遇地震作用下的抗震性能分析要点归纳

根据设定的性能目标要求，应对结构在罕遇地震作用下的关键构件等承载力进行复核，目的是验证结构是否满足性能水准 5 的有关要求和限值。关键构件抗震承载力宜满足不屈服，即底部加强区剪力墙等关键构件抗剪、抗弯承载力宜满足《高规》式（3.11.3-2）的计算要求；竖向构件的受剪截面应满足抗剪最小截面控制的要求，即满足《高规》式（3.11.3-4）或式（3.11.3-5）的计算要求。这两个部分和设防地震的水准 4 的区别主要在于"宜"和"应"。另外还要求同一楼层竖向构件不宜全部屈服。

采用 YJK 等效弹性振型分解反应谱法进行大震不屈服计算，并建议采用罕遇地震作用下的弹塑性时程分析进行复核为宜。

通过自行输入相关参数计算时，大震等效弹性反应谱计算参数选取可以参看相关专题。设计师可以直接采用新版软件的"抗震性能设计"模块，选择大震不屈服、同时对不同计算目标的构件单独定义，进行包络设计，即可一次性完成抗震性能分析计算。

结构变形参考设计指标值宜参照弹塑性层间位移限值标准执行。

1）大震不屈服整体输出计算结果主要查看层间位移角，此时结构变形宜参照弹塑性层间位移限值标准执行，以剪力墙结构为例，此时其限值取 1/120 为宜；还要查看基底剪力并与多遇地震时的基底剪力进行对比分析，不宜超过小震的 6 倍。

2）采用 YJK 等效弹性振型分解反应谱法进行大震不屈服计算的其他各项检查和设防地震作用下的抗震性能分析要点总体相似，可以参考执行，主要是两者要求程度有所区别，不再赘述。

作为一般超限结构的承载力复核，到此基本可以满足超限申报和相关设计的需求了。有较高要求时，可以继续执行下面操作。

3）罕遇地震作用下的弹塑性时程分析补充复核计算

主要目的是考察在结构弹塑性的发展过程和构件的损伤程度，并进一步的判断能否达到预期性能目标。基本要点简述如下：

楼层剪力计算结果分析：

结构大震下基底剪力与多遇地震弹性时程分析的剪力比值，宜小于罕遇地震和多遇地震的地震影响系数的比值，使基底剪力的增加小于地震作用的增加。

倾覆弯矩计算结果分析：

透过楼层倾覆弯矩曲线及前述的楼层剪力曲线，查看结构承受的地震作用沿结构高度变化的均匀性、是否有突变楼层，进而判断结构抗震性能。

楼层位移计算结果分析：

层间位移角应小于 0.9 倍弹塑性位移限值 $0.9 \times 1/120 = 1/133$。满足"大震不倒"的设防要求。

通过楼层的层间位移角曲线、顶点位移的时程曲线及结构顶点的弹塑性时程与弹性时程相比对，判断整体结构塑性变形的程度、结构刚度下降程度、变形恢复能力、结构倒塌风险等。

地震能量耗散情况分析：

通过罕遇地震能量耗散曲线、钢筋塑性应变图等分析，判断结构地震能量耗散是以阻尼耗能为主型，还是塑性耗能为主型。如果阻尼耗能远大于塑性耗能，可以认为结构塑性发展可控、破坏性可控。

承载力计算结果分析：

通过连梁的塑性状态分布图提示的连梁损伤程度信息，判断连梁是否起到了耗能的作用；通过剪力墙塑性状态整体分布图、剪力墙损伤云图、剪力墙水平钢筋塑性应变图等提示的剪力墙损伤程度信息，判断剪力墙的损伤位置和程度，进而采取加强措施。

通过结构在不同时刻损伤情况观察，把握弹塑性发展进程、损伤构件的出现顺序和程度，达到结构连梁屈服在先、墙体屈服在后、连梁优先屈服耗能，同时结构损伤程度可控的目标。进而确认结构在罕遇地震下保持足够的承载力，能够达到抗震设计性能目标的要求。

其他方面比如水平和竖向钢筋塑性屈服情况、塑性应变值大小、混凝土刚度退化和承载力下降程度等分析判断也是不可缺失的。因不同软件提供信息形式差别较大，不详述了。

综上，汇总前述分析结论，进而推断工程在罕遇地震作用下能够满足结构抗震性能水准 5 要求。

以上是超限结构抗震性能分析要点介绍和基本程序，不同的抗震性能设计目标会有所差异，不同的结构计算软件的设置和表述也会较大不同。本专题仅供结构设计师参考。

地基基础

说明：本篇中涉及的主要规范为《混凝土结构设计规范（2015 年版）》GB 50010—2010（简称《混凝土规范》）《建筑地基基础设计规范》GB 50007—2011（简称《地基规范》）《建筑地基处理技术规范》JGJ 79—2012（简称《地基处理规范》）《建筑抗震设计规范（2016 年版）》GB 50011—2010（简称《抗规》）《高层建筑混凝土结构技术规程》JGJ 3—2010（简称《高规》）《建筑桩基技术规范》JGJ 94—2008（简称《桩基规范》）和《建筑结构荷载规范》GB 50009—2012（简称《荷载规范》）。

专题 2.1　基桩承载力校核做到位了吗

结构设计中，基础设计是重中之重，桩基又是最普遍的基础形式。现在都在用结构软件做设计，那桩基的竖向承载力需要复核哪些数据你都做对了吗？

先看桩基规范的要求：

非地震组合时：轴心竖向力作用下需要核对：$N_k \leqslant R$

偏心竖向力作用下还需核对：$N_{k,max} \leqslant 1.2R$

地震组合时：轴心竖向力作用下需要核对：$N_{Ek} \leqslant 1.25R$

偏心竖向力作用下还需核对：$N_{Ek,max} \leqslant 1.5R$

以上的荷载效应都是指标准组合。

设计过程中是不是按上面的要求去检查就可以了？如何正确地去检查？

答案是应逐项验算并检查上面各项基桩的承载力，但是在特定情况下还是不够的，就是当桩基础按桩身强度控制进行布桩时，或者桩身强度接近桩承载力时，还应复核桩身强度设计值是否满足荷载基本组合下的最大值要求，因为此时桩反力即使满足 $1.2R$ 的要求，但桩身强度可能就不满足偏心荷载的要求了。这一点在结构基础设计中经常被忽视，从而导致桩基础承载力不满足。

由于结构软件有多种，下面就以 YJK 计算的桩筏基础为例来具体看看在结构软件中如何检查桩的承载力情况。

（1）在基础计算结果中的"地基土/承载力验算"项分别查看非地震组合和地震组合时的输出数据，这里每个桩上的数据主要反映偏心竖向力作用下的承载力情况，据此 $N_{k,avg}$、$N_{k,max}$ 的计算结果按照上述公式复核偏心竖向力作用下的情况即可，非抗震时超

出 R 或 $1.2R$ 以及抗震时超出 $1.25R$ 或 $1.5R$ 时会显红。

（2）一般工程这样就可以了，但是当桩基础按桩身强度控制进行布桩时，或者桩身强度接近桩承载力时，还要执行下面的检查，这一步骤在桩基设计时是很容易被忽视或遗漏的。

在基础计算结果中的"桩反力"项的竖向力"基本目标组合"中点击 Q_{max}，这里是基本组合最大桩反力，用这个数据可以查看基本组合下的桩的承载力设计值，进而就可以和桩身强度设计值去进行对比判断。YJK 基础设计中的操作过程见图 2.1-1。

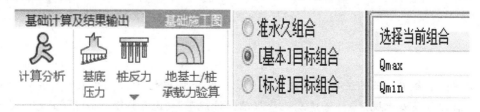

图 2.1-1　YJK 软件操作截图

就是说当桩基础按桩身强度控制进行布桩时，或者桩身强度接近桩承载力时，还必须检查计算结果中的桩承载力设计值是否超过桩身强度设计值，因为在偏心荷载作用下，完全可能出现计算结果中的桩承载力设计值超过桩身强度设计值的情况，导致桩身强度不足，这是不允许的。

以上全部满足的话，桩的承载力才是安全的。

专题 2.2　抗拔管桩桩身强度要验算哪些内容

在抗拔管桩的设计中，桩身承载力由两方面决定，一方面是根据地勘提供的土工参数计算桩的抗拔承载力或者由桩基抗拔静载试验结果确定，另一方面是根据管桩的桩身强度的相关计算结果确定。管桩的最终抗拔承载力是取这两个方面计算结果的较小值。

这里要介绍的是抗拔管桩桩身强度需要计算的内容。它通常需要进行的验算内容至少包括：桩身强度验算、端板孔口抗剪强度验算、钢棒抗拉强度验算、接桩焊缝连接强度验算、桩顶（填芯混凝土）和承台连接处强度验算等几个方面。由桩身强度决定的承载力应由上述计算结果共同确定才对。

但实际设计工作中，设计师往往只提供桩自身强度验算，其他构件部分的验算比较烦琐，也很少进行。

下面就以桩型为 PHC600(130)AB-C80 管桩为例来说明抗拔管桩桩身强度计算时至少需要计算哪些内容。采用的图集为《预应力混凝土管桩》图集 10G409（简称《管桩图集》），供设计师在设计中参考。

（1）桩身强度验算

工程桩裂缝控制等级应为一级。根据《管桩图集》中 6.4.2 可知，按荷载效应标准组合计算的拉力值为 $N_k = \sigma_{ce} A_o$。σ_{ce} 为管桩的混凝土有效预压应力，查图集为 $\sigma_{pc} = 6.0 \text{N/mm}^2$。$A_o$ 为管桩截面换算面积。

$$A_o = A + [(E_s/E_c) - 1]A_p = 3.14 \times (600^2 - 340^2)/4 + (2 \times 10^5/3.8 \times 10^4 - 1) \times 16 \times 90$$
$$= 191854 + 6139 = 197992 \text{mm}^2$$

$$N_k = \sigma_{ce}A_o = 6.0 \times 197992 = 1187 \text{kN}$$

其中 E_s、E_c 为钢筋、混凝土弹性模量；A 为管桩桩身横截面面积；A_p 为管桩内预应力钢棒总面积。

试桩时可按裂缝控制等级二级计算：

此时 $N_k = (\sigma_{ce} + f_{tk})A_o = (6.0 + 3.11) \times 197992 = 1804 \text{kN}$。

式中 f_{tk} 为混凝土轴心抗拉强度标准值。

（2）端板孔口抗剪强度验算

孔口最薄弱处为端板上预应力钢棒锚固孔台阶易产生冲切破坏。根据《预应力混凝土管桩技术标准》JGJ/T 406—2017 中 5.2.10-2 可知，由管桩端板锚固孔抗剪强度验算的单桩抗拔力设计值为：

$$N_t \leqslant n\pi(d_1 + d_2)[t_s - (h_1 + h_2)/2]f_v/2$$
$$= 16 \times 3.14 \times (12 + 20)[20 - (6 + 9.5)/2] \times 120/2 = 1181 \text{kN}$$

式中　N_t——单桩抗拔力设计值（kN）；

　　　　n——预应力钢棒数量（根）；

　　　　d_1——端板上预应力钢棒锚固口台阶下口直径（mm）；

　　　　d_2——端板上预应力钢棒锚固口台阶上口直径（mm）；

　　　　t_s——端板厚度（mm）；

　　　　h_1——端板上预应力钢棒锚固口台阶上口距端板顶距离（mm）；

　　　　h_2——端板上预应力钢棒锚固口台阶下口距端板顶距离（mm）；

　　　　f_v——端板抗剪强度设计值，取 120N/mm²。

根据《管桩图集》第 5.3 条，当管桩用作抗拔桩时，应根据具体要求设置桩端锚固筋，并加强端板连接。将改善端板孔口的受力状态。

工程桩兼做试桩时，宜采用 B 型或 C 型桩，并加厚端板来提高端板孔口抗剪强度。计算同上，不赘述了。

（3）接桩焊缝连接强度验算

根据《预应力混凝土管桩技术标准》JGJ/T 406—2017 中 5.2.10-3 可知，根据管桩接桩连接处强度验算单桩抗拔承载力时，机械连接（机械快速接头）应按现行国家和地方有关标准的规定进行计算，焊接连接（坡口对接围焊接头）应按下列公式进行验算单桩抗拔力设计值。$f_t^w = 175 \text{N/mm}^2$，焊缝厚度 12mm。

$$N_t = 3.14 \times (d_{外}^2 - d_{内}^2)f_t^w/4$$

$f_t^w = 175 \text{N/mm}^2$，焊缝外径 $d_{外} = 600 - 2 = 598 \text{mm}$，焊缝内径 $d_{内} = 600 - 2 \times 12 = 576 \text{mm}$

$$N_t = 3.14 \times (598^2 - 576^2) \times 175/4 = 3548 \text{kN}$$

式中　N_t——单桩抗拔力设计值（kN）；

　　　　$d_{外}$——焊缝外径（mm）；

　　　　$d_{内}$——焊缝内径（mm）；

　　　　f_t^w——焊缝抗拉强度设计值。

由计算结果可知，焊缝连接强度计算值比桩身强度大很多，但在实际工程施工中工人现场焊接，质量不易保证，应按上述《管桩图集》要求严格控制质量。

（4）填芯混凝土粘结力验算

根据国标《管桩图集》的要求，C30 填芯混凝土长度取 4m 考虑，由该图集 5.2.10-4 条可知，根据管腔内填芯微膨胀混凝土深度及填芯混凝土纵向钢筋验算单桩抗拔承载力设计值，应按下面公式：

$$N_t = 3.14 K_1 d_1 L_a f_n$$

其中，N_t 为单桩抗拔力设计值（kN），经验折减系数 $K_1 = 0.8$，管桩内径 $d_1 = 340mm$，填芯混凝土高度为 L_a，填芯混凝土与管桩粘结强度设计值 $f_n = 0.35N/mm^2$。

$$N_t = 3.14 K_1 d_1 L_a f_n = 3.14 \times 0.8 \times 340 \times 4000 \times 0.35 = 1195kN$$

（5）钢棒抗拉强度验算

根据预应力钢棒抗拉强度验算单桩抗拔承载力设计值时，按以下公式计算：

$$N_t = C f_{py} A_{py}$$

其中，N_t 为单桩抗拔力设计值（kN），C 为考虑预应力钢棒墩头与钢板连接处不均匀等因素的影响而取的折减系数，取 0.85，预应力钢棒抗拉强度设计值 $f_{py} = 1000kN/mm^2$，查《管桩图集》可知全部预应力钢棒的总面积 $A_{py} = 16 \times 90 = 1440mm^2$。

$$N_t = C f_{py} A_{py} = 0.85 \times 1000 \times 1440 = 1224kN$$

（6）承台和桩连接验算

根据《管桩图集》，填芯混凝土纵向①号钢筋为 6Φ20，②号钢筋为 4ϕ10（如有必要可以增加），填芯混凝土纵向钢筋总截面积 $A_{sd} = 6 \times 314 + 4 \times 78.5 = 2198mm^2$，填芯混凝土纵向钢筋抗拉强度设计值 $f_y = 360N/mm^2$。

由此确定的单桩抗拔力设计值 $N_t = A_{sd} f_y = 2198 \times 360 = 791kN$。

综上，抗拔管桩桩身强度由上面计算按不利值确定。也可以根据需要对计算的薄弱环节进行加强处理。

工程桩兼作试桩时应注意复核桩顶锚固钢筋、端板抗剪强度和预应力钢棒的强度。

专题 2.3　桩基静载荷试验那些事

抗压桩的试桩和抗拔桩的试桩有相同点也有不同点，我们来看看各自的关于最大加载值的具体要求和要注意的事项。

抗压桩静载试验：

前期单纯为设计提供依据的试验桩，进行破坏性试验时，应加载至桩侧土破坏；当承载力由桩身强度控制时，应加载至达到桩身材料强度。

当工程桩验收检测时或前期试验桩试验完后还要作为工程桩使用时，加载量不应小于设计的单桩承载力特征值的 2.0 倍；对承载力由桩身强度控制端承桩，如嵌岩桩，应按《地基规范》中 10.2 节的相关规定采取适当的方法进行。对抗压桩，这些要求在相应规范中是很明确的。

对于试验桩的桩身强度的问题，这里也分析一下。

例如工程桩承载力特征值 R_a 是 2000kN，静载试验的加载值应为 4000kN，要加载到地基的极限承载力，4000kN 这个值概念上对应的是单桩竖向极限承载力标准值 Q_{uk}。

此时桩身强度也应极限承载力与之对应，即用混凝土强度轴心抗压强度标准值 f_{ck} 对应计算。那么以泥浆护壁的混凝土灌注桩为例推导如下：

首先桩身强度设计值对应的是承载力设计值，一般来讲，桩承载力设计值 $=1.35$ $R_a=1.35\times2000=2700kN=f_cA(0.7\sim0.8)$。

其中，f_c 为混凝土轴心抗压强度设计值，A 为桩身截面积。

由《混凝土规范》我们知道 $f_{ck}=1.4012f_c$，所以，由材料强度对应的桩身强度的极限承载力可以表达为：

$f_{ck}A(0.7\sim0.8)=1.4012\times f_cA(0.7\sim0.8)=1.4012\times1.35\times2000=1.892\times2000=$ $3784kN=1.892R_a$。

从以上推导看，由材料强度对应的桩身强度极限标准值与桩基承载力特征值的关系大约是 1.892 倍，如果考虑到桩身强度标准值计算时的工艺系数，是针对工程桩在长期荷载作用下要考虑的系数。而试桩是短期荷载，这个系数可以取到 0.9 甚至更高。另外桩身配筋也没有考虑进去，目前桩身的设计基本都是可以考虑这个因素的。所以桩基静载试验的加载值为特征值的 2 倍，和试桩桩身材料强度并没有太多矛盾，不必担心。

当然对有特殊需求的桩，试桩也可采用比工程桩更高的混凝土强度等级。

抗拔桩静载试验：

根据《建筑基桩检测技术规范》JGJ 106—2014 中 5.1.2 条，前期单纯为设计提供依据的试验桩，应进行破坏性试验时，加载至桩侧土阻力达到极限状态或桩身材料达到设计强度限值；工程桩验收检测时，加载量不应小于单桩抗拔承载力特征值的 2.0 倍或使桩顶产生的上拔量达到设计要求的限值。

当抗拔承载力受到裂缝条件限制时，可按设计要求确定最大加载值。

注意，这里和抗压桩的区别是，当工程桩的抗拔承载力受抗裂条件控制时，可以按设计要求确定最大加载值，就是说不一定要达到 $2.0R_a$。

桩侧岩土阻力往往比桩身混凝土和钢筋强度要大很多。就是说，对于有裂缝控制要求的抗拔桩，抗裂验算给出的荷载可能会小于 $2.0R_a$，此时最大上拔荷载只能按设计计算要求确定，但应留有足够的安全储备。此时，按大于 $1.35R_a$ 或者按工程桩实配钢筋抗拉强度标准值控制也是可以考虑的。实际设计中建议取值不宜低于 $1.5R_a$。

设计对桩的上拔量有要求时也是如此。

专题 2.4　基床反力系数取值你困惑吗

定义：地基上任一点所受的压力强度 P 与该点的地基沉降量 S 比值，$K=P/S$，这个比例系数 K 称为基床反力系数。它来自于温克尔地基模型。

基床系数的确定比较复杂，不是一个确定的数值，准确的取值比较困难，还没有一个统一的方法。因为它受基底压力的大小和分布、压缩性、基础埋深、邻近荷载、基础面积、形状等众多因素的影响。总体上，K 和沉降成反比，和筏板基底反力及配筋成正比。

但是基床系数是基础设计中非常重要的系数，它的取值直接影响到基础反力、基础配筋。设计中必须合理的确定 K 值。

得到合理 K 值可以通过静载实验法实现，根据现行原位实验，通过地基平板载荷试验，绘制荷载-沉降曲线，P-S 曲线，取直线段计算准 K 值，在经过相关修正后得到 K 值。但是多数工程没有条件这样做。

目前 PKPM 和 YJK 软件在模型计算时，主要是通过平均沉降试算法（根据地勘报告的资料计算）、查表法（参考值法）和预估沉降法这几种方法确定 K 值。

（1）平均沉降试算法

软件提供的按根据地勘报告所输入的地质资料和准永久组合荷载大小反算地基基床系数的方法，即沉降试算。

以 PKPM 为例，模型中输入地质资料，在 JCCAD 中板元法的基床系数菜单里点沉降试算，得到按国家规范计算的平均沉降值，然后再按基础平均沉降反算 K，$K=P/S_\mathrm{m}$ 式中 P 为基底平均附加压力，S_m 为基础平均沉降。

沉降试算的目的是对给定的参数进行合理性校核，其主要指标是基础的沉降值，可以互相印证。

这个方法对把沉降计算结果控制在合理范围内是非常重要的。用这种方法计算的 K 值不需要修正。计算时应考虑上部结构的共同作用。建议筏板计算时，对边缘部分区域的 K 值应适当修正提高。

平均沉降试算法，当有多块筏板时，即使处于同一土层，但因上部荷载、地基的不均匀、孔口标高不同等因素，得到的每块筏板的 K 值是不同的，对其中不符合预期的可以人为局部进行调整。

需要注意的是，当挖土较深且上部荷载较小时，形成实质卸载，会造成附加压力小于0，就无法计算出沉降，即 $S=0$，则基床反力系数$=P/S=P/0$，只能取缺省值，P 为上部荷载。此时需要人工复核或查表。

无地勘报告的资料时，程序默认值为 20000，没有意义。

（2）查表法（参考值法）

就是软件说明书中给推荐的值。其 K 值偏大，荷载、土层深度、上部结构的影响没有考虑进去。采用时建议根据经验适当调整，且计算时不宜考虑上部结构的共同作用。

这里给的建议值，即使同一种土的 K 值范围还是很大的，最终如何确定，还需要综合分析。

（3）预估沉降法

预估沉降法确定 K 值，就是根据工程经验确定沉降值，最好有可供参考的工程沉降观测结果，预估一个沉降值，根据上部荷载，得到基床系数。运用得当，可能更加接近实际。

目前程序对同一块筏板的不同部位、不同筏板，都可以设置修改成你想要的不同的 K 值，使设计结果更合理。

这几种不同的方法，多数情况下 K 值相差还是比较大的，但是对于工程安全来说，根据一些统计的工程经验总结看，应该都还在可以接受的范围。

如果没有经验，建议直接按查表法计算，会偏于安全；对于有工程经验的设计师，建议按软件给的计算 K 值方法，同时结合实际经验，采用预估沉降法，综合确定各部位的 K 值，达到更合理的目标。

（4）对于复合桩基，桩筏基础采用复合桩基设计时，即需要适当发挥桩间土的作用时，K 值如何确定？

此时，筏板下 K 如果仍然按照上面的几种方法取值，选用天然地基的取值方法，显然不行，结果偏差很大，不符合实际情况，那怎么办？毕竟桩才是主要的受力构件，筏板受土传来的反力只占很小部分，此时应采用控制桩土荷载分担比例的方法来确定 K 值。

推荐的方法是，在板元法计算时，首先预设一个桩土荷载分担比例，然后通过填写预估的 K 值试算，计算后看最大反力图，得到总荷载和桩总荷载，两者之差得到板荷载，如果和预设的板需要承担的荷载相符合，就可以采用这个 K 值计算了，不符合就再去试算。此时软件不再按 $K=P/S$ 反算土的基床系数。

这种方法的原理就是桩筏下的桩和土的沉降相等，可以表达为：桩的平均沉降＝桩的荷载/桩刚度×群桩沉降放大系数，同时，筏板的平均沉降＝单位面积的土反力/K，通过这两个等式，可预估出 K 值。

在软件参数中，基础形式选复合桩基，软件就可以自动计算 K 值，但要按预期的去复核，任何情况筏板的反力都不能大于地基承载力。

地基比较复杂且不均匀时，为了得到更准确的计算结果，使筏板的受力、配筋更接近实际，可以通过选用柔性沉降的计算方法，得到边角大中部小的和实际更加接近的 K 值。

首先在沉降计算菜单勾选柔性沉降，并进行沉降计算；然后在板元法的计算参数中勾选按柔性法自动确定基床系数，并进行计算。在计算结果的板信息图中即可得到每个网格的不同的 K 值。

正如 PKPM 手册所说，在桩筏有限元计算中，桩弹簧刚度及板底土反力基床系数的确定等均与沉降密切相关，因此，基础计算的关键是基础的沉降问题。合理的沉降量是筏板内力及配筋计算的前提，在沉降量合理性的判断过程中，工程经验起着重要的作用。

每种方法，都有各自的不足，结合工程经验综合确定合理的基床系数才是设计所需要的。

专题 2.5　桩的竖向刚度如何取值合适

桩刚度对桩反力的计算很重要，影响很大。桩和筏板不是全刚性连接，桩的弯曲刚度可以取 0，那么如何确定桩的抗压和抗拔刚度就显得很重要。

桩竖向刚度，就是单位变形需要的竖向力，桩竖向刚度＝桩平均反力/桩顶沉降。桩的抗压刚度，目前常用的结构设计软件 PKPM 和 YJK 都可以根据输入的地勘报告的资料数据自动计算桩的竖向抗压刚度，就是根据地勘报告的资料算出沉降，再根据沉降和力算

...

出这个系数；也可以根据试桩报告的 Q-S 曲线的斜率计算 K，但是需要修正；还可以根据经验指定，比如根据桩反力和预估的沉降值求得；还可以根据 YJK 推荐的桩的竖向抗压刚度取桩竖向承载力的 $50 \sim 100$ 倍估算，例如桩的竖向承载力特征值为 1000kN，抗压刚度可取 100000kN/m。

这里以 YJK 为例，说明一下 YJK 采用"荷载除以位移"的方法试算桩刚度的情况。N 为平均桩反力，可以按"荷载除以总桩数"得到。这里的荷载包括：上部荷载的准永久值组合（1.0 恒+0.5 活），筏板自重，覆土重，板面恒荷载。

软件提供的根据所输入的地勘报告的资料和准永久组合荷载大小反算桩刚度系数的方法，即沉降试算。

S 为桩顶沉降，等于"桩身压缩+桩端沉降"。按《建筑桩基技术规范》JGJ 94—2008 中第 5.5.14 条计算，不考虑周围桩的影响，按照单桩计算，计算至附加应力小于 0.2 倍土自重应力（地下水位以下取浮重度），即可停止计算，得到 S。

试算的桩刚度=N/S。根据试算估算的方式确定桩的初始刚度。桩的抗压刚度可以根据沉降试算的方式确定初始刚度，而桩的初始抗拔刚度可以用承载力特征值/允许位移（建议 10mm）来估算。

桩的抗拔刚度目前无法通过软件计算自动获得，一般需现场抗拔试验曲线数据实测抗拔刚度。没有条件时可以按以下方法确定。

可以根据设置的桩的抗压刚度的比例去算，可取抗压刚度的 $0.2 \sim 0.5$ 倍估算，如果抗压刚度为 100000kN/m，抗拔刚度可取 $20000 \sim 50000$kN/m。

软件自动生成的桩抗拉刚度按公式试算得到：桩的抗拔刚度=抗拔承载力特征值/允许位移，一般允许位移可取 $10 \sim 50$mm 进行试算，目标是结果合理。

另外桩的抗拔刚度和抗压刚度宜取同一数量级别，故桩抗拉刚度也可取 $50 \sim 100$ 倍的抗拔承载力特征值估算。

桩类型选为"锚杆"的桩是用于模拟只抗拔的桩，其抗压刚度自动生成为 0。所以对于只抗拔的桩，建议用"锚杆"类的桩来模拟。

桩抗拔刚度设置要合理，不宜过小或过大，否则计算的抗拔力太小就起不到抗浮作用。

抗压或抗拔刚度如果为 0，则说明不考虑桩在这方面的作用。

不论按那种方式来确定桩的竖向刚度，最后都需要对结果进行综合判定，就是要把上面确定的刚度输入模型后，经过计算，要根据计算的输出结果，进行分析评估，比如查看沉降、反力是否有异常，对明显异常的还需要调整，重新取值计算，直到计算的沉降、反力结果正常合理为止。

对于主楼带大地下室整体计算，由于上部主体的刚度凝聚作用，主楼下范围桩的抗压刚度应明显大于地下室范围桩的抗压刚度，输入时应注意。

同时带来一个问题，就是多塔楼桩基时，塔楼和裙房或地下室是整体计算还是分开计算合理？建议如果有把握对不同部位的桩的刚度给出一个合理的值时，可以整体计算。否则建议分开计算为好，即计算地下室桩基时把主楼删除，然后设置沉降缝配合，免得主楼荷载影响周边的计算准确性，特别是地下室的抗浮荷载，一部分可能会聚集到主楼下面去，造成地下室的计算误差。

另外，复合地基的桩刚度如何确定？

就 YJK 软件而言，根据 YJK 的介绍和实际应用看，复合桩基，首先要确定桩间土分担荷载的比例，然后再计算桩刚度，有两种方式：

第一种是程序根据所布置的桩筏基础，自动计算土承担的荷载（即勾选此项参数）：比如总荷载 700kN，100 桩总承载力 500kN，则剩余的荷载土承担 200kN（至少 20％的总荷载）；这时计算桩刚度用 500kN，计算土的基床系数用 200kN。

第二种是设计师可以自己定义土所分担荷载的比例（即不勾选此项参数），桩和土分别承担的总荷载的比例是由设计师输入的比例确定的。按照交互比例算桩刚度，按位移协调算地基土的基床系数。

简单的方法还有依桩土类型直接根据经验来指定，根据软件提供的常见的桩土类型经验值、参考值供设计师选用，当然这需要经验。

专题 2.6　岩溶地区两个选桩案例

（1）基岩埋藏较深时选桩案例：

岩溶地区某小高层剪力墙结构住宅小区，地勘报告揭示微风化石灰岩，岩面起伏大，埋深多在 35m 以下，覆粉质黏土。所在场地存在大量溶洞、成串珠状、溶洞能见率为 45.8％、溶洞顶板最厚为 4.10m、最薄仅为 0.60m 左右，最大洞高 7.90m 左右，溶洞大部分充填软塑粉质黏土，大部分孔漏水，表明有外界水与之联系或溶洞之间相互连通。地勘报告建议，桩基采用冲钻孔灌注桩，以完整微风化石灰岩为桩端持力层；为避免桩端置于微薄的溶岩顶板上，每根桩进行超前钻探。

在设计初期，有的专家们建议采用 CFG 桩。但由于该场地浅土层中不均匀分布有碎石和块石，且土层黏性强、强度较高，采用该方法施工时，局部可能会沉管困难，也可能会造成地面隆起。在对地质条件做出评估后，认为应充分利用上覆黏性土层，最后决定采用 D400 的预应力管桩，不触及基岩面，设计为摩擦型桩，可更好发挥桩、土及底板的共同作用，从而分散溶洞的风险。

预应力管桩设计过程：

1）初步确定桩长：地质报告显示各别岩面最小埋深为 31m，初步拟定桩长 26～28m，采用地勘报告提供的桩基设计参数计算得，摩擦型桩单桩承载力特征值为 900kN，结合柱底内力标准组合进行试布桩，基本满足安全经济要求，总桩数 4000 多根。

2）试沉桩：获取桩长与压桩力及单桩承载力的具体数据。

静压试沉桩时，采用最少间隔 24h 进行复压或静荷载检验，来了解本场地黏性土对桩承载力的时效性，确定合适的桩长、沉桩压力及终压标准。

经过 12 根试沉桩，桩长达到要求 28m 后，压桩力在 1500～1600kN。其中压力 1600kN 对应的桩长在 27～29m；压力 1500kN 对应的桩长在 25～28m，桩长都在理想范围，最后确定：压桩力采用 1600kN，相当于单桩承载力特征值 900kN 的 1.78 倍，桩长为 28m 左右。最后确定终压标准为：以压桩力和桩长双控，压桩力控制在 1550～1650kN 范围，桩长控制在 24～29m 范围。

完工后，各项指标尤其是单桩承载力特征值完全满足质检部门的要求。该设计方法与原地勘报告建议的冲钻孔灌注桩相比，初步估算基础工程直接投资节省 60% 以上，还不包括超前钻、漏浆及成串溶洞的处理和时间成本。

在岩溶地区使用预应力管桩时，可以以桩侧摩阻力为主，持力层并不一定是最重要的。采用静压沉桩、最少间隔 24h 复压或静载检验，不仅可在岩溶地区应用预制桩，更可以作为一种比 CFG 桩法更深层的复合地基方法，其实可以理解为类似刚性桩复合地基。

（2）基岩埋藏较浅时选桩案例：

岩溶地区某高层（28～32 层）剪力墙住宅小区。地质报告揭示场地岩溶较发育，分布有大小、形状不等的溶洞，充填软塑状黏性土，地下水丰富，基岩埋藏大多在 10m 左右及以内。

扩充设计开始前，建设方组织专家讨论桩基选型。参考专家意见，原扩充设计采用以微风化岩为端承的挖孔和冲孔相结合的大直径桩，桩端入岩深度 0.5m，施工勘察的深度为微风化岩下 6m，遇溶洞时继续往下钻至溶洞底以下 6m（基础设计规范要求，嵌岩桩下 5.0m 不应有洞穴）。

施工勘察的溶洞见洞率 38%，其中 28% 左右溶洞呈串珠状，最大洞高 12m，普遍洞高 0.5～2.0m。上覆土层厚薄不均，岩面起伏很大、倾斜陡峭。溶洞顶板厚最薄为 5.5m 左右。

试桩施工表明，机械冲孔桩和人工挖孔桩不适合该场地的地质环境，主要存在以下问题：

冲孔桩试桩两根存在以下问题：

1）层岩下溶洞贯通，浇筑时混凝土大量流失，混凝土用量不确定的风险太大。

2）层岩面倾斜陡峭，冲孔偏位大，造成实际孔径大于设计桩径太多。

人工挖孔桩（墩）试桩 12 根存在以下问题：

1）大部分深度在 2～7m 的粉砂层范围内，涌水量很大，有流沙现象。

2）施工抽水量大，现浇钢筋混凝土护壁脱节。

3）护壁出现了沉降。

4）随时间增长，大部分桩底涌水量逐渐增大，降水困难。

后经过对试桩情况的分析，结合实际地质情况，建议将原来的冲、挖孔桩（墩）改为低承载力的端承摩擦预制桩，加筏板，即桩筏基础。由于场地基岩埋深较浅部分多为粉砂土，单桩承载力的时效性接近于 0，故不考虑桩的时效性。经过对溶洞顶部岩层厚度承载力的保守计算，决定采用单桩竖向承载力特征值为 500kN 的 PHC-ABϕ400 静压管桩，压桩力为 1000kN，带十字形桩靴，终压标准以压桩力为准。

局部基岩埋深小于 3.0m 的，根据《地基规范》中岩石地基可选用多种基础的要求，采用墩和厚筏板代替。

为检验设计方案，进行了 20 根试沉桩。所有桩在压桩力接近或等于 1000kN 时，桩尖触及基岩，完全达到理想状态，端承摩擦桩。

此设计虽受到些质疑，但最后工程得以顺利完成，并取得良好效果，该工程采用较低承载力的预应力管桩桩筏基础是成功的，可以分散荷载对溶洞的影响。

专题 2.7　不宜使用预应力混凝土管桩的情况归纳

管桩分为预应力混凝土管桩和预应力高强混凝土管桩，持力层以强风化岩层、坚硬黏土层、密实沙土层为宜。但管桩无法进入中微风化岩层，并且管桩的竖向承载力远大于水平承载力，两者不成比例，所以管桩的使用是有局限的，在某些情况就下不建议使用管桩，根据现有的资料可以归纳如下：

（1）对钢结构和混凝土结构有强腐蚀性的场地不应使用管桩，中等腐蚀不宜使用。主要是技术上无法有效地对桩身进行防护，无法满足防腐蚀的要求。

（2）孤石和障碍物多的土层或土层中夹有无法消除的孤石和障碍物时，不应使用管桩。因为这种情况施工会非常困难，并且会使成本大幅增加。

（3）存在较厚中等或严重液化土层的场地不应使用较小直径的管桩。地震下，土层液化，形成高桩承台，流动土体的剪切力很大，较小直径的管桩抗水平剪力差，容易被剪切或弯折破坏。

（4）有无法做持力层的坚硬夹层的土层不宜使用管桩。

（5）建筑结构无地下室（半地下室），并且承台周边存在软弱土层，结构高度超过28m（10层以上）的建筑；建筑结构有一层地下室，并且承台周边存在软弱土层，结构高度超过80m（25层以上）的建筑，由于管桩抗压承载力远大于水平承载力，且是竖向承载力控制桩数量，管桩可能无法满足抗剪要求，特别是 500 m m 及以下直径管桩不建议使用，否则必须经过抗剪承载力验算。

（6）石灰岩地区不宜应用管桩。石灰岩是水溶性岩石，用管桩施工，很容易发生各种质量事故。

（7）从松软突变到坚硬土层时不应使用管桩。桩端持力层为中微风化岩、碎块状强风化岩、密实的碎卵石层，且桩端持力层以上土层均为淤泥质土层、淤泥层等软弱土层，由于上部没有硬层，约束性很差，桩身受力好像悬臂杆受压，受力性能很差，不建议使用。

（8）建筑结构无地下室时，不应采用单柱单桩和单柱双桩的管桩基础。因为一般情况地梁很难平衡柱底弯矩，而管桩无法承受柱底弯矩。

（9）管桩的竖向承载力远大于水平承载力，两者不成比例，相差甚远。因此使用管桩时应验算管桩的水平承载力，若不足，应降低使用标准或不使用。

专题 2.8　群桩沉降放大系数是怎么回事

桩筏有限元设计时，沉降试算是一个重要功能，可以对相关参数进行校核和相互认证，其中一个主要目的是控制基础的沉降值，合理的沉降值是桩筏基础得到合理的内力和配筋的关键。对于桩筏基础，群桩沉降放大系数就是和沉降控制关系密切的重要参数。

软件中，该系数程序自动计算，用户可以进行修改。系数值为 1 表示不考虑群桩的相互作用对沉降的影响。计算群桩作用时，可考虑桩数、桩长径比、桩距径比、桩土刚度比四项因素，从而较全面反映桩筏的沉降影响因素。当无桩时，此系数不出现在对话框上，该系数隐含值为 1，如大于 1 则为自动计算出的建议值。桩筏基础需要根据调整群桩沉降放大系数，计算沉降值，使其尽量和工程经验相符合，最终得到桩筏基础较为合理的设计结果。具体的运用可以分为单块桩筏和子母桩筏两种情况。

对于单独一个桩筏基础来讲，进入桩筏有限元进行沉降试算后，比如得到的群桩沉降放大系数为 32，此时的平均沉降为 150mm，但是如果按经验此时沉降应该在 60mm 左右的话，150mm 明显偏大，那我们就可以重新输入一个调整的群桩沉降放大系数：32×60/150＝12.8，并据此进行后续的计算即可。这时的平均沉降值将会被控制在 60mm 了，符合预期。

对于子母桩筏来讲，就是在母筏板的局部有加厚的子筏板的情况，沉降试算后，子母筏板分别得到一组各自的群桩沉降放大系数和对应的平均沉降值，进而再完成后续计算。在这个过程中，如果发现筏板的沉降值过大或过小、子母筏板的沉降值相差过大、变形明显无法协调、桩反力明显偏大或偏小等任何一种情况，说明子母筏板互相不协调，计算结果不合理，不可用。这时先按照上面单独桩筏的方式选取差异最大的筏板，调整其群桩沉降放大系数，然后子母筏板都用此数值重新进行计算，结果必然会更加趋于合理，直到得到各种相关的输出结果都在合理范围内即可。

注意，在这个调整过程中，首选调整的重点应放在母筏板上，再遵循变形协调的原理，调整子筏板即可。

另外，如果 JCCAD 计算的筏板沉降比较大，和沉降试算的结果相差也较大，也可以通过群桩沉降放大系数来调整，直到得到和规范或经验相近数值。

当同一个建筑的基础由不同的筏板组成时，为了保证各个相邻筏板的沉降差不会过大，也可以通过调节各个筏板的群桩沉降放大系数来调节，直到得到合理的沉降结果，再进行配筋等计算才更为合理。

专题 2.9　岩溶地质桩基选型中管桩使用探讨

在较复杂的岩溶地区选择桩基础的原则，建议优先考虑避开复杂地质环境，其次考虑能否把上部的载荷分散到溶岩上，最后才是考虑端承嵌岩桩（或揭穿溶洞）。

当溶岩的上覆土层足够深并且能提供较高桩侧摩阻力的黏土层时，可以选择合适的单桩承载力和较小的桩径，采用摩擦桩，桩端不触及基岩，按普通桩基设计，从而避开岩溶的风险。

当采用预制桩时，为了得到较准确的沉桩压力，使单桩承载力最大化，设计前应进行试桩。

如基岩埋藏较浅或上覆土层提供的桩侧阻力不足以满足承载力要求时，桩端可以触及岩面，但应复核洞顶岩层承载能力，并尽量采取分散上部结构的荷载的措施，减少溶洞塌陷的风险，还可以采用低承载力的群桩加局部或整体筏板分散荷载的做法。

在溶岩浅埋、地下水又不丰富时，可选择挖孔桩，但应做好超前钻探，探明下卧溶洞的分布，承载力不宜取得太大，应考虑桩基局部失效的可能性。

岩溶地区地下水一般较丰富，如采用灌注桩较难保证桩身质量，应优先考虑采用预制桩。

《地基规范》中规定，嵌岩灌注桩桩端以下 3 倍桩径且不小于 5m 范围内应无软弱夹层、断裂破碎带和洞穴分布，且在桩底应力扩散范围内无岩体临空面。岩溶地区地质复杂，岩面高低变化极大，且溶洞内多有填充物，尚无可靠的物探办法能充分探明地下岩溶的分布，以规避桩底存在溶洞的风险。应慎用一柱一桩，多用群桩。

溶洞埋藏较深时：

对溶洞埋藏较深的情况（如埋藏深度大于 30m），利用黏性土对预制桩桩周摩阻力的时效性，采用较小直径的预应力混凝土管桩不触及基岩，作为摩擦型桩，从而避开不良地质的影响。

溶洞埋藏较浅时：

当溶洞埋藏较浅时，可采用预应力管桩作为端承型摩擦群桩，形成桩筏基础，从而分散不良地质带来的工程风险。

这里应特别注意的是，沉桩时为便于准确控制压桩力，应采用静压沉桩，为满足设计要求的端承型摩擦桩，即摩擦型桩，设计应在图中明确注明终压标准。通过试沉桩确定压桩力及参考桩长。否则，施工方易按通常做法，加大压桩力或提高收锤标准的方法，将设计的摩擦型桩部分做成端承型桩，甚至端承桩，在沉桩过程中刺入溶洞或在群桩中这部分桩变形太小、承担的荷载过大，存在刺入溶洞的风险，未能起到分散不良地质带来的工程风险的作用。

上述方案如果都无法满足时，只能采取桩基揭穿溶洞的最终方案了。

专题 2.10　大型换填垫层设计的注意事项

《地基处理规范》中有详细的换填垫层的设计要求，但是对于高层筏板基础全范围下存在较深厚的液化土、浅层软土，需要进行整体换土设计时，还需要额外注意哪些问题呢？

换填垫层的厚度不能小于实际要换掉的土层厚度。如果还存在软弱下卧层，还要满足下卧层承载力计算的要求。

换土垫层的材料、垫层的宽度及放坡、垫层压实标准、检验标准、变形验算等。这些在《地基处理规范》中都有详细说明，不赘述。下面只讲大型换填垫层设计额外需要注意的事项。

（1）确定垫层宽度时，除应考虑扩散要求外，还应考虑侧面土的强度，防止垫层向侧面基础而加大变形量。由于建筑荷载大，侧面土较差，应加大垫层宽度。

（2）大型换填垫层时，设计应明确要求前期进行场外实验性施工，并通过原位试验确定承载力无误后，再正式施工。

（3）原则上，对分层土的厚度、压实效果及施工质量控制标准等均应通过实验确定。设计应提出具体要求。

（4）为调整地基变形的不均匀性、增大地基稳定性和提高承载力，有条件时，可以考虑采用合适的土工合成材料加筋垫层工艺。

（5）由于大型换填土的压力可能超过天然土层压力，下卧层变形计算应重视。而且一旦方案确定就要尽早换填，使变形尽早完成。

（6）施工过程的分层检验和竣工验收的检验要分别要求和说明。

（7）对于换土要求的标准高、厚度大、对下部土层变形量影响明显，同时侧土较弱，情况较复杂，经验不足时，还应通过专家评审。

（8）应绘制换填材料的边界示意图；应绘制换填垫层的底面和顶面宽度详图。底面宽度应满足应力扩散要求，顶面宽度要考虑放坡要求。保证垫层足够宽度。

（9）同一栋建筑主体下应尽量保持换土垫层厚度相同，如深度不同时，坑底土层应挖成阶梯状搭接，并按先深后浅的顺序进行垫层施工，搭接处夯压密实。

（10）应增加近期、远期沉降观测要求说明。

（11）大型换土工程施工前应由专业队伍设计和做好边坡支护。

（12）换土部分的说明，建议按换填材料、试验检测、施工要求等几个内容分别集中说明。

（13）关于试验检测说明：包括前期场外承载力的原位静载试验、分层检验要求、施工完成后的承载力静载试验。《地基处理规范》中的4.4.2～4.4.4条中相关内容原文抄录，包括检查数量要求等，同时条文说明中4.4.1、4.4.2、4.4.4的要求也补充抄录。

专题2.11　基岩上桩基础的抗滑移验算你算过吗

《地基规范》中第5.1.3条，位于岩石地基上的高层建筑，其基础埋深应满足抗滑稳定性要求。

这是强制性条文，但是有些设计者不会验算或者没有做过这个验算，实际掌握了方法，也不麻烦。

《高规》中12.1.8条，当建筑物采用岩石地基或采取有效措施时，在满足地基承载力、稳定性要求及本规程第12.1.7条规定的前提下，基础的埋深可比规定适当放松。当基础可能产生滑移时，应采取有效的抗滑移措施。

山区基岩即使是中风化岩有很多也是埋深较浅，建设高层建筑时基础埋深经常会不满足规范的埋深要求，这时能否降低埋深呢？

对于岩石地基，基础的承载力和变形是很容易满足的，这时按《地基规范》相关要求，高层建筑只要满足水平荷载下抗滑稳定性和整体倾覆的要求，是可以适当降低基础埋深的。

下面是一个实际项目的岩石桩基础的抗滑移验算案例，主要内容介绍给大家参考（整体倾覆验算需要另外进行复核，不是本专题讨论内容）。

主塔楼26层剪力墙结构，山地建筑，场区地形起伏较大，大直径机械成孔灌注桩基础（端承桩），根据工程地质报告，嵌入基础持力层为中风化岩1.0m，岩石埋藏深浅不一，地基承载力特征值f_{ak}=4800kPa，桩径绝大多数1200mm，取1200mm，回填土平均深度10m，桩顶标准组合2500kN，进行单桩承载力计算。塔楼底部"两层地下室"一侧为填土，另一侧开敞连接室外地面。

（1）桩土关系见图 2.11-1

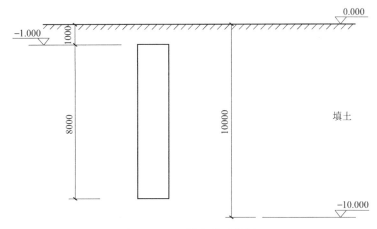

图 2.11-1 桩土关系简图

（2）已知条件

1）桩参数

承载力性状	端承桩
桩身材料与施工工艺	干作业钻孔桩
截面形状	圆形
混凝土强度等级	C30
桩身纵筋级别	HRB400
直径（mm）	1200
桩长（m）	8.000
是否清底干净	√
端头形状	不扩底

2）计算内容参数

竖向承载力	√
考虑负摩阻	×
水平承载力	√
桩顶约束情况	铰接
允许水平位移（mm）	10.0
轴力标准值（kN）	2500.000
永久荷载控制	×
地震作用	×
桩身配筋率（%）	0.30
纵筋保护层厚（mm）	50
抗拔承载力	√
软弱下卧层	√
承载力比	0.33

考虑地基液化 不考虑

3）土层参数见表 2.11-1、表 2.11-2。

土层参数表 1

表 2.11-1

层号	土类名称	层厚（m）	层底标高（m）	重度 kN/m³	侧阻力(kPa) q_{sik}	端阻力(kPa) q_{pk}	m MN/m⁴
1	填土	10.00	−10.00	18.00	0.00	0.00	14.00

土层参数表 2

表 2.11-2

层号	土类名称	抗拔系数	承载力特征值 f_{ak}(kPa)	深度修正 η_d	风化程度
2	中风化岩石	0.75	4800.00	1.000	—

（3）单桩水平承载力

根据《桩基规范》中 5.7.2-4（式 5.7.2-1）及第 7 款（不考虑地震作用）计算

$$R_{ha}=\frac{0.75\alpha\gamma_m f_t W_0}{v_M}(1.25+22\rho_g)\left(1\pm\frac{\zeta_N\cdot N_k}{\gamma_m f_t A_n}\right)$$

桩的水平变形系数 $\alpha=0.401(1/m)$

桩截面模量塑性系数 $\gamma_m=2.00$

桩身混凝土抗拉强度设计值 $f_t=1430.000(kPa)$

桩身换算截面模量 $W_0=1.744927e-001(m^3)$

桩身最大弯矩系数 $v_M=0.723$

桩顶竖向力影响系数 $\zeta_N=0.50$

桩身换算截面积 $A_n=1.150200e+000(m^2)$

可得单桩水平承载力特征值 $R_{ha}=377(kN)$

（4）基础抗滑移验算

单桩水平承载力特征值为 377kN，总桩根数为 60 根桩，

静止土压力 $E_a=0.5\times$土容重$\times$高度$\times$高度$\times$静止土压力系数$=0.5\times18\times8.8\times8.8\times0.5=348kN$

总的土水平力＝静止土压力×挡土长度＝348×25＝8700kN

水平地震作用为 1856kN（数据来源为项目 PKPM 的框架柱地震剪力百分比-总剪力计算结果）

风荷载作用水平力为 2300kN（数据来源为项目 PKPM 中的风荷载计算信息）

总水平力＝土的土水平力＋地震作用水平力＋风荷载作用水平力＝12856kN

$R_h\times$桩数$=377\times60=22620kN>12856kN$，安全系数为 1.76＞1.3，桩水平承载力满足抗滑移要求。抗滑移验算采用标准组合。

上面就是桩基础在土侧压力、风荷载、多遇地震作用下桩基础的抗滑移验算基本过程。

岩石地基上的筏板基础的抗滑移验算相对要简单些，不再举例详细介绍了。主要是要求抗滑总合力（基底摩擦力合力＋被动土压力＋地下室侧壁摩擦力）和总水平推力（作用在基础顶面的风荷载＋水平地震作用＋其他水平荷载总和＋主动土压力）的比值大于 1.3

的安全系数即可。即筏板基础的抗滑移稳定性验算要满足《高层建筑筏型与箱型基础技术规程》JGJ 6—2011 第 5.5.1 条规定。

对于岩石上的筏板基础、独基、条形基础，也都需要抗滑移验算。如果基础面积过小，可能产生滑移问题。如果基础大部分截面嵌入中风化以上岩石，这个问题就会好很多。筏板基础可以设置一道或几道抗滑趾，抗滑趾的长度方向与基顶水平推力的方向垂直，也可以有效地解决滑移问题。

专题 2.12　岩石地基的桩基，规范之外还要关注什么

对于岩石地基桩基，由于岩面的坡度变化非常复杂，设计师在设计过程中，仅仅关注规范的要求是不够的，还要根据实际情况、结合设计经验进行设计。就是说，很多时候还要关注规范以外的问题，才能保证岩石地基的基础安全。笔者结合设计经验，提请设计师至少还要注意以下几个方面的问题。

（1）岩坎高差较大处嵌岩桩关系要求

对位于基岩面起伏较大、岩面高差较大的陡峭岩坎边缘桩基，如图 2.12-1 所示，相邻桩高差较大时，当无法通过地勘报告确定左侧桩和中间桩之间岩石的倾斜走向时（这种情况在岩石地基是常见的），图 2.12-1 是我在设计中针对上述问题专门绘制的某项目的施工详图，其地基是中风化灰岩，完整程度为较破碎，端承桩。从岩石的完整程度看，设计中不建议考虑嵌岩段侧阻，建议设计按图 2.12-1 的要求去控制相邻桩的关系，只有这样才能保证各桩的荷载传导到下面的稳定完整的基岩。这种特殊问题的处理，在规范之中是找不到答案的，但是对这种工程而言又十分重要。

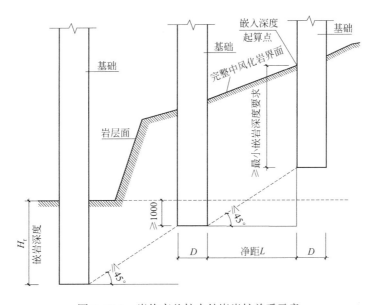

图 2.12-1　岩坎高差较大处嵌岩桩关系示意

（2）位于陡坡岩坎边缘的桩基要求

对位于基岩面起伏较大的岩坎边缘桩基，岩石较完整的情况，应以基础边按 45°扩散

角或顺倾向进行滑移分析，确定嵌岩深度，避免桩基产生侧向滑移，见图 2.12-2。并应在桩底应力扩散范围内无岩体临空面。

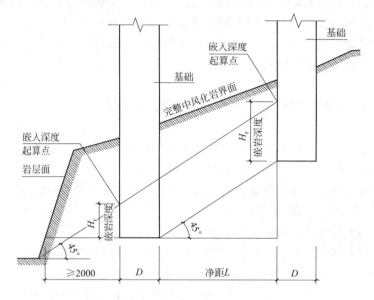

图 2.12-2 岩坎边缘桩基关系示意

（3）缓坡岩面处基础关系要求

对于处于岩石地基的桩基，当岩面坡度变化不是很剧烈的缓坡时，桩基之间除了满足嵌岩深度外，一般只要保持 35°～45° 扩散角要求即可，见图 2.12-3。

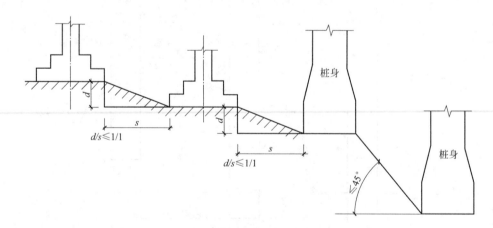

图 2.12-3 缓坡岩面处基础关系示意

（4）岩石坡面处桩基的其他要求

山地建筑结构图中都应有单独周边地势的相关说明，如周边边坡问题要求、堆土问题要求、相邻建筑高差施工问题等以及边坡稳定、填土厚度等。

为抵御桩顶处的水平力，要增加桩顶承台处双向水平连系梁的拉结，同时加强底板厚度，以保证水平力在各个桩之间均衡分配。靠近边坡的桩身直径宜放大，配筋加强。

由于很多单体没有地下室，并且一侧或三侧有堆土，其他侧面为临空状态，此时上部的水平力和侧土推力均直接通过桩头传至桩身，必须加强这部分桩。桩顶 $5d$ 范围内用 $\phi 10$ 的螺旋箍加密处理。

岩石陡坎处桩基，应进行桩基的施工阶段和使用阶段的水平承载力验算。当只有防水底板或连系梁时，注意桩端应按铰接考虑。不足时要采取其他措施。

确定有斜坡的岩石上建筑物桩基础桩长时，除了满足承载力的要求，还有满足 45°传力角的要求，就是相邻桩基的深度差不大于相邻两桩的桩间距。

专题 2.13　灌注桩主筋配筋注意事项

目前通常的做法是：承受竖向荷载的灌注桩，主筋只要满足最小配筋率就行，或根据桩径选用图集就行了。实际设计中还有认为图集保守，在选用图集后，再将主筋改小（满足最小配筋率即可），认为"最小配筋率"是灌注桩主筋配置的唯一条件造成的，其实这是不合适的。

《地基规范》及《桩基规范》都要求灌注桩的最小配筋率不宜小于 $0.2\% \sim 0.65\%$，直径大者取小值。这是灌注桩主筋配筋量的构造要求，也是配筋的最低要求。这和受弯构件最小配筋率一样。但是如同在设计受弯构件时，不可能只满足最小配筋率，而不管计算配筋结果一样，灌注桩的桩身配筋也是如此。

实际上，在选用图集时，各类图集都要求在选用时，灌注桩主筋应根据计算确定。如《钻孔灌注桩》图集 2004 浙 G23（二）就有"桩的主筋应经计算确定"的明确要求。

规范方面，由于承受竖向荷载的灌注桩，主要抗力由桩身混凝土提供，一般情况下主筋在此不会起到决定作用，所以现行《桩基规范》中 4.1.1 条将《地基规范》的"灌注桩主筋应计算确定"修改为："当身直径为 $300 \sim 2000\mathrm{mm}$ 时，正截面配筋率可取 $0.65\% \sim 0.2\%$（小直径桩取高值）；对受荷载特别大的桩、抗拔桩和嵌岩端承桩应根据计算确定配筋率，并不小于上述规定值（最小配筋率 $0.65\% \sim 0.2\%$）"。

这里的受荷载特别大的桩未有详细说明。对于何为受荷载特别大，不可能是某个固定值。因桩径有大小，配筋有多少，混凝土强度有高低，对于某一固定荷载值，作用于不同的桩，有的桩可能已破坏，有的可能荷载再加大些也没事，这说明这条规范的受荷载特别大的桩应该是相对桩身承载力而言的。

因此设计中建议单桩承载力>0.85 倍桩身承载力时，可视为是受荷载特别大的桩，属于应根据计算确定配筋率。

嵌岩端承桩为何要求计算配筋？

从前面"正确选用桩承载力计算公式"的讨论中我们得知，按嵌岩桩的设计计算结果，嵌岩桩的承载力往往都是由桩身承载力决定的，嵌岩端承桩属于受荷载特别大的桩，所以也要按计算确定配筋率。

具体的计算方法有以下几种：

（1）参考《建筑基坑支护技术规程》JGJ 120—2012 第 5 节桩身承载力计算；

（2）参考国家建筑标准设计图集《钢筋混凝土灌注桩》10SG813 中 6.1～6.6 条内容计算；

（3）找出基本组合下，桩顶荷载最大轴力组合、最大剪力与最大弯矩组合简图，据此查国家建筑标准设计图集 10SG813 中一般灌注桩（YZ）选用表得到配筋结果；

（4）选用合适软件计算。

在工程实践中，虽然必须计算灌注桩主筋的情况并不多，但当灌注桩受荷载特别大时，以及采用灌注桩做基坑支护时还须计算确定灌注桩主筋，不能全部按最小配筋率处理。

专题 2.14　管桩和承台连接时灌芯长度按图集吗

以某省《先张法预应力混凝土管桩》图集 2010×G22 为例，其中的桩顶与承台连接详图中，管桩顶部灌芯长度的要求是不小于 1.0m，没有其他要求了，这样可以吗？

管桩灌芯是很必要的，除了可以改善桩顶的施工和受力条件外，对抗剪也能起到一定作用。对抗拔桩，灌芯还起到将抗拔力有效地传到桩身的作用。因此管桩灌芯是很重要的，这个详图使用也要慎重。

国标《预应力混凝土管桩技术规程》JGJ/T 406—2017 中 5.3.10 条对管桩顶部和承台连接处的混凝土灌芯的要求是：对承压桩，灌芯混凝土深度不应小于 3D 且不应小于 1.5m；对抗拔桩，灌芯混凝土深度应按本规程 5.2.10 条计算确定，且不得小于 3m；对桩顶承担较大水平力的桩，灌芯混凝土深度应计算确定，且不应小于 6D 并不应小于 3m。

对于"承担较大水平力"如何判定并没有明确的比例值，但是实际上这也只能是一个相对的关系，就是由水平力和管桩抵抗水平力的能力的相对关系决定，而管桩抵抗水平力的能力是比较弱小的。因此至少对于高层建筑来说，管桩的管芯长度还是建议都满足 6D 并不应小于 3m 的要求为宜。

另外，已经有个别省市地方规范的预应力混凝土管桩技术规程的修订条文对此提出了更高的要求，对抗压管桩，与承台锚固时，桩顶灌芯混凝土深度不应小于（6～8）D 且不应小于 3.5m；对于同时承受水平力作用的抗弯管桩，桩顶灌芯混凝土深度不应小于（8～10）D 且不应小于 4.5m；对抗拔管桩，桩顶灌芯混凝土深度应通过现场灌芯抗拔实验确定，但不应小于（8～10）D 且不应小于 4.5m，并满足规程中的计算要求。虽然还没有正式实施，也可见管桩顶部灌芯长度的重要性。

而且还有个别省市地方规范中，比如浙江省《建筑地基基础设计规范》DB33/T 1136—2017 的 10.6.8 条，预应力混凝土空心桩和承台的连接插筋插入桩顶灌芯混凝土的长度要求是：抗压管桩插筋插入及桩顶灌芯混凝土的长度不宜小于 5D，抗拔桩不应小于 8D，且填芯钢筋混凝土抗拔极限承载力应大于抗拔管桩极限承载力。

综上所述，《先张法预应力混凝土管桩》图集 2010 * G22 中的桩顶与承台连接详图中，管桩顶部灌芯长度的详图不建议直接采用，需要设计师进一步复核。在没有更高标准发布的情况下，建议适当加大，至少满足图 2.14-1、图 2.14-2 要求为宜。有地方规范的还要满足地方规范的要求。

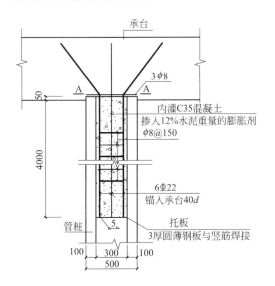

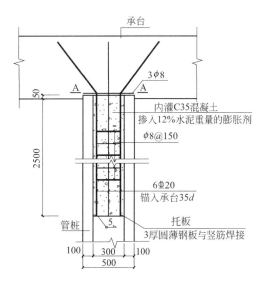

图 2.14-1　抗拔管桩与承台连接图　　　　图 2.14-2　抗压管桩与承台连接图

专题 2.15　预应力管桩水平承载力验算案例

某预应力混凝土管桩（PC），桩顶处水平荷载为 $H_k = 65kN$（荷载标准组合值），是否满足管桩水平承载力的要求？

根据《桩基规范》中 5.7.1 条，受水平荷载的一般建筑物和水平荷载较小的高大建筑物，基桩的水平荷载应小于其水平承载力特征值。单桩水平承载力特征值主要由单桩水平静载试验确定。

5.7.2 条，当桩的水平承载力由水平位移控制，且缺少水平静载试验资料时，预制桩单桩水平承载力特征值 R_{ha} 按下式估算：

$$R_{ha} = 0.75\alpha^3 EI\chi_{0a}/v_x$$

式中　α——桩水平变形系数；

EI——桩身抗弯刚度；

χ_{0a}——桩顶允许水平位移；

v_x——桩顶水平位移系数。

该预应力混凝土管桩基本信息如下：

桩身直径 $d = 600mm$，壁厚 110mm，混凝土强度等级 C80，

混凝土弹性模量 $E_c = 38000N/mm^2 = 3.8 \times 10^7 kN/m^2$，

桩身纵筋面积 $A_s = 890mm^2$，

钢筋弹性模量 $E_s = 195000N/mm^2$，混凝土保护层厚度为 40mm，

桩入土深度为 18m，地基土为黏性土。

桩水平承载力特征值计算：

查《桩基规范》5.7.5 表可知，对应设定的桩顶水平位移 $\chi_{0a} = 10\text{mm} = 0.01\text{m}$ 时的地基土水平抗力系数的比例系数 $m = 7$。

桩身面积 $A_c = 3.14 \times [600^2 - (600 - 2 \times 110)^2]/4 = 169246\text{mm}^2$

配筋率 $\rho = A_s/A_c = 890/169246 = 0.00526$

$\alpha_E = 195000/38000 = 5.13$，$d_0 = 600 - 2 \times 40 = 520$（$\alpha_E$ 为钢筋弹性模量与混凝土弹性模量的比值，d_0 为扣除保护层厚度的桩径）

桩身换算截面受拉边缘的截面模量 $W_0 = \pi d[d^2 + 2(\alpha_E - 1)\rho d_0^2]/32$

$\quad W_0 = 3.14 \times 600(600^2 - 2 \times 4.13 \times 0.00526 \times 520 \times 520)/32 = 20825628\text{mm}^3$

桩全截面换算惯性矩 $I_{桩身} = W_0 d_0/2 = 20825628 \times 520/2 = 5414663280\text{mm}^4$

桩空心部分截面惯性矩 $I_{空心} = 3.14 \times (600 - 2 \times 110)^4/64 = 1023019850\text{mm}^4$

桩身换算截面惯性矩 $I_0 = I_{桩身} - I_{空心} = 4391643430\text{mm}^4 (0.004392\text{m}^4)$

$$EI = 0.85E_c I_0 = 0.85 \times 3.8 \times 10^7 \times 0.004392 = 1.419 \times 10^5 \text{kN} \cdot \text{m}^2$$

由《桩基规范》5.7.5 条知，$\alpha = (mb_0/EI)^{1/5}$，其中桩身计算宽度 $b_0 = 0.9(1.5 \times 0.6 + 0.5) = 1.26\text{m}$

$\alpha = (7000 \times 1.26/1.419 \times 10^5)^{1/5} = 0.574$，查表 5.7.2 知 $v_x = 2.441$

$\quad R_{ha} = 0.75\alpha^3 EI\chi_{0a}/v_x = 0.75 \times 0.574^3 \times 1.419 \times 10^5 \times 0.01/2.441 = 83\text{kN}$

《桩基规范》5.7.1 条要求：$H_k \leqslant R_{ha}$

因此桩顶处水平荷载标准值为 $H_k = 65\text{kN}$，小于计算结果的预制桩单桩水平承载力特征值 83kN，满足要求。

计算过程中，注意数据之间的单位要换算统一，案例仅供参考。

专题 2.16　城市地铁线上的基础设计案例

某高层住宅项目，由多栋高层和大地下室组成，地基条件较差，上层有较厚淤泥土，塔楼采用钻孔灌注桩基础，桩长 30～40m。城市地铁线从项目范围内经过，地铁隧道顶部到地下室底板约 15m。根据项目委托书要求，从地铁中轴线至两侧各 15m 范围内属于盾构机的操作影响范围（图 2.16-2 中的阴影范围），不允许采用上述桩基础，仅可以在阴影区的中轴和两边线设置钻孔桩。从阴影范围的边线向外侧各 20m 范围（地铁影响范围）内不允许采用管桩基础。地上主楼均布置在地铁（阴影区）范围之外。图 2.16-1 是基础计算模型的局部截图，图 2.16-2 是基础图的局部截图。下面就这个项目在地铁线经过范围基础方案的确定和设计思路做个简要介绍。

根据委托要求，基础设计方案有以下两种考虑。

方案一是高层主楼采用钻孔灌注桩基础。地下室范围内，地铁阴影区范围采用水泥搅拌桩进行地基加固，并按筏板基础设计，考虑基底距离地铁隧道顶面较短，水泥搅拌桩土体加固做到隧道顶面，两者中间不留非加固的土体。阴影范围外侧各 20m 内，采用桩筏基础，桩为钻孔灌注桩。地下室其他部分采用桩筏基础，桩为实心方桩。

方案二是高层主楼采用钻孔灌注桩基础。地下室范围中，地铁阴影区范围沿着中轴线和阴影范围的两侧边线设置抗压钻孔灌注桩三排，穿过地铁深度范围，进入岩石层做持力

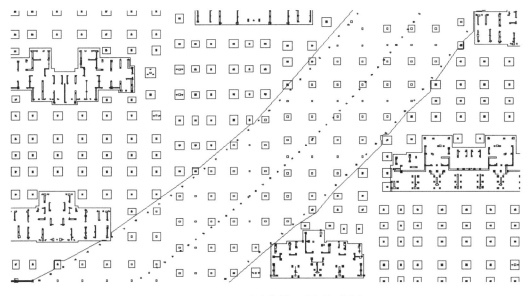

图 2.16-1　基础计算模型的局部截图

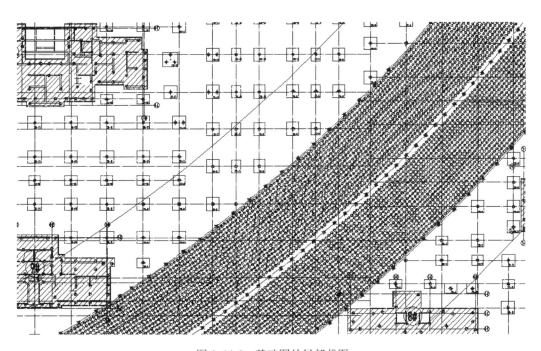

图 2.16-2　基础图的局部截图

层按嵌岩桩设计,并采用大直径、大间距布置及后注浆工艺对孔底沉渣进行固化施工。阴影区范围上的地下室采用 15m 跨两跨混凝土连续梁抬起,采用转换结构的设计方式处理。阴影范围外侧各 20m 内,采用桩筏基础,桩为钻孔灌注桩。地下室其他部分采用桩筏基础,桩采用实心方桩。

经过比对讨论,施工图最终按对地铁影响最小的方案二实施。

由于地下室底板（筏板）是整体的，但是采用的基础形式不同，涉及管桩和钻孔桩承载力及变形的调节、桩筏基础和筏板基础的变形调节以及整块筏板的合理配筋问题、抗拔桩问题等。

设计中采用了多模型计算，包括桩筏基础模型、筏板基础模型等进行各自有限元计算分析，在控制变形沉降量基础上，采用包络配筋设计筏板，桩同时考虑抗压和抗拔。构造上沿主楼周边和地铁控制范围外侧设置沉降后浇带。同时基础设计中也考虑了地铁施工中可能引起的土体隆起的不利作用，对基础底板进行构造加强，桩基的抗浮设计留有适当沉余度。基本达到了设计预期的要求。

以上设计思路及方法供结构设计师参考。

专题 2.17 灌注桩后注浆的承载力取值讨论

当设计注明灌注桩采用后注浆工艺时，施工方应在灌注桩成桩两天至三十天内，通过预设于桩身内的注浆导管及与之相连的桩端、桩侧注浆阀注入水泥浆，使桩端、桩侧土体（包括沉渣和泥皮）得以加固，从而提高单桩承载力，减小沉降。

灌注桩后注浆可以分为桩端注浆、桩侧注浆和桩端桩侧复式注浆等几种形式，抗压桩需要提高承载力时，条件允许可以采用桩端注浆和桩端、桩侧复式注浆，抗拔桩需要提高抗拔承载力时可以采用桩侧注浆和桩端、桩侧复式注浆。后注浆技术可以有效固化桩底沉渣虚土、加固桩底和桩周一定范围的土体，较大幅度地提高桩基承载力和控制沉降量。

后注浆灌注桩的承载力取值并没有统一和明确的标准，通常可以根据当地经验认可的桩侧阻力增大系数和桩端阻力增大系数或者桩的承载力综合提高系数计算得到一个值。但是灌注桩经注浆后，其桩土性质变得复杂不均匀，上述参数的测定往往偏差较大，必须经过当地的静载荷实验对比修正，数据足够充分才可取。如果经验不足，则应通过现场后注浆灌注桩的静载荷实验取得提高系数来确定其承载力数值更为可靠。另外，承载力的提高幅度在一定范围内和注浆量有关，注浆量大，承载力提高的就大些，需要根据实际经验找到最佳注浆量，才能取得较好的效果。

对于以提高抗压承载力的桩端注浆的后注浆灌注桩来说，根据现有资料可知，其承载力实测值比非注浆灌注桩的计算值要大 1.2～3.0 倍，考虑到端阻力不能保证完全发挥作用，一般推荐可取 1.2～2.0 倍，这和桩长、桩径，特别是各地的土层分布情况密切相关。不同地域差异很大，地质条件好、地下水较深的地区，这个系数取大值，可以大大提升桩基承载力。另外即使是桩端注浆的后注浆灌注桩，由于返浆的作用，其桩侧阻力也会增大，对较短桩影响较大。总之，灌注桩后注浆的承载力取值和地方经验关系很大。下面是一个混凝土钻孔灌注桩后注浆的实际案例和指标对比，供参考。

某高层建筑，需要通过后注浆方式提高单桩承载力，采用直径 800mm、700mm 的混凝土钻孔灌注桩，混凝土强度等级为 C40～C45，桩长 61～65m。由于缺乏经验数据，项目对注浆前后的灌注桩做了对比的静载荷实验，主要静载荷实验结果数据详见表 2.17-1。

注浆前后承载力对比数据   表 2.17-1

桩径 （mm）	桩身混凝土强度	未注浆桩承载力 特征值(kN)	桩身强度设计值 (kN)	注浆后单桩承载力 特征值(kN)	后注浆承载力 提高系数
800	C40	4130	8700	7000	1.69
700	C45	3500	7300	5900	1.69

最后综合施工经验情况，后注浆承载力提高系数取 1.60，直径 800mm、700mm 桩承载力特征值确定为 6600kN、5600kN。

专题 2.18   几种地基处理方法解读

在结构设计中，会遇到许多地基处理方法。这些处理方法有的是规范中有的，也有在规范中找不到的。如：松木桩复合理地基、素土、灰土地基、砂和砂石地基、粉煤灰地基、注浆加固地基、振冲地基、土和灰土挤密桩复合地基、水泥粉煤灰碎石桩复合地基、夯实水泥土桩复合地基、土工合成材料地基、砂石桩复合地基等等。下面整理介绍几种较为常见的地基处理方法。

（1）高压喷射注浆地基

高压喷射注浆，就是利用钻机把带有喷嘴的注浆管钻至土层的预定位置或先钻孔后将注浆管放至预定位置，用 20MPa 以上的高压使浆液或水从喷嘴中射出，边旋转边喷射浆液，使土体与浆液搅拌混合形成固结体。

施工采用单独喷出水泥浆的工艺，称为单管法；施工采用同时喷出高压空气与水泥浆的工艺，称为二管法；施工采用同时喷出高压水、高压空气及水泥浆的工艺，称为三管法。

高压喷射注浆法适用于处理淤泥、淤泥质土、流塑、软塑或可塑黏性土、粉土、砂土、黄土、素填土和碎石土等地基。

当土中含有较多的大粒径块石、坚硬黏性土、含大量植物根茎或有过多的有机质时，对淤泥和泥炭土以及已有建筑物的湿陷性黄土地基的加固，应根据现场试验结果确定其适用程度。应通过高压喷射注浆试验确定其适用性和技术参数。

高压喷射注浆法，对基岩和碎石土中的卵石、块石、漂石呈骨架结构的地层，地下水流速过大和已涌水的地基工程，地下水具有侵蚀性，应慎重使用。

高压喷射注浆法在建筑设计施工中可用于既有建筑和新建建筑的地基加固处理、深基坑止水帷幕、边坡挡土或挡水、基坑底部加固、防止管涌与隆起。

施工结束后应检查注浆体强度、承载力等。检查孔数为总量的 2%～5%，不合格率大于或等于 20% 时应进行二次注浆。检验应在注浆后 15d（砂土、黄土）或 60d（黏性土）进行。注浆体强度检验方法为取样送试验室检验；地基承载力检验方法为现场地基静载荷试验。

（2）高压旋喷桩复合地基

高压旋喷桩源于高压喷射注浆，是以高压旋转的喷嘴将水泥浆喷入土层，喷射过程中，钻杆边旋转边提升，使浆液与土体充分搅拌混合，在土中形成比钻孔大 8～10 倍的大直径固结体，从而使地基得到加固。

不论是单管法、双管法，还是三管法，高压水的压力应大于 20MPa，流量大于 30L/min，气流压力宜大于 0.7MPa，提升速度宜为 0.1～0.2m/min。旋喷注浆，宜采用 42.5 普通硅酸盐水泥，水灰比宜为 0.8～1.2。

当喷射注浆管贯入土中达到设计标高时，即可注浆。注浆完毕后应迅速拨出喷射管，为防止因浆液凝固收缩影响桩顶标高，可在原孔位采用二次注浆。

高压旋喷桩适用于处理淤泥、淤泥质土、黏性土、（流塑、软塑和可塑）粉土、砂土、黄土和素填土等地基。

土中含有较多的大粒径块石、大量植物根茎或过多的有机质及地下水流速较大时，应根据现场试验结果确定其适用性。

由于高压旋喷桩可控制加固范围，设备较简单、轻便，机械化程度高、施工简便，故在地基加固、既有建筑和新建筑的地基处理、深基坑侧壁挡土或挡水、基坑底部加固防止管涌与隆起、坝的加固与防水帷幕等工程中得到普遍运用。

施工结束后，应进行现场地基静载荷试验和单桩静载荷试验。单桩静载荷试验，检验数量不应小于总桩数的 1%，且每个单体不应少于 3 根。

旋喷桩质量检验可结合当地经验采用开挖检验、钻孔取芯、标准贯入试验、动力触探和静载荷试验进行检验。承载力检验应在 28d 后进行。

（3）水泥土搅拌桩复合地基

水泥土搅拌桩复合地基是利用水泥作为固化剂，通过搅拌机械将其与地基土强制搅拌，硬化后构成的地基。

水泥土搅拌桩分为干法搅拌（喷干水泥，简称喷粉）和湿法搅拌（喷水泥浆，简称喷浆）。由于干法搅拌，质量更不易保证，多地已出文淘汰。

水泥土搅拌桩，施工前根据设计进行工艺性试桩，数量不少于 3 根，多轴搅拌的不少于 3 组，并对试桩进行检验，以确定施工参数。

当水泥浆到达出浆口后，应喷浆搅拌 30s，在水泥浆与桩端土充分搅拌后，再开始提升搅拌头。施工过程中如因故停浆，应将搅拌头下沉至停浆处 0.5m 以下，待恢复供浆时再喷浆搅拌提升；如停浆超过 3h，宜先拆卸输浆管清洗。

水泥土搅拌桩复合地基适用于处理淤泥、淤泥质土、黏性土、（软塑和可塑）粉土（稍密、中密）、粉细砂（松散和中密）、中粗砂（松散和稍密）、饱和黄土等地基。不适用于含大孤石或障碍物较多且不易清除的杂填土、欠固结的淤泥和淤泥质土，以及地下水渗流影响成桩质量的土层。

施工完毕后，应检查桩体直径、单桩承载力及复合地基承载力。桩体直径不应小于 0.96 倍设计桩身直径；垂直度偏差应小于或等于 1.5%。

水泥搅拌桩复合地基承载力，应采用复合地基静载荷试验和单桩静载合试验进行检验，静载合试验应在成桩 28d 后进行，检验数量不少于总桩数的 1%，复合地基静载试验数量不少于 3 台。

（4）锚杆静压桩及静压微型桩

微型桩一般指直径在 150～300mm 的预制混凝土方桩、300mm 直径的预制混凝土管桩、断面尺寸为 100～300mm 的型钢或钢管桩。

锚杆静压桩是利用锚杆将桩分节压入土层中的沉桩工艺。静压法施工是通过静力压桩机自重及桩架上的配重作反力将预制桩压入土中的一种沉桩工艺。

在沉桩过程中,桩尖直接使土体产生冲切破坏,伴随或先发生沿桩身土体的直接剪切破坏。孔隙水受此冲剪挤压作用形成不均匀水头,产生超孔隙水压力,扰动了土体结构,使桩周约一倍桩径的一部分土体抗剪强度降低,发生严重软化(黏性土)或稠化(粉土、砂土),出现土重塑现象,从而容易连续将静压桩送入很深的地基土层中。压桩过程中如发生停顿,一部分孔隙水压力会消失,桩周土会发生径向固结现象,使土体密实度增加,桩周的侧壁摩阻力也增长,尤其是扰动重塑的桩端土体强度得到恢复,致使桩端阻力增长较大,停顿时间越长扰动土体强度恢复增长越多(也叫作单桩承载力时效性)。

因此,静压沉桩不宜中途停顿,必须接桩停留时,宜考虑浅层接桩,还应尽量避开在好土层深度处停留接桩。静压桩是挤土桩,压入过程中会导致桩周围土的密度增加,其挤土效应取决于桩截面的几何形状、桩间距以及土层的性能。

锚杆静压桩及静压微型桩适用于淤泥、淤泥质土、黏性土、砂土和人工填土等地基处理和既有建筑地基加固处理。

施工完毕后,应检查桩体垂直度、单桩承载力及复合地基承载力。桩体垂直度偏差应小于或等于 1.5%;复合地基承载力,应采用复合地基静载荷试验和单桩静载合试验进行检验,静载合试验可在施工完毕后 28d 后进行,检验数量不少于总桩数的 1%,复合地基静载荷试验数量不少于 3 台。

(5)树根桩

树根桩是采用小型钻机在地基中成孔,放入钢筋或钢筋笼,采用压力通过注浆管向孔中注入水泥浆、水泥砂浆或混凝土,形成小直径的钻孔灌注桩。

树根桩的直径宜为 150~300mm,桩长不宜超过 30m,桩的布置可采用直桩型或网状结构斜桩型。

钻机成孔可采用泥浆护壁,当遇粉细砂层易塌孔或地下水流速较大可能导致注浆流失时,根据情况应加永久套管、临时套管或护筒等其他保护措施。

注浆时应采用间隔施工或添加速凝剂等措施,以防相邻桩孔移位和窜孔;当通过临时套管注浆时,钢筋的放置应在临时套管拔出之前完成,套管拔出过程中应每隔 2m 施加注浆压力。

树根桩当采用泵送混凝土时,应选用圆形骨料,最大粒径不大于钢筋净距的 1/4,且不大于 15mm;当为水下灌注时,混凝土配合比:水泥含量不应小于 $375kg/m^3$,水灰比宜小于 0.6;水泥浆的配制:水泥宜采用普通硅酸盐水泥,水灰比不宜大于 0.55。

树根桩适用于淤泥、淤泥质土、黏性土、砂土和人工填土等地基处理。由于钻机小,可在土中以不同的倾斜角度成孔,从而形成竖直和倾斜的桩,常用于房屋纠偏、地基沉陷处理和边坡加固等。

树根桩单桩承载力应通过静载荷试验确定,当采用树根桩加固地基,形成树根桩复合地基时,还应做复合地基静载合试验,确定树根桩复合地基承载力。

(6)砂和砂石地基换填法

砂和砂石地基,是换填地基中最常见的一种,但不局限于砂、石,往往还回填各种工业废渣。它是在设计的宽度、深度范围内,挖除设计指定的软土层,按设计要求的级配比例、分层压厚度、压实系数等进行换填压实。

换填材料宜采用质地坚硬的粗砂、中砂、砾砂（卵）石、石屑或其他工业废粒料。在缺少粗砂、中砂、砾石的地区，也可采用级配良好的细砂加碎石（卵石）。根据工程具体情况（设计要求），换填厚度在 0.5～3.0m。

砂石地基适用于浅层软弱土层或不均匀土层的地基处理。

施工完毕后，应现场进行静载荷试验检验地基承载力、检查拌合体积比或重量比、现场实测压实系数、焙烧检测砂石料有机质含量≤5%及含水量误差±2%、水洗检测砂石料的含泥量≤5%、分层压实厚度误差不应大于设计要求的±50mm。

专题 2.19　换填垫层法处理地基的误区

概念：换填又称换填法或换填垫层法。即：当基底以下存在不满足具体工程承载力要求的软弱土层或不均土层时，采用挖除软弱土或不均土，换填强度及密度均较高的砂石或其他性能稳定、无侵蚀性的工业废料的地基的处理方法。

换填的目的是提高地基承载力。《地基规范》中有"地基处理：提高地基承载力，改善其变形性能或渗透性能而采取的技术措施"的描述。

而有些结构设计师在许多时候采用换填的目的，并非为了提高地基承载力，改善其变形性能或渗透性能，而是因持力层不在同一标高，又硬将基底设置在同一标高，采用挖至持力层后，再换填。此种做法只是为了一个错误观念：基底设置在同一标高。此时换填只起到了填平基底的作用，造成巨大浪费。

当采用天然地基为持力层时，持力层往往不在同一水平线上，常见的不当做法是，用一个确定数字明确注明基底设计标高，并在基础图中增加下列设计说明：

（1）挖至持力层，再换填级配沙石至设计标高，地基承载力仍然采用的换填层下面的土层承载力；

（2）挖至持力层，采用低标号素混凝土或毛石混凝土填至基底设计标高，持力层承载力不变。

这两种做法在实际设计中是很普遍的，其明显的不合理和浪费却被视而不见。

第（1）种做法：设计者认为这是地基处理措施中的一种"换填"，但是地基处理的主要目的是提高地基承载力，而不是用来垫脚（用大量昂贵的沙石垫平至基底设计标高）。

花了换填的钱，没达到换填的目的。实际上对地基进行了换填，却没有利用换填的成果或设计者换填的目的并非为了提高地基承载力，但还是要在换填后通过现场压板试验检测合格后，方能进行下一步施工。不但浪费金钱，而且浪费时间。

根据《地基处理规范》中 4.4.4 条要求，换填垫层法处理后的地基承载力应通过静载荷试验检验确定。

第（2）种做法：设计者起初做法或想法同第（1）种做法，只是因为换填后要做压板试验，怕贻误时间而采取了这种更加浪费的措施。

以上两种做法虽然多花了时间和金钱，但由于部分持力层低于设计基底标高而采用了换填，直接导致了基础存在两种承载力截然不同的地基持力层，如设计还是按同一承载力考虑，会带来不均匀沉降的风险。

正确的做法是应将基础直接设置于有一定高差的持力层上。理由如下：

《抗规》中 6.1.11 条，框架单独柱基有下列情况之一时，宜沿两个主轴方向设置基础连系梁：基础埋置较深，或各基础埋置深度差别较大时。

从上可看出，《抗规》对基础置深度差别较大的要求是"宜沿两个主轴方向设置基础连系梁"，也就是说允许基底存在较大高差。

《抗规》中 7.3.13 条，在多层砖砌体房屋抗震构造措施中规定，同一结构单元的基础（或桩承台），宜采用同一类型的基础，底面宜埋置在同一标高上，否则应增设基础圈梁并按 1∶2 的台阶逐步放坡。

就是说条基或桩承台，当采取相应措施后多层砖砌体房屋的条形基础可以放坡，即放阶处理，可以不在同一标高。

另外，国标 16G101-3 图集中，还有各类基础底不平时的放阶处理的具体规定和详细做法。

所以当地基持力层不在同一标高时，正确的做法首选应为：基底直接设置于有一定高差的较好持力层，并采取相应措施。而不是采用"换填"处理，因为"换填法"的目的并不在于此。

专题 2.20　预制桩桩长确定和承载力控制问题

（1）摩擦型桩桩长确定和承载力控制

《地基规范》中 8.5.2-5 条要求："同一结构单元内的桩，不宜选用压缩性差异较大的土层作为桩端持力层"。这里要求：同一结构单元桩端持力层，不宜部分采用一般土层、部分采用坚硬土层或岩石层。

《桩基规范》中 7.4.6-1 条规定："当桩端位于一般土层时，应以控制桩端设计标高为主，贯入度为辅"。桩端位于一般土层，一般情况下指的是摩擦型桩。也就是说摩擦型桩承载力控制以设计桩长为主，贯入度为辅。

《预应力混凝土管桩技术标准》JGJ/T 406—2017 在 8.4.11-2 条中规定，终压控制标准——摩擦桩与端承摩擦桩以桩端标高为主，终压力控制为辅。因此摩擦桩与端承摩擦桩是摩擦型桩，终压控制标准是控制承载力的标准，设计施工中摩擦型桩承载力控制是以设计桩长为主，终压力为辅的。

浙《先张法预应力混凝管桩基础技术规程》DB33/1016—2004 在 7.2.2 条中规定："当管桩被压入土中一定深度或桩尖进入持力层一定深度达到设计要求可停止压桩，最终压桩力作参考。"这里针对的是摩擦型桩压入一般土层中一定深度（对比之后端承型桩规定），即：摩擦型桩承载力控制以桩长或桩尖进入持力层达到设计要求可停止压桩，最终压桩力作参考。

综合上述规范要求，摩擦型桩长的确定和承载力控制在设计阶段的操作程序建议如下：

先根据地勘报告选定一个桩端持力层，当持力层变化较大或在适宜的桩长范围内无法选择同一土层作为桩端持力层时，也可选择多个土层作为桩端持力层。桩端持力层最好为一个，当持力层多于一个时，持力层的桩端阻力宜接近。不宜部分采用一般土层，部分采用坚硬土层或岩石层，否则在计算单桩承载力时会出现部分为摩擦型桩部分为端承型桩的情况，这样易引起较大不均匀沉降。

当桩端持力层埋深变化不大时，计算原则为：可选最不利孔位（桩端持力层埋深最浅的孔位）计算单桩承载力 R_a，并以此作为确定和控制桩长的依据。基础设计中承载力可依据此孔的计算深度 L_1 控制桩长。

基础图中应明确注明：该工程最小有效桩长为 L_1。采用静压沉桩时，承载力控制（终压控制）标准为：以桩长为主，终压力为辅（或桩长达到设计要求可停止压桩，最终压桩力作参考）；采用锤击沉桩时承载力控制以设计桩长为主，贯入度为辅。

当桩端持力层埋深变化较大时，如取最不利孔位计算单桩承载力会很浪费，因此这时的计算原则是：应选具有一定代表性的孔位（桩端持力层埋深较深孔位，假设桩长为 L_2）计算单桩承载力得 R_a，并以此作为确定和控制桩长的依据之一。

再选最不利孔位（桩端持力层埋深最浅）计算单桩承载力，并调整桩端进入持力层深度，适当大一些，如 X_D。目的是使得其单桩承载力计算结果与 R_a 相等，并以此作为确定和控制桩长的依据之二。

基础图中应明确注明：该工程最小有效桩长为 L_2，桩端进入持力层最大深度为 X_D。承载力控制同上。

应当注意的是，规范对上述摩擦型桩承载力控制要求，应是针对桩周摩擦力大于桩端阻力较多的摩擦型桩。如果桩周摩擦力和桩端阻力两者接近，桩长和压桩力或贯入度应进行双控为宜。

（2）端承型桩桩长确定和承载力控制

《桩基规范》在 7.4.6-2 条中规定："桩端达到坚硬、硬塑的黏性土、中密以上粉土、砂土、碎石类及风化岩时，应以贯入度控制为主，桩端标高为辅"。桩端达到上述坚硬土层，一般情况下指的是端承型桩。也就是说：端承型桩承载力控制以贯入度为主，设计桩长为辅。

浙《先张法预应力混凝管桩基础技术规程》DB33/1016—2004 在 7.2.4 条中规定："桩端达到坚硬、硬塑的黏性土、中密以上粉土、砂土、全风化岩、风化岩等设计持力层，以最终压桩力为准"。这里指的是端承型桩承载力控制以压桩力为准。

综合上述规范要求，端承摩擦型桩长的确定和承载力控制在设计阶段的操作程序建议如下：

端承型桩长的确定和程序与摩擦型桩类似，但承载力控制应采用以下标准：当为桩周摩擦力小于桩端阻力较多的端承型桩时，应采用贯入度为主，设计桩长为辅或以压桩力为准的控制标准。

当端承型桩的桩周摩擦力小于桩端阻力不多时，应采用贯入度或压桩力和设计桩长双控的控制标准。

专题 2.21 载体桩基础设计探讨及案例

载体桩是由混凝土桩身和载体构成的桩。一般来说，混凝土桩身下 2m 左右的范围为夯实填充料和被加固的土层范围，是载体部分。载体的下部土层是载体桩的持力土层。被加固土层和持力土层可以相同也可以不同。载体桩的桩长应根据被加固土层、持力土层、桩承载力要求综合确定。载体桩依据《载体桩设计规程》JGJ/T 135—2018 进行设计。目前除了少数局部地区外，载体桩在实际设计中使用的还很少，在高层建筑中使用的就更少了，很多设计师由于接触少，总是觉得不可靠。其实载体桩的设计施工技术都已经很成熟了，安全性是完全有保证的，合理使用载体桩会获得较为显著的经济效益。载体桩可以用于多高层建筑基础设计，还可用于地基加固设计。

载体桩应用主要有两个方面，一是可用于土体加固，形成复合地基，属于地基处理范畴，此时载体桩的桩身可以不必配筋，载体中的夯实填充料也可以全部采用建筑废料填充。载体桩地基处理和类似的工法相比优势在于它是以建筑垃圾替代钢筋混凝土、水泥浆等加固用的建筑材料，同时被加固的地基强度提高较大，具有经济性方面的优势。二是由载体＋混凝土桩＋承台，形成载体桩基础，此时桩身应配筋，载体中的填充料除了建筑废料外，和桩连接部分还要填入适量的干硬性混凝土，以满足局部抗压要求。这种载体桩基础已经应用在 30 余层的高层基础的设计中，效果理想，经济优势也很明显。

《载体桩设计规程》JGJ/T 135—2018 中详细给出了载体桩的承载力、沉降、质量检测、基本构造等设计的细则，设计师按照规程执行即可。本专题主要讨论载体＋桩＋承台的"载体桩基础"的设计问题。

载体桩基础的承载力主要由载体提供。载体施工时，通过不断填入建筑垃圾，以 3.5t 重锤提升 6m 进行自由落体夯实，而后再夯填一定量的干硬性混凝土，形成了由干硬性混凝土、填充料和挤密土体组成的载体，同时使桩端土体得到极大的密实，上部荷载有效传递到持力土层，较大提高了承载力。

载体桩是端承桩，如果桩长较长时原则上也可以考虑计入摩擦影响，但基本是端承为主。

当对于浅基础来说（如筏板）较好土层埋深相对较深、挖方量过大，而对于普通桩（灌注桩、管桩等）基础来说较好土层埋深又相对较高，难以满足桩长要求时，如果合理采用载体桩基础，把较好土层作为持力层，进行载体的施工，既可避开软弱土层，又可以有效降低桩身长度。通过载体对地基的加固，更加强了桩的承载能力，可比普通桩基承载力提高 2～4 倍，具有很好的效果和经济性。

载体桩的优点：无需开挖、降水；明显提高单桩承载力；利用建筑砖块及混凝土碎块，施工成本低，没有泥浆排放的环保问题。

载体桩的缺点：施工时对周边建筑及管线产生挤土效应，有振动。

载体桩基础设计案例：

工程概况：某高层住宅小区，剪力墙结构，地上 25 层，地下 1 层，抗震设防烈度 7 度，抗震等级三级。

地质情况：从上到下土层分布为素填土、可塑粉质黏土（150kPa）、稍密卵石（330kPa）、中密卵石（580kPa）、密实卵石（900kPa）。括号内数据为地基承载力特征值。其中稍密卵石在地下室底板下 5～6m，厚度较大。

基础设计概述：

如果采用筏板基础，细砂及其以上土层的承载力均难以满足设计要求，稍密卵石层埋深又较深，难以实现。

如果采用桩基础（灌注桩或管桩等），要达到设计的承载力要求，同等直径的桩，桩长需要达到 15m 左右（具体对比计算详见下文）。经济性较差，有些桩基施工也困难。

最终根据地勘报告，本设计采用桩身直径 500mm 载体桩基础；以稍密卵石层作为桩端持力层，即成桩管进入稍密卵石层后再进行夯扩端头施工，被加固土层和持力土层相同；桩长 5～6m，混凝土强度等级 C35（试桩桩身混凝土强度等级采用 C45）。单桩竖向承载力特征值 $R_a \geq 1800$kN，建筑桩基设计等级为甲级。

载体桩设计：参《载体桩设计规程》JGJ/T 135—2018 中 4.2.3、4.2.4 条。

5m 桩长的单桩承载力特征值 R_a 计算如下：

考虑承台（筏板）后的地基承载力修正，深度按 5.0＋2.0＝7.0m，取 2.0m 为载体高度值。

$$f_a = f_{ak} + \eta_d \gamma_m (d-0.5) = 330 + 4.4 \times 6.5 \times 10 = 330 + 286 = 616(\text{kPa})$$

式中　f_a——修正后的地基承载力特征值（kPa）；

　　　f_{ak}——地基承载力特征值（kPa）；

　　　η_d——埋深修正系数，查《地基规范》表 5.2.4，取 4.4；

　　　γ_m——基础底面以上土的加权平均重度（kN/m³），地下水位以下的土层取有效重度，本例中取 10。

单桩竖向承载力特征值 $R_a = f_a A_e$，其中 A_e 为载体等效计算面积（m²），查表 4.2.3 取 3.5m²

$R_a = 616 \times 3.5$（载体等效计算面积）＝2156kN，设计实取 2000kN。

桩身强度验算（桩身实际配筋为 6Φ12 纵筋）：

$N \leq \psi_c f_c A_p + 0.9 f_y' A_s = 0.8 \times 16.7 \times 3.14 \times 250 \times 250 + 0.9 \times 360 \times 678 = 2841$kN，满足承载力要求（2841/1.25＝2272＞2000kN）。

式中　N——载体桩单桩承载力设计值（kN）；

　　　ψ_c——成桩工艺系数，本例取 0.8；

　　　f_c——混凝土轴心抗压强度设计值（kPa），本例取 16.7；

　　　A_p——桩身截面面积（m²）；

　　　f_y'——纵向主筋抗压强度设计值（kPa），本例取 360；

　　　A_s——纵向主筋截面面积（m²）。

最终经过载体桩竖向静载试验确认，单桩承载力特征值取 2000kN。图 2.21-1 为本项目载体桩施工图。图 2.21-2 为载体桩作为地基处理的土体加固时，某项目的载体桩参考示意图，桩身未配筋。

现取 500mm 直径预应力管桩对比计算如下：

管桩有效长度按 15m 计取。桩身经过的从上至下的地基土层厚度（m）和预应力管桩的极限侧阻力标准值 q_{sik}（kPa）分布如下：

3.5m 黏土 60、7m 稍密卵石 140、4.5m 中密卵石 200。

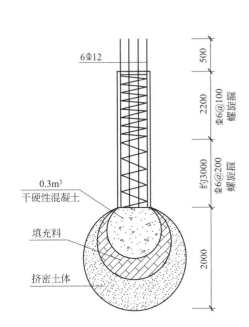

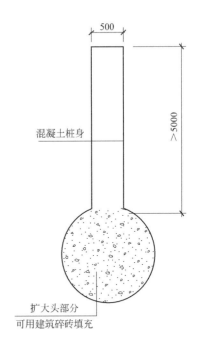

图 2.21-1　本项目载体桩施工图　　　　　图 2.21-2　土体加固用载体桩图

单桩竖向极限承载力标准值可根据《桩基规范》中 5.3.8 条进行计算，公式细节请自行查阅，这里简要计算如下：

单桩总极限侧阻力标准值为：$(60 \times 3.5 + 140 \times 7 + 200 \times 4.5) \times 3.14 \times 0.5 = 3281$kN

单桩总极限阻力标准值为：$3.14 \times (0.5^2 - 0.25^2) \times 7000/4 + 7000 \times 0.8 \times 3.14 \times 0.25 \times 0.25/4 = 1300$kN

则该预应力管桩的单桩竖向极限承载力标准值为：$3281 + 1300 = 4581$kN，特征值为 $4581/2 = 2290.5$kN。

由此可知，相同直径的管桩要达到和上面的载体桩相近的承载力，需要 15m 长。另外，本场地卵石层埋层较深且密实度较高，实际施工管桩难以穿透，桩长也不能达到设计要求。

预应力管桩相对于灌注桩的单桩承载力相对较高，仍然需要 15m 的桩长。因此本工程不建议采用桩基础，最终选择载体桩基础更加合理。

载体桩设计的其他细节及要求按现行《载体桩设计规程》执行即可，不再赘述。

图 2.21-3 为本项目某个单体的载体桩的平面板布置图。

专题 2.22　桩基设计中的几个问题讨论

（1）设计施工图中应明确注明桩的类型

桩按承载性状分类，参《桩基规范》中 3.3.1-1 条：

摩擦型桩（摩擦桩、端承摩擦桩）：桩顶竖向荷载主要由桩侧阻力承受；

端承型桩（端承桩、摩擦端承桩）：桩顶竖向荷载主要由桩端阻力承受；

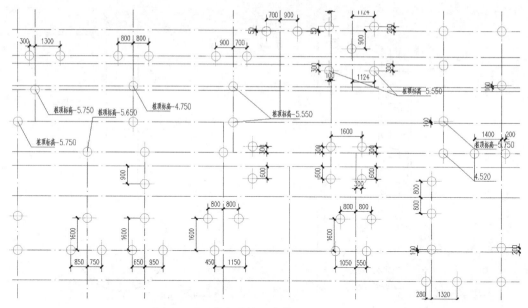

图 2.21-3　某个单体的载体桩的平面布置图

从上面分类可知，工程桩属哪种类型，只有设计人员经过计算对比才能得知。而许多规范和图集都要求施工方依据桩的承载性状分类，确定施工工艺、沉渣、收锤、终压等控制标准，所以设计师应按承载性状分类在施工图中明确注明桩的类型，便于指导施工正确操作。

例如，《桩基规范》在 6.3.4 条、6.3.9 条中就根据不同的承载性状分类，对灌注桩的施工做出了不同的要求：

对孔深较大的端承型桩和粗粒土层中的摩擦型桩，宜采用反循环工艺成孔或清孔，也可根据土层情况采用正循环钻进，反循环清孔。

钻孔达到设计深度，灌注混凝土之前，孔底沉渣厚度指标应符合下列规定：对端承型桩，不应大于 50mm；对摩擦型桩，不应大于 100mm；对抗拔、抗水平力桩，不应大于 200mm。

由此可见，按承载性状分类在图中明确注明桩的类型是十分必要的。

（2）高桩承台设计注意事项

高桩承台不是指的承台，而是指的高桩承台中的桩，又称之为高承台基桩。也就是承台离开地面（桩伸出了地面）的桩，这类桩不常见，高桩承台往往出现在桥墩桩基础、较大边坡的建筑桩基础上。

还有一种高桩承台，它的承台并未离开地面，但承台下存在一段流塑状的黏性土，由于该土对桩的约束性太小，故应同高承台基桩一样考虑压屈影响。

应当注意的是：

水下设置桩基础时，承台离开河床为高桩承台，但有可能当时设计的是低桩承台，随长期水的流动，带走承台下土层，而将原低桩承台变成高桩承台；

《桩基规范》规定："桩身穿越可液化土或不排水抗剪强度小于 10kPa（地基承载力特征值小于 25kPa）软弱土层的基桩，应考虑压屈影响，"这种低桩承台，也应视为高桩承台。

在工程实践中，流塑状黏性土（地基承载力特征值小于等于 40kPa）的土层，对桩的约束能力已非常有限，故当桩身穿越流塑状黏性土（地基承载力特征值小于等于 40kPa）的软弱土层时的基桩，应考虑压屈影响。

高承台基桩桩身承载力计算。轴心受压高承台基桩桩身承载力计算，将穿越流塑状黏性土长度或承台距地面高度视为自由桩长度，按《桩基规范》钢筋混凝土轴心受压桩，正截面受压承载力的计算结果应乘以桩身稳定系数 ψ 进行折减，ψ 可查《桩基规范》。由此确定高承台基桩桩身承载力。

（3）挤土桩设计应注意的问题

部分地区对挤土桩出台过各自的规定，如在饱和软弱土场地，新建、扩建工程，有下列条件之一者，不得采用挤土桩：

外墙 30m 范围内，有采用天然地基浅基础的即有建筑工程；

外墙 20m 范围内，有市政管线等设施及有采用桩基础的即有建筑工程。

截至目前，国家还没有这方面的明确规定，这就更显得地方经验的重要性。

设计师在饱和软土地区，进行挤土桩设计和布桩时，当个别桩距不能满足《桩基规范》最小中心距的要求时，担心桩对相邻既有建筑、设施产生不良影响，设计者宜在图中进行说明，具体说明内容可参考《桩基规范》中 3.3.3 条关于可适当减小最小中心距相关说明进行设计，不宜擅自扩大范围。

该条款要求"当施工中采取减少挤土效应的可靠措施时，最小中心距可根据当地经验适当减小"。

所以可在图上注明：选用有经验的施工队伍，在施工中采取减少挤土效应的可靠措施，保证基桩施工质量，并不对周边既有建筑、既有设施产生不良影响。

但是不应将自己了解到的一些减少挤土效应的沉桩方法如：自中心向外打、由毗邻建筑处向另一方向打、先深后浅、先长后短、先大后小以及预钻孔、挖防震沟等具体措施写在设计文件中，因为一旦写在设计文件中就成了设计文件的组成部分，但又没有具体的量化要求，全由施工现场根据地质情况、工程特点、周边环境和施工人员经验操作，如果产生问题将给设计带来困难。

（4）设计师必须注明静压桩与锤击桩吗

一般情况下是采用静压桩还是锤击桩，与设计没有直接关系，设计师在图中不宜注明采用静压桩还是锤击桩，应由施工单位根据自身的沉桩设备、工程噪声对周边的影响而确定。因不论采用何种沉桩工艺，桩不会变，设计需要的单桩承载力也不会变。

只有下列情况时，设计师宜在图中注明沉桩方式。

当桩尖持力层有很难进入或很难穿越土层且埋深又较浅，如 3m 左右时，为保证有效桩长，应注明采用锤击桩，这里注明采用锤击桩的目的不是为提高承载力，而是让桩达到设计桩长；

当地勘报告显示，在桩长范围内有较小孤石，且带钢桩尖的锤击桩可将其打碎或打开时，设计者宜在图中注明采用锤击桩；

当工程在市区，或锤击桩噪声会对周边环境造成影响时，设计者宜在图中注明采用静压桩。

（5）静载检验桩的条件

静载检验桩的对象要求：

受检桩条件应与工程桩一致；施工质量有疑问的桩；局部地基条件出现异常的桩；有需要的Ⅲ类桩；设计方认为重要的桩。

静载检验桩的前提：

桩身质量、完整性满足规范要求。

桩身完整性检测应注意：

当采用低应变法或声波透射法检测桩身完整性时，受检桩混凝土强度不应低于设计强度的70%，且不应低于15MPa；

当采用钻心法检测桩身及桩端持力层时，受检桩混凝土强度应达到28d，或受检桩同条件养护试件强度达到设计强度要求。

基桩静载检验开始检测时间应符合下列规定：

承载力检测的休止时间（预制桩沉桩完成或灌注桩混凝土浇筑完成后至承载力检测这段时间）除满足上述要求外，还应满足表2.22-1。

基桩承载力检测的休止时间

表 2.22-1

土的类别		休止时间(d)
砂　土		7
粉　土		10
黏性土	非饱和	15
	饱　和	25

静载实验的桩必须满足上述条件，否则可能会造成不必要的损失。

例如，预制桩沉桩完成后，如果不满足休止时间要求进行压桩，由于桩周土体短期应力释放，可能会导致桩再次下沉，承载力不足，进而产生误判，导致损失。

（6）基桩检验条文解读

《桩基规范》中9.4.3条规定："当符合下列条件之一时，应采用单桩竖向抗压静载试验进行承载力验收检测"。其中有一个条件是"本地区采用的新桩型或新工艺"。很多设计师对此并不清楚。

怎样理解"本地区采用的新桩型或新工艺"桩应采用静载试验进行承载力验收检测的规定？举例说明如下：

假设本地区只采用过泥浆护壁潜水钻成孔灌注桩，当采用泥浆护壁反循环钻孔灌注桩、旋挖成孔灌注桩、套管护壁灌注贝诺托灌注桩、短螺旋钻孔灌注桩、部分挤土冲击成孔灌注桩、长螺旋钻孔灌注桩等，均不可视为针对承载力验收的新桩型或新工艺。

因为从设计计算承载力看，它们均属非挤土灌注桩，不论采用何种工艺成孔，它们的承载力是相同的。

对于部分挤土成孔灌注桩，设计计算承载力及岩土勘察报告提供的物理力学指标中，均无部分挤土成孔灌注桩这一项，设计也是按非挤土灌注桩确定承载力，部分挤土提高的承载力，成了超出设计承载力储备以外的承载力储备。

从灌注桩的检验验收上看，成孔方法不同，指标有所区别，但实际上是桩径大小的区别，与成孔方法无本质区别。

而假设本地区采用过以上所有成孔工艺桩，但未采用过泥浆护壁钻孔扩底灌注桩、部分挤土钻孔挤扩多支盘桩、夯扩桩以及灌注桩后注浆、沉管灌注桩等新型桩或新工艺时，就应视为本地区的新桩型或新工艺灌注桩。

因这部分桩有的是《桩基规范》明确要求要做静荷载检验的，如灌注桩后注浆桩；有的对于设计和勘察而言，承载力计算和物理指标取值与非挤土桩大有区别，如沉管灌注桩；扩底桩须也是非挤土灌注桩，但就承载力计算及扩底部分的细部检测与上述假设一中的非挤土灌注桩也有较大区别，故应视为本地区的新桩型或新工艺灌注桩。

专题 2.23　正确选用桩承载力计算公式

（1）预制桩

工程经验表明，摩擦桩和持力层为一般土层的端承摩擦桩，现场静载试验得到的单桩承载力结果与计算结果基本一致；但当预制桩端存在不可穿越的坚硬土、碎石土、圆砾、密实砂土及岩石持力层时，往往按规范公式计算的单桩承载力与实际承载力相差甚远，故此时不宜采用规范公式计算单桩承载力，建议考虑以桩身承载力确定单桩承载力，同时采用通过单桩静载试验的方法确定单桩承载力。虽然在时间上要耗费一个月以上时间，但可能给业主节省很多投资。

（2）灌注桩

非挤土混凝土灌注桩，无论是摩擦型桩还是端承型桩，只要桩端是非中风化、非微风化岩石，计算和现场静载（破坏性）试验得到的单桩承载力结果与计算结果也基本一致。其原因是，当桩尖持力层为坚硬或密实土层时，非挤土灌注桩孔可继续向下，使其计算的单桩承载力达到满意的结果。

但工程经验表明，当灌注桩端存在岩石持力层时，不宜再采用常用的经验参数法计算公式来计算单桩承载力。此时如选择的单桩承载力计算公式不同，将会造成计算结果及现场静载试验结果的巨大差距。这时应按嵌岩桩设计，以嵌岩桩计算公式计算单桩承载力，这样还能充分利用灌注桩桩身承载力。

对于嵌岩桩，嵌岩深度应综合荷载、上覆土层、基岩、桩径、桩长诸因素确定；对于嵌入倾斜的完整和较完整岩的，全断面嵌岩深度不宜小于 $0.4d$ 且不小于 0.5m，倾斜度大于 30% 的中风化岩，宜根据倾斜度及岩石完整性适当加大嵌岩深度；对于嵌入平整、完整的坚硬岩和较硬岩的深度不宜小于 $0.2d$，且不应小于 0.2m。

桩端持力层为基岩时，单桩竖向极限承载力标准值的计算方法《桩基规范》推荐了两种，即经验参数法和嵌岩桩计算法。实践证明，如不能采用正确的计算方法，会给地区工程造成较大浪费。经验参数计算法和嵌岩桩计算法，其计算结果相差很大，有时会相差数倍。

计算单桩竖向极限承载力标准值时，经验参数法与嵌岩桩法的区别在桩端部分，即：经验参数法是 Q_{pk}（总极限端阻力）；而嵌岩桩法是 Q_{rk}（嵌岩段总极限阻力）。下面我们以一工程实例说明，看它们的计算结果有多大的差距。

某工程地勘报告知：桩径为 1m 的泥浆护壁灌注桩，设计混凝土强度等级为 C35；桩端为微风化灰质岩，桩端全截面入岩 0.25m；桩周为粉质黏土，桩侧阻力极限标准值 q_{sik}＝50kPa；桩端阻力极限标准值 q_{pk}＝8000kPa；桩端微风化灰质岩饱和单轴抗压强度标准值 f_{rk}＝30MPa；桩长以 10m 计算。

按桩身强度控制的桩身承载力 N（设计值）计算：

$$N \leqslant \psi_c f_c A_{ps}$$

按 5.8.3 条，基桩成桩工艺系数 ψ_c＝0.7；混凝土轴心抗压强度设计值 f_c＝16.7N/mm^2；A_{ps} 为桩身截面面积。

则桩身承载力（特征值）R_a：

$R_a \leqslant N \div 1.35 = 9177 \div 1.35 = 6798$kN。设计特征值综合系数取 1.35。

按经验参数法计算单桩竖向极限承载力标准值 Q_{uk}：

$$Q_{uk} = u\sum q_{sik}L_i + q_{pk}A_p = 3.14 \times 1 \times 10 \times 50 + 8000 \times 3.14 \times 0.5^2 = 1570 + 6280$$
$$= 7850\text{kN}$$

式中　u——桩身周长；

　　　L_i——桩周 i 层土层厚度；

　　　A_p——桩端面积。

则单桩竖向承载力特征值 $R_a = Q_{uk} \div 2 = 7850 \div 2 = 3925$kN

＜桩身承载力特征值 R_a＝6798kN

故按经验参数法计算所得，可取单桩竖向承载力特征值为 3900kN。

按嵌岩桩法计算单桩竖向极限承载力标准值 Q_{uk}：

$$Q_{uk} = u\sum q_{sik}L_i + \zeta_r f_{rk}A_p = 1570\text{kN} + 0.55 \times 30 \times 1000 \times 3.14 \times 0.5^2 = 1570 + 12953$$
$$= 14523\text{kN}$$

式中　ζ_r——桩嵌岩段侧阻和端阻综合系数。嵌岩深径比 H_r/d＝0.25÷1＝0.25，查表 5.3.9 得到 ζ_r＝(0.45＋0.65)÷2＝0.55；

　　　f_{rk}——岩石饱和单轴抗压强度标准值。

则单桩竖向承载力特征值 $R_a = Q_{uk} \div 2 = 14523 \div 2 = 7262$kN。

大于由桩身强度决定的承载力特征值 6798kN，更大于由经验参数法计算的承载力特征值 3900kN。

故按嵌岩桩法计算所得，可取单桩竖向承载力特征值为 6798kN。

总结：

从以上两种方法计算结果可看出，承载力差距非常大，采用经验参数法计算桩的承载力，往往小于桩身承载力；采用嵌岩桩法计算桩的承载力，往往大于桩身承载力。如果适当增加嵌岩深径比 H_r/d，嵌岩桩法计算桩的承载力还可提高近一倍，这将远远大于桩身承载力。

这说明当桩端持力层为完整或较完整，中等风化较硬岩以上时，工程桩的单桩竖向承载力，通长应由桩身承载力决定。因桩不可能压穿深厚岩层，只可能将桩压碎。故此时采用经验参数法计算的桩的承载力还小于桩身承载力的结果是不合理的。预制桩也同理。完整或较完整基岩，可直接按地勘报告中的判别取用即可。

专题 2.24 预制桩顶与承台的连接构造讨论

做预制桩基础设计时，预制桩是选用的图集，所有图集中都有桩顶与承台的连接详图，其中有些桩顶与承台的连接方式还是有待商榷。

在承台高度能满足钢筋锚固长度 L_a 时，钢筋都应竖直锚固；只有当承台高度不能满足钢筋锚固长度 L_a 时，才采用斜向锚固。

因主筋在桩内都是起抗拉作用的，因此不论是抗拔桩还是抗压桩，桩顶与承台连接的构造方式都应是相同的，只有填芯混凝土长度及配筋量的差异。

（1）不截桩桩顶与承台连接讨论

比如《先张法预应力混凝土管桩》2010 浙 G22 图集中，不截桩桩顶与承台连接详图中，其锚入承台或地梁的连接主筋①号钢筋，与桩端板采用的是 L 形焊接，数量根据桩径不等。这种连接方式在设计中被大量采用。图 2.24-1 是连接主筋受力分析示意。

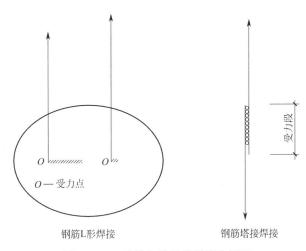

钢筋L形焊接   钢筋塔接焊接

图 2.24-1　锚筋与桩端板焊接分析图

从图中我们可以看到，当锚筋与桩端板 L 型焊接时，始终只是一个 O 点在受力，水平焊接段无法发挥作用。它不同于钢筋搭接焊，受力是整个搭接焊段。因此，锚筋与桩端板采用 L 形焊接时，钢筋不能充分发挥抗拉能力。对此设计师应有自己的判断和建议，特别是抗拔桩的时候。

（2）不截桩桩顶与承台连接推荐采用以下连接方式：

1）锚入承台或地梁的连接主筋①号钢筋，应通过连接钢板与桩端托板焊接，就是锚固筋和连接钢板搭接焊接，连接钢板和桩端托板焊接。这样就解决了锚筋与桩端板 L 形焊接，避免了最终只是一点受力，钢筋不充分发挥抗拉能力的问题，此种连接方式可用于抗压、抗拔桩，推荐采用。某些图集就是采用这种连接方式的。①号钢筋、桩端托板位置参见图 2.24-2。

2）锚入承台或地梁的连接主筋①号钢筋，通过张拉机械套筒与桩端板机械连接的，可用于抗压、抗拔桩。这种连接方式也被某些图集中采用，具体细节可查看相关图集。

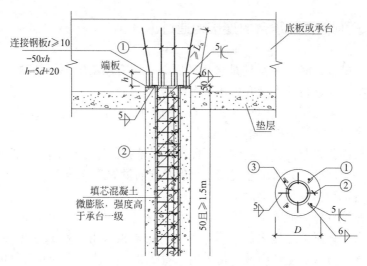

图 2.24-2 不截桩桩顶与承台连接

3）实际上，没截桩桩顶条件优于截桩桩顶条件，且不论是否截桩，都要在桩顶设置填芯混凝土和钢筋。因此，不截桩桩顶与承台连接，还可采用截桩桩顶与承台连接的方式进行。

（3）截桩桩顶与承台连接

某些图集的截桩桩顶与承台连接详图中，都要求在截桩时保留预制桩主筋，再通过专用转换连接接头和锚筋连接。因现行规范要求截桩必须采用机械切割，但在切割时，即使认真切割，也很难保证不损害钢筋，这样操作很不方便。还不如将其切断，然后在填心混凝中附加足量这部分钢筋。

还有的图集的截桩桩顶与承台连接详图中，对抗拔桩顶与承台连接专用详图做了扩大头，也没必要。因桩的抗拉能力全部来自桩内纵筋，只要在填芯混凝土内的配筋大于抗拔力，且填芯混凝土深度满足抗拔桩要求即可。

截桩桩顶与承台连接推荐采用以下连接方式：

设置多道②号水平附加筋，锚入承台或地梁的连接主筋①号钢筋和②号附加筋以及填芯混凝土底部的托板焊接牢固。此种连接方式可用于抗压、抗拔桩，只需调整填芯混凝土高度即可，简便快捷。比如《先张法预应力混凝土管桩》2010 浙 G22 图集中就是采用这种连接方式。构件位置可参见图 2.24-3。

（4）接桩桩顶与承台连接

现有图集中有采用把锚入承台或地梁的锚固钢筋与桩顶板张拉套筒机械连接的方式，也有采用通过加强端板使锚入承台或地梁的锚固钢筋与桩顶端板连接的。接桩段和管桩顶搭接 200mm，接桩段直径等于管桩直径＋200mm。

以上两种连接方法较为麻烦，其实接桩时锚固钢筋全部设于填芯混凝土内更为方便妥当。所以接桩桩顶与承台连接推荐采用以图 2.24-4 的连接方式：图中①号锚固钢筋抗拉承载力≥桩的抗拉承载力。

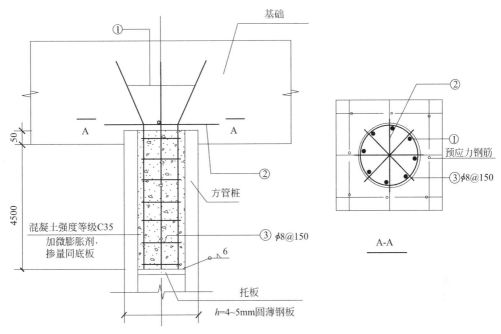

图 2.24-3　截桩桩顶与承台连接

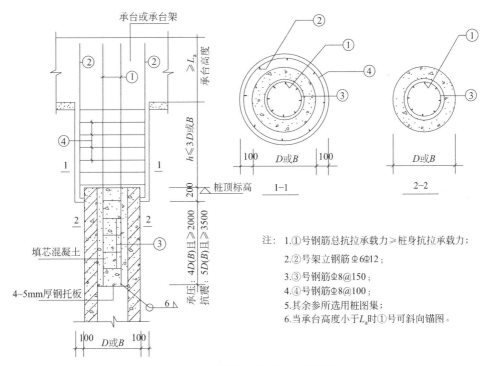

注：1. ①号钢筋总抗拉承载力≥桩身抗拉承载力；

　　2. ②号架立钢筋⊈6⊈12；

　　3. ③号钢筋⊈8@150；

　　4. ④号钢筋⊈8@100；

　　5. 其余参所选用桩图集；

　　6. 当承台高度小于L_a时①号可斜向锚图。

图 2.24-4　接桩桩顶与承台连接详图

专题 2.25 灌注桩和管桩及承台的耗材分析数据

下面仅从承载力角度对灌注桩和预制桩的耗材数据进行分析归纳。假设单桩承载力等于桩身承载力，预制桩和灌注桩都分别提供 1000kN 承载力特征值时，他们每米桩长折算耗材会是多少？

采用最常见的 C30 混凝土灌注桩与最常见的高强混凝土管桩、高强混凝空心方桩进行分析。

(1) 灌注桩每提供 1000kN 承载力特征值的每米桩长耗材：主要数据均可查有关标准图集得到（本数据主要来自浙《钻孔灌注桩》2004 浙 G23 等图集）。

$D600$（D 为桩径，以下同）混凝土灌注桩 C30（水下 C35）、桩身承载力特征值 1797kN，每米耗材：

C35 混凝土：$0.3^2 \times 3.14 \times 1.0 \times 1.1$（充盈系数）$= 0.311m^3$；

纵向钢筋 8Φ14 的重量为：$8 \times 1.208 \times 1.0 = 9.664kg$；

箍筋 $\phi6@250$ 的重量为：$0.222 \times 4 \times 0.5 \times 3.14 = 1.421kg$；

加强筋 $\phi12@2000$ 的重量为：$0.888 \times 0.5 \times 0.5 \times 3.14 = 0.697kg$；

合计钢筋：11.782kg。

$D600$ 灌注桩提供 1000kN 承载力特征值时，每米桩长耗材为：

C35 混凝土：$0.311 \div 1.797 = 0.173m^3$；

钢筋：$11.782 \div 1.797 = 6.556kg$。

同样可得到：

$D800$ 混凝土灌注桩 C30（水下混凝土 C35）、桩身承载力特征值 3195kN。每提供 1000kN 承载力特征值，每米桩长耗材为：

C35 混凝土：$0.553 \div 3.195 = 0.173m^3$；

钢筋：$19.42 \div 3.195 = 5.96kg$。

$D1000$ 混凝土灌注桩 C30（水下混凝土 C35）、桩身承载力特征值 4991kN。每提供 1000kN 承载力特征值，每米桩长耗材为：

C35 混凝土：$0.553 \div 3.195 = 0.173m^3$；

钢筋：$30.148 \div 4991 = 6.040kg$。

$D1200$ 混凝土灌注桩 C30（水下混凝土 C35）、桩身承载力特征值 7188kN。每提供 1000kN 承载力特征值，每米桩长耗材为：

C35 混凝土：$1.243 \div 7.188 = 0.173m^3$；

钢筋：$39.158 \div 7.188 = 5.448kg$。

则灌注桩每提供 1000kN 承载力特征值平均耗材为：

C35 混凝土：$0.173m^3$；

钢筋：$(6.556 + 5.96 + 6.040 + 5.448) \div 4 = 6.0kg$。

(2) 管桩每提供 1000kN 承载力特征值每米桩长耗材：主要数据均可查标准图集得到（本数据主要来自浙《先张法预应力混凝土管桩》2010 浙 G22、浙《静压预制混凝土开口空心桩》2004 浙 G29 等图集）。

$D400$ 高强管桩 C80、壁厚 95mm、桩身承载力特征值 1694kN，每米材耗：

C80 混凝土：$[(0.2)^2 \times 3.14 - (0.105)^2 \times 3.14]1.0 \times = 0.091 m^3$；

纵向钢筋 $7A^D9$ 的重量为：$7 \times 0.5068 \times 1 = 3.542 kg$；

箍筋 $A^b5@80$ 的重量为：$0.154 \times 1.15 \div 0.08 = 2.214 kg$；

合计钢筋：$2.214 + 3.542 = 5.756 kg$。

$D400$ 高强管桩每提供 1000kN 承载力特征值的每米桩长材耗为：

C80 混凝土：$0.091 \div 1.694 = 0.054 m^3$；

钢筋：$5.756 \div 1.694 = 3.398 kg$。

同理可得到：

$D500$ 高强混凝土管桩 C80、壁厚 125mm、桩身承载力特征值 2741kN。每提供 1000kN 承载力特征值的每米桩长材耗为：

C80 混凝土：$0.147 \div 2.741 = 0.054 m^3$；

钢筋：$8.972 \div 2.741 = 3.273 kg$。

$D600$ 高强管桩 C80、壁厚 130mm、桩身承载力特征值 3573kN。每提供 1000kN 承载力特征值的每米桩长材耗为：

C80 混凝土：$0.192 \div 3.573 = 0.054 m^3$；

钢筋：$12.882 \div 3.573 = 3.605 kg$。

则高强管桩每提供 1000kN 承载力特征值的每米桩长平均耗材：

C80 混凝土：$0.054 m^3$；

钢筋：$(3.398 + 3.273 + 3.605) \div 3 = 3.425 kg$。

（3）管桩与灌注桩每米耗材对比。

耗材对比说明：

钢筋：高强混凝土管桩用预应力钢丝单价与灌注桩用普通高强钢筋单价基本相等；

混凝土：高强混凝土管桩用 C80 混凝土单价约为 C30 灌注桩用 C35 混凝土的两倍，故将管桩用混凝土量乘以 2。

灌注桩钢筋：6.001kg/1000kN；

管桩钢筋：3.425kg/1000kN；

灌注桩混凝土：$0.173 m^3/1000kN$；

管桩混凝土：$0.108 m^3/1000kN$；

管桩混凝土/灌注桩混凝土 = 0.108/0.173 = 0.624；

管桩钢筋/灌注桩钢筋 = 3.425/6.001 = 0.571。

结论：在充分利用桩身承载力的条件下，桩每提供 1000kN 承载力特征值，C30 混凝土灌注与高强混凝土管桩的每米桩长材耗对比，即：管桩相当于灌注桩节约钢筋 43%；节约同强度混凝土 37.6%；也就是说，当可在高强混凝土管桩和普通混凝土灌注桩中选择时，选择高强混凝土管桩在基桩的直接耗材费用上可节约 40% 左右。

当然以上只是基桩材料对比，没有包括设备、工艺、人工、时间等成本分析。

（4）管桩与灌注桩承台耗材对比：主要数据均可查标准图集得到（本数据主要来自浙《钢筋混凝土圆桩承台》2004 浙 G24 等图集）。

已知：D500、壁厚 125mm，高强混凝土管桩，承载力特征值 2741kN；单桩反力取

$0.88 \times 2741kN = 2400kN$；

$D800$、$C30$混凝土灌注桩，承载力特征值$3195kN$，单桩反力取

$0.88 \times 3195kN = 2800kN$；

即：4根灌注桩$4 \times 2800 = 11200kN \approx 5$根管桩$5 \times 2400 = 12000kN$；

故：$D500$管桩5桩承台与$D800$灌注桩4桩承台对比。管桩桩中心距$3.5D$，查图集，5桩承台施工图和灌注桩中心距$3.0D$，4桩承台施工图见图2.25-1～图2.25-2：

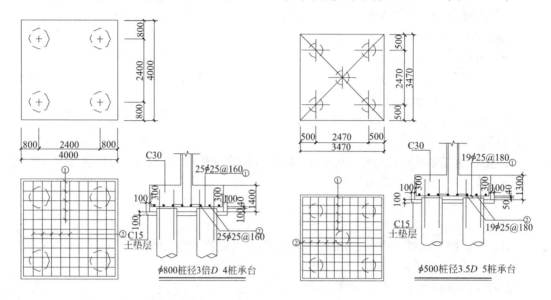

图2.25-1 4桩承台详图   图2.25-2 5桩承台详图

$D500$管桩5桩承台混凝土用量：$3.47 \times 3.47 \times 1.3 = 15.65m^3$

$D500$管桩5桩承台钢筋用量：$3.853 \times 3.97 \times 19 \times 2 = 581kg$；

$D800$灌注桩4桩承台混凝土用量：$4 \times 4 \times 1.4 = 22.4m^3$；

$D800$灌注桩4桩承台钢筋用量：$2 \times 4.5 \times 25 \times 3.853 = 867kg$；

管桩混凝土用量/灌注桩混凝土用量：$15.65/22.4 = 0.7$；

管桩钢筋用量/灌注桩钢筋用量：$581/867 = 0.67$。

结论：同等条件下选用管桩，较灌注桩承台可节约混凝土30%以上；节约钢筋33%以上。

注：以上数据主要来自浙江省2004版的相关图集、2010浙G22等标准图集。

专题2.26 方桩与管桩及承台的耗材分析数据

（1）非充分发挥桩身承载力对比：主要数据均可查标准图集得到（本数据主要来自浙《先张法预应力混凝土管桩》2010浙G22、浙《预制钢筋混凝土方桩》2004浙G19等图集）。

非充分发挥桩身承载力对比，实际上是每米桩长的表面积对比。

$D500$管桩，表面积/m：$0.5 \times 3.14 \times 1 = 1.57m^2$；

$S400$方桩，表面积/m：$0.4 \times 0.4 \times 1 = 1.60m^2$；

即：在未能充分发挥桩身承载力时，表面积/m：400方桩$\approx$500管桩。

（2）充分发挥桩身承载力对比：主要数据均可查标准图集得到（本数据主要来自浙《先张法预应力混凝土管桩》2010 浙 G22、浙《预制钢筋混凝土方桩》2004 浙 G19 等图集）。

C80 混凝土

PHS-A400（250）方桩身承载力设计值=3107kN；

PHC-A500（100）管桩身承载力设计值=3158kN；

即：充分发挥桩身承载力时，承载力设计值：400 方桩≈500 管桩。

结论：在承载力及工程用桩总量上，400 方桩=500 管桩。

（3）承台对比：主要数据均可查标准图集得到（本数据主要来自浙《钢筋混凝土圆桩承台》2004 浙 G24、浙《钢筋混凝土方桩承台》2004 浙 G25 等图集）。

C30 混凝土、两桩承台、4 倍桩距、单桩反力特征值 1500kN、施工图见图 2.26-1、图 2.26-2：

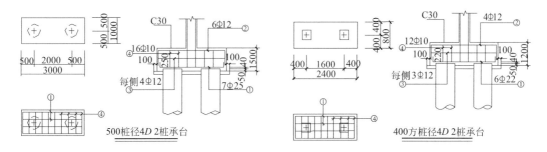

图 2.26-1　500 管桩承台　　　　　　　　图 2.26-2　400 方桩承台

基本数据：钢筋：Φ25（3.853kg/m）；Φ22（2.984kg/m）；

　　　　　　　Φ12（0.888kg/m）；Φ10（0.671kg/m）。

500 管桩 2 桩承台耗材：

混凝土 C30：$3 \times 1 \times 1.5 = 4.5 m^3$；

钢筋：①筋长 3.5m；②筋长 5.7m；③筋长 3.8m；④筋长 4.4m；

$3.5 \times 7 \times 3.853 + 5.7 \times 6 \times 0.888 + 3.8 \times 8 \times 0.888 + 4.4 \times 16 \times 0.671 = (94.4 + 30.3 + 26.9 + 47.2) = 199 kg$。

400 方桩 2 桩承台耗材：

混凝土 C30：$2.4 \times 0.8 \times 1.2 = 2.3 m^3$；

钢筋：①筋长 2.9m；②筋长 4.5m；③筋长 3.0m；④筋长 3.7m；$2.9 \times 6 \times 2.984 + 4.5 \times 4 \times 0.888 + 3.0 \times 6 \times 0.888 + 3.7 \times 12 \times 0.671 = 114 kg$。

400 方桩承台/500 管桩承台

混凝土 C30：$2.3 m^3 / 4.5 m^3 = 0.51$；

钢筋：114kg/199kg=0.57。

结论：在承载力及工程用桩总量上，400 方桩=500 管桩；在承台耗材上，选用 400 方桩较 500 管桩节约：C30 混凝土 49% 左右；钢筋 43% 左右。

注：以上数据主要来自浙江省 2004 版的相关图集、《预应力管桩》2010 浙 G22、《预应力混凝土空心方桩》08SG360 等标准图集。

专题 2.27　允许桩位偏差值的讨论和注意

在实际设计中，经常会有施工联系单需要设计师签字确认。比如桩偏位，有的设计师看到偏位的绝对值不大，都在施工验收标准要求之内，就给签字了。但是有些时候，却是不妥当的。

施工基础验收对允许桩位偏差的规定：

打（压）入桩（预制混凝土方桩、先张法预应力管桩、钢桩）的桩位偏差，必须符合表 2.27-1 的规定。

预制桩（钢桩）桩位的允许偏差（mm）　　　　　　　表 2.27-1

项	项　目	允许偏差
1	有梁式承台的桩： (1)垂直基础梁的中心线 (2)沿基础梁的中心线	100＋(0.01H) 150＋(0.01H)
2	桩数为 1～3 根桩基中的桩	100
3	桩数为 4～16 根桩基中的桩	1/2 桩径或边长
4	桩数大于 16 根桩基中的桩： (1)最外边的桩 (2)中间桩	1/3 桩径或边长 1/2 桩径或边长

注：H 为施工现场地面标高与桩顶设计标高的距离。

但是仔细分析就会发现，上述预制桩（钢桩）桩的允许偏差中，第 1 项、第 3 项允许偏差过大，是不能满足设计图纸要求的。

第 1 项：梁式承台垂直基础梁的中心线的桩，允许偏差 100＋(0.01H)，这样有可能偏到梁式承台以外了，如图 2.27-1 所示。

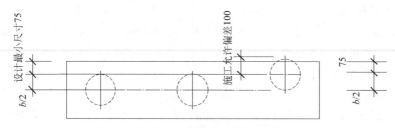

图 2.27-1　梁式承台允许偏差过大示意

《桩基规范》中承台设计构造规定，对于墙下条形承台梁，桩的外边缘至承台边缘的距离不应小于 75mm。

当梁式承台桩的外边缘至承台边缘的距离为 75mm 时，按基础验收的允许桩位偏差 100mm，桩就偏到梁式承台以外了。因此，允许桩的偏差不应大于《桩基规范》桩边缘至承台外边的最小距离减去承台钢筋保护层厚度。也就是说，针对具体桩基设计图，桩位偏差除满足《建筑地基基础工程施工质量验收标准》GB 50202—2018（简称《基础验收》）要求外，还应保证桩边在承台边最外侧钢筋以内，否则应视为桩位偏差，验收不合格，并应委托设计处理。

故梁式承台的桩垂直梁的中心线允许偏差不应大于 75mm 减去梁式承台侧面钢筋保护层厚度（d），或不应大于桩的外边缘至承台边缘的距离（s）减去梁式承台侧面钢筋保护层厚度（d）。

第 3 项：桩数为 4～16 根桩基中的桩，允许偏差为 1/2 桩径或边长。

按《桩基规范》中承台设计构造规定：桩中心线至承台边的距离为桩桩径或边长；如允许偏差为 1/2 桩径或边长，桩边已和承台边平，且桩边已在承台最外侧钢筋的外面了，如图 2.27-2 所示：四桩承台允许偏差过大。

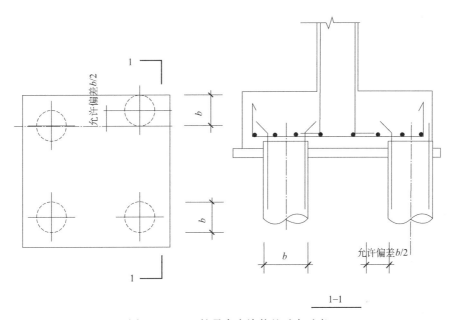

图 2.27-2　四桩承台允许偏差过大示意

从以上分析后应得出：桩数为 4～16 根桩基中的桩，边桩允许桩位偏差过大，桩位偏差本应桩数越少允许桩位偏差越小，而《基础验收》中 4～16 根桩的桩允许偏差，反而大于 16 根以上的允许偏差，导致桩跑到承台有效截面（钢筋）以外了。

因此《基础验收》第 3 项中 4～16 根桩基中的桩，允许偏差可参考第 2 项、第 4 项确定更合适：即桩数为 4～16 根桩基中的桩，最外边的桩允许偏差不应大于 100mm；中间桩允许偏差不应大于 1/3 桩径或边长。

所以，设计师在确认这类桩偏位的联系单时，建议按表 2.27-2 中既满足施工要求也满足设计要求的数据把握为宜：

设计要求的预制桩桩位允许偏差（mm）　　　　　　　　　　　　　表 2.27-2

项	项　　目	允许偏差
1	有梁式承台的桩： (1)垂直基础梁的中心线 (2)沿基础梁的中心线	桩边至承台边的距离减梁式承台钢筋保护层厚度 $150+(0.01H)$
2	桩数为 1～3 根桩基中的桩	100

项	项　目	允许偏差
3	桩数为 4～16 根桩基中的桩： (1)最外边的桩 (2)中间桩	100 1/3 桩径或边长
4	桩数大于 16 根桩基中的桩： (1)最外边的桩 (2)中间桩	1/3 桩径或边长 1/2 桩径或边长

注：H 为施工现场地面标高与桩顶设计标高的距离。

当桩位验收满足该设计要求的允许桩位偏差时，才为合格。

当桩位验收不满足该设计要求的允许桩位偏差，但满足《基础验收》桩位的允许偏差时，设计不应给予确认，而应复核并修改承台或承台梁设计。灌注桩也存在类似问题，设计中应加以注意。

专题 2.28　液化土中灌注桩配筋与水平承载力计算

某项目，钻孔灌注桩桩身直径：$d=800\text{mm}$，混凝土为 C35，钢筋种类：HRB400，桩长为 16.5m，持力层为粉质黏土，桩进入持力层 1.6 米，其余上部土层均为液化土。设计中考虑验算灌注桩配筋与水平承载力，计算过程如下：

（1）液化土中灌注桩配筋计算

考虑到液化土层较厚，为安全起见，桩身配筋按偏心受压构件计算复核，并考虑使用阶段和施工阶段的最大荷载。

使用阶段，因此时承台已经施工完成，桩身上端按铰接下端按固端计算，由计算模型可知各项水平荷载大值为 5916.5kN，共 162 根桩，则每根桩顶水平荷载为 36.5kN，反弯点在桩顶以下 10.35m 处，$M=377.78\text{kN·m}$。

施工阶段，由于承台未完成施工，桩身按下端固端的悬臂构件计算弯矩，荷载为附加的土压力。由于本工程桩施工期间不存在额外的附加土压力，因此桩身最大弯矩取值为 $M=377.78\text{kN·m}$。

由《混凝土规范》中附录 E.0.4 公式可知：

$$N \leqslant \alpha\alpha_1 f_c A(1-\sin2\pi\alpha/2\pi\alpha)+(\alpha-\alpha_t)f_y A_s$$

$$M \leqslant (2/3)\alpha_1 f_c A r(\sin^3\pi\alpha/\pi)+f_y A_s r_s(\sin\pi\alpha+\sin\pi\alpha_t)/\pi$$

式中　A——桩身截面面积；

　　　A_s——纵筋截面面积；

　　　r——桩半径；

　　　r_s——桩纵筋重心所在圆半径；

　　　α——对应于受压区混凝土截面面积的圆心角与 2π 的比值；

　　　α_t——纵向受拉钢筋截面面积与全部纵向钢筋截面面积的比值；

　　　α_1——系数，按混凝土规范 6.2.6 条取值；

　　　f_c——混凝土轴心抗压强度设计值；

f_y——钢筋抗压强度设计值。

由附录 E.0.2 知，此时 $N=0$

E.0.4 可知：$\alpha_t=1.25-2\alpha$

其中 $r_s=400-50=350mm$，$r=400mm$，$\alpha_1=1.0$

$f_c=16.7N/mm^2$，$f_y=360N/mm^2$

可以由上述 M、N 公式计算得到：$\alpha=0.2333$，$A_s=3251.9mm^2$

可以选 12 根 ⚁20 筋（大于配筋率）。

（2）液化土中灌注桩水平承载力计算

计算信息：

桩身直径：$d=800mm$，桩长为 16.5m，纵筋为 12 根 ⚁20，桩截面积 $A_{ps}=502400mm^2$。

材料信息：

混凝土强度等级 C35，轴心抗压强度设计值 $f_t=1.57N/mm^2$，弹性模量 $E_c=3.15\times10^4N/mm^2$；

钢筋种类 HRB400，钢筋弹性模量 $E_s=2\times10^5N/mm^2$，钢筋面积：$A_s=3770mm^2$。

净保护层厚度：$c=50mm$。

其他信息：

桩入土深度：$h=16.5m$；

根据《桩基规范》中表 5.7.5，取桩侧土水平抗力系数的比例系数：$m=12MN/m^4$。

已知受力信息：桩顶竖向受力 $N=1100kN$。

计算桩身配筋率 ρ_g：

$$\rho_g=\frac{A_s}{A_{\rho s}}=\frac{3770}{502400}=0.75\%，大于 0.65\%。$$

计算桩身换算截面受拉受拉边缘的表面模量 W_o：

扣除保护层的桩身直径 $d_o=d-2c=700mm$，

钢筋弹性模量 E_s 与混凝土弹性模量 E_c 的比值

$$\alpha_E=\frac{E_s}{E_c}=\frac{2\times10^5}{3.15\times10^4}=6.349$$

$$W_o=\frac{\pi d}{32}\left[d^2+2(\alpha_E-1)\rho_g d_o^2\right]$$

$$=\frac{3.14\times0.8}{32}\left[0.8^2+2\times(6.349-1)\times0.75\%\times0.7^2\right]=0.0533$$

计算桩身抗弯刚度 EI：

桩身换算截面惯性矩

$$I_0=\frac{W_0 d_0}{2}=\frac{0.0533\times0.7}{2}=0.01866$$

$$EI=0.85E_cI_0=0.85\times3.15\times10^4\times0.01866\times10^3=475830$$

桩顶允许水平位移取 $\chi_{0a}=0.008m$，

对于圆形柱，当直径 $d\leqslant1m$ 时：

$$b_0=0.9\times(1.5d+0.5)=0.9\times(1.5\times0.8+0.5)=1.53$$

$$\alpha = \sqrt[5]{1200 \times 1.53 / 475830} = 0.33$$

$$\alpha h = 0.33 \times 16.5 = 5.445$$

可得桩顶水平位移系数 $\nu_x = 0.94$

单桩水平承载力设计值:

$$R_{ha} = 0.75 \frac{\alpha^3 EI}{\nu_x} \chi_{0a}$$

$$R_{ha} = \frac{0.75 \times 0.33^3 \times 475830}{0.94} \times 0.008 = 109 \text{kN}$$

满足设计需求。

专题 2.29 减沉复合疏桩基础探讨

和桩有关基础形式的概念梳理。

桩基础:

桩和承台组成,荷载基本由桩承担,仅当考虑群桩效应时,计入承台效应。桩距为 $3.0 \sim 4.5d$,设计中桩的荷载限值为桩承载力特征值。设计中按《桩基规范》执行。

桩筏基础:

是桩基础的特殊形式,由桩、筏板组成的基础,受力比较复杂,桩承担荷载为主,要求同桩基。筏板承担荷载在零到一定比例间变化。

减沉复合疏桩基础:

由桩和承台(筏板)组成,荷载全部或大部由承台(筏板)承担。根据桩的受力和作用不同,设计中又分为复合桩基础和减沉复合桩基础两种形式。

复合桩基础,其大部分荷载由承台(筏板)下地基土承担,按浅基础设计,桩起到补充浅基承载力的不足和减小基础沉降作用,桩距一般为 $(5 \sim 6)d$,桩承担荷载可以达到其极限承载力。设计中可按行业标准《复合桩基础设计规范》HG/T 20709—2017 执行。

减沉复合桩基础,其承载力几乎全部由承台(筏板)下地基土承担,按浅基础设计,桩仅仅起到减小基础沉降作用,桩距一般大于 $6d$。

桩土复合地基:

部分土体被桩置换,使土体的承载力得到提高。要求桩和承台之间设置褥垫层,形成桩土复合地基,属于地基处理范畴。上部基础仍按浅基础设计。

桩基础、桩筏基础、桩土复合地基这些基础或地基处理形式,设计中采用的很多了,但是减沉复合疏桩基础设计中采用的却很少,下面主要对这种基础形式的设计和应用进行一些探讨。

江浙大部分地区特别是沿海地区,上层地基土基本属于较差的淤泥质土,多数还比较厚,承载力很低,变形较大,一般承载力在 $50 \sim 80 \text{kPa}$。当上部结构为低层建筑或纯地下室的时候,基础设计时目前多数还是采用桩基础,摩擦桩为主,抗压和抗拔都由桩承担。桩要穿过深厚淤泥质土层,桩端才能进入相对较好的土层,桩长也较长。虽然安全性有保证,沉降变形也小,但是相对的造价也比较高,除了抗浮要求较高的项目外,水浮力不是很大时就显得比较浪费,即使如此也极少有采用减沉复合疏桩基础的。此时如果采用浅基础（独基＋防水板、筏板），又有些担心沉降变形难以控制，难以取舍。这种情况，如果采用减沉复合疏桩基础进行基础设计，且应用合理，既能保证安全性又能大大提高经济性，同时还可以兼顾抗浮要求，将会得到非常理想的效果。

减沉复合疏桩基础的设计依据之一：

《桩基规范》中 5.6.1 条，当软土地基上的多层建筑，地基承载力基本满足要求时，可设置穿过软土层进入到相对较好土层的疏布摩擦型桩，由桩和桩间土共同分担荷载。

桩基承台总净面积 $A_c = \xi(F_k + G_k)/f_{ak}$；

总桩数 $n \geqslant (F_k + G_k - \eta_c f_{ak} A_c)/R_a$；

ξ 为承台面积控制系数，$\xi \geqslant 0.6$，由此可知，减沉复合疏桩基础是以浅基础为主，桩为辅的一种基础形式，也就是上面讲的复合桩基础；当 $\xi = 1$ 的时候，竖向荷载全部由承台下土体承担，就是上面讲的减沉复合桩基础。减沉复合疏桩基础设计思路和计算方法既不同于桩基础也不同于浅基础，有其独特的要求。可以认为是介于桩基础和浅基础之间的一种基础形式。

5.6.2 条给出了减沉复合疏桩基础沉降计算公式 $s = \psi(s_s + s_{sp})$，简单讲就是减沉复合疏桩基础沉降＝浅基础的沉降＋桩的沉降。

减沉复合疏桩基础的设计应遵循几个原则。首先，这是一种使用于软土地基的基础形式，由于其竖向荷载主要由浅基础承担，因此应选用小直径的管桩或方桩，把桩的竖向抗压承载力控制在较小范围；其次，桩应穿过淤泥质土层，桩端进入相对较好的土层，桩间距大于 $(5 \sim 6)d$，桩的数量由需要承担的抗压和抗拔荷载以及沉降计算结果共同确定。

减沉复合疏桩基础的设计依据之二：

《复合桩基础设计规范》HG/T 20709—2017，规范给出的复合桩基础定义是指大桩距稀疏布置的摩擦型群桩与筏板下地基土共同承担竖向荷载，群桩中单桩工作于极限承载状态下的桩筏基础。

3.0.2 条，复合桩基础适用于天然地基承载力满足率大于 0.5 的建筑场地（桩基规范是 0.6）。

3.0.4 条，按修正后的地基承载力特征值确定基础面积，按单桩极限承载力标准值确定桩数。《桩基规范》是特征值，这也是两本规范的一个主要区别，但本质上没有变化。

《复合桩基础设计规范》HG/T 20709—2017 还就基础承载力计算、沉降计算、构造要求、材料要求、检验检测等，给出了更加详尽的要求，完全满足该种基础的设计需求。

所以减沉复合疏桩基础的设计是有充分规范依据的，可以做到精准设计。

在软土地基上的低层建筑或纯地下室的基础设计中，如果天然地基承载力基本能满足要求，只是沉降计算不满足时，就可以考虑减沉复合疏桩基础，设置适量的疏桩，发挥桩的沉降远小于浅基础沉降的长处，最终使建筑基础既满足承载力要求又满足沉降要求。

这种情况下，减沉复合疏桩基础避免了以往大量采用桩基础导致的桩数量过多，造成"浪费"，同时疏桩也可以提供适量的抗压承载力和用于抗浮的抗拔承载力，优势明显，在特定条件下值得推广。

图 2.29-1、图 2.29-2 是某项目地库的一部分，地基土为淤泥质土，承载力为 65kPa，原设计准备采用桩基础，桩长 28m（进入相对好土层），桩承担全部荷载，柱下平均布置 3 桩为主，底板是承台＋250mm 厚防水板。

后经优化，调整为减沉复合桩基础，基础为筏板＋疏桩，上部竖向荷载全部由筏板承担，筏板厚度为300mm（局部设置加厚柱墩兼承台），一柱一桩，桩兼顾部分抗拔功能。充分利用了减沉复合疏桩基础的优势，经济效益非常明显。

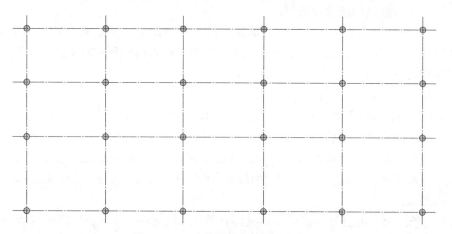

图 2.29-1　疏桩桩位布置图（局部）

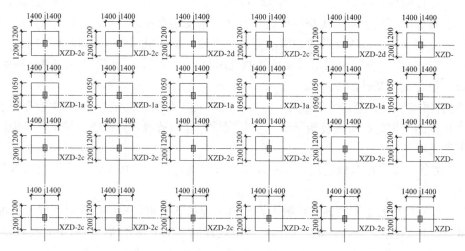

图 2.29-2　筏板（下柱墩）布置图（局部）

地下室

说明：本篇中涉及的主要规范为《混凝土结构设计规范（2015 年版）》GB 50010—2010（简称《混凝土规范》）《建筑抗震设计规范（2016 年版）》GB 50011—2010（简称《抗规》）《高层建筑混凝土结构技术规程》JGJ 3—2010（简称《高规》）《建筑结构荷载规范》GB 50009—2012（简称《荷载规范》）《建筑地基基础设计规范》GB 50007—2011（简称《地基规范》）《建筑桩基技术规范》JGJ 94—2008（简称《桩基规范》）

专题 3.1 嵌固层柱配筋人为放大后，还要 1.1 倍吗

地下室顶板嵌固时，地下一层柱截面每侧纵向钢筋除了不小于计算值外，还应不小于地上一层柱对应纵向钢筋的 1.1 倍，以保证地震作用时，塑性铰发生在地上 1 层的柱底。

《抗规》中 6.1.14-3、《高规》中 12.2.2-3（2）都有如下条文，地下一层柱截面每侧纵向钢筋不应小于地上一层柱对应纵向钢筋的 1.1 倍，且地下一层柱上端和节点左右梁端实配的抗震受弯承载力之和应大于地上一层柱下端实配的抗震受弯承载力的 1.3 倍。

规范的目的都是在其他要求及措施的配合下，大震时让塑性铰尽可能都出现在首层柱的底部。对于框架结构来说，合理的耗能过程应该是塑性铰首先出现在梁端，再出现在底层柱底，这样能形成一个整体的耗能机制，在大震时才能有比较好的变形能力。

经常发现有的图纸上下柱配筋是相同的，没有满足 1.1 倍要求。设计者给出的理由是已经把地上一层及以下柱的配筋放大了，因此地下室柱配筋已经比首层柱的实际计算值大1.1 倍了。这样可以吗？其实这样是不正确的。

根据大量资料显示，一方面在强震作用下结构构件是不存在承载力储备的。框架柱屈服时，地下一层对应的框架柱要保证不屈服，所以规范这个构造是要保证一层柱底首先出现预期的塑性铰，消耗地震能量。此规定重点强调的是一个上下层柱子相对关系的要求，就是地下室顶板嵌固时，必须保证顶板上下柱子配筋的 1.1 倍关系，与是否放大没有关系。

另外如果随意在计算配筋基础上加大首层柱的纵筋面积，有可能还会造成地上一层柱底的受弯承载力变大，更不容易实现规范中要求的地下室顶板处地下一层柱上端和节点左右梁端实配的抗震受弯承载力之和应大于地上一层柱下端实配的抗震受弯承载力的 1.3 倍的要求。同样违反规范要求。

在设计中还发现，在满足嵌固层柱子配筋 1.1 倍要求后，绝大多数图纸在结构构造上

还是没有做到这点，依然起不到放大的目的。

为了保证 1.1 倍能够真正得到落实，地下一层柱相比于地上一层柱按此比值增加的纵筋，构造上应要求弯入地下室的顶板内锚固，而不应直接向上延伸进入地上一层柱内，或者一层的柱纵筋伸入地下室层柱内锚固搭接也可以，这一点应在总说明或详图中做补充要求。否则地下室柱主筋如果全部上延到地上一层柱下部进行钢筋接头的搭接处理，同样达不到规范的目的，这样就违背了规范的本意，可能出现虽然配筋放大了，但是构造措施是不正确的，仍然无法实现底层柱根首先出现塑性铰的预期。

专题 3.2　嵌固部位设在地下室底板时要注意的问题

关于嵌固部位的条文，《抗规》和《高规》有很多，基本一致，但也有不太一致的地方。都是推荐首选地下室顶板做嵌固端，当不具备条件时，可以下移，选在地下室底板。这是规范的本意。

这里讨论的嵌固端是指设计嵌固端，即预期塑性铰出现的部位。嵌固部位能够设在地下室顶板当然正确。但是目前有些开发商出于某种考虑，明确要求嵌固部位首选地下室底板，也有项目由于刚度比等原因设计人员把嵌固端设置在地下室底板，这样做规范也是允许的。但是可能会带来一些问题，需要引起设计师的注意，而目前多数设计都不会考虑到这些问题的影响。

（1）底板嵌固可能和实际震害观测结果及规范目标实现有冲突，必须另做相应处理才行。

多数震害实际观测资料显示，震害对地下室的影响比首层轻，因此规范对底层（首层）才会有各种放大系数去加强。另一方面，由于在强震作用下结构构件是不存在承载力储备的，结构屈服时，为了防止结构脆性破坏（倒塌），希望塑性铰先出现在震害影响大的地上一层底部，才能够最大限度的消耗地震能量，实现大震不倒。

塑性铰的功能在于能提高构件的延性，且有抗震吸收能量的作用，防止结构脆性破坏。首层底部出现塑性铰比上部出现塑性铰更能释放整个建筑的自由度，耗散更多的地震能量，最大限度地保证"大震不倒"。

塑性铰的意义是有较大的转动能力但是又不会发生剪切破坏，同时抗弯承载力也没有明显的降低，所以底部加强区虽然很重要，但是塑性铰的存在不会让整个结构有什么危险，反而能够防止底部加强区的脆性剪切破坏，而且能够最大限度地消耗地震能量，这就是为什么希望首层柱底部要出现塑性铰的重要原因。

当嵌固端在地下室底板时，目前软件程序对涉及"底层"的内力调整，除底层外，将同时针对嵌固层进行调整，如果两者不一致，就全部处理。另外 SATWE 钢筋的 1.1 倍这条程序是自动执行的。这时可能无法保证预期塑性铰先出现在地上一层的底部。和实际震害观测结果及规范目标实现有明显冲突的，必须做相应的处理，单纯地把嵌固端确定在地下室底板而不做相应调整复核可能会存在缺陷。

（2）嵌固端在地下室底板时，个别规范条款和程序判断有错位。

例如《抗规》中 6.2.3 条，一、二、三、四级框架的底层柱下端截面弯矩分别乘以增大系数 1.7～1.2。规范的底层是指首层，而软件是按嵌固端位置＋首层认定，带来某种错位，规范本意可能受影响。

另外按照《抗规》6.1.3-3 条，多层地下室的底层和地下室层的抗震等级要求也会发生错位变化，设计师要有针对性地去调整。

（3）当嵌固端在地下室底板时，个别规范条款将被启动。

例如《高规》中 3.5.2-2 条，关于薄弱层判定的最后一句，对结构底部嵌固层，嵌固层（此时为地下室层）和其相邻上层（此时为 1 层）侧刚比值不宜小于 1.5。即地下室底板嵌固时，要求楼层位置要下移，还要满足 1.5 倍的刚度比要求。

（4）嵌固部位设在地下室底板时可能导致计算模型不清晰。

嵌固在底板时，引入了土的作用，软件中底部剪力、倾覆力矩下移了，但规范是指底层（1 层）。

还有当勾选"满足规范轴压比限值一律按构造边缘构件设置"选项时，软件是按嵌固端所在楼层的轴压比为准去判断的，就会以地下室层为准，而不是底层了，对轴压比地下层小而一层大的情况（比如很多地下室的柱断面都会比上层大），可能会出现判断误差。

当嵌固在地下室底部时，由于引入了土的约束作用，而 M（土层水平抗力系数的比例系数）的不确定，会导致上部结构强度、刚度等计算指标会有不同结果，所以 PM 软件的指标计算是按顶板嵌固为前提的，当底板嵌固时，需要设计师人为复核甚至是修正。

结构的很多控制指标都和嵌固端有关联，当指标处在临界时，会导致位移角、剪重比、刚重比、倾覆力矩这些和底层放大系数有关的指标异常。需要人为处理判别。

嵌固部位的力学概念为预期塑性铰出现的位置，和剪力墙底部加强部位、梁柱箍筋加密区是同样的概念。通过规范中对于嵌固部位应该满足的构造要求，也可以反推出嵌固部位上一层即为预期塑性铰的结论。所以嵌固部位自然是首选地下室顶板。

以上问题只是技术层面探讨，实际设计对开发商有明确要求的，当然要尽量实现，但是提请设计师注意相应的复核调整，因为嵌固端位置的改变，涉及的规范条文、要求是非常多的，特别是地下室顶板不作为嵌固端时。

结构嵌固端的确定对结构计算影响较大，因此结构嵌固端的合理确定是必要的，这方面的问题还有待进一步的研究和完善。

专题 3.3　地下室底板配筋和地下水位的关系

地下水位在计算地下室底板（防水板）配筋时是必须考虑的重要因素，设计中应注意下列问题：

当无人防荷载组合时，地下水位应取勘察报告提供的抗浮水位（最高水位）；当勘察报告没有提供抗浮水位（只提供常年水位）时，可取室外地面标高−0.5m；当有人防荷载组合时，地下水位建议取常年水位组合计算，并和只考虑抗浮水位的水浮力时的计算结果对比，取两者计算最大值配筋。

对于地下室底板为筏板时，当采用筏板基础并且建筑物重量大于水浮力的时候，地下室底板配筋是不需要考虑地下水浮力影响的。只有当不考虑水浮力时的筏板地基净反力小于水浮力时（需要整体抗浮），配筋计算才需要考虑水浮力对筏板配筋的影响。就是说不需要整体抗浮时，筏板配筋仅考虑地基反力作用；需要进行整体抗浮时，筏板配筋既要考虑地基反力作用，也要考虑水浮力影响。

对于地下室底板为防水板时，当抗浮设计水位高于防水板标高时，防水板配筋应考虑水浮力作用，这是没有疑问的。如果是场地地势较高或半地下室时，底板标高可能高于抗浮设计水位，这时候地下室底板是否还需要设置配筋？

对这种情况，虽然水浮力对底板没有实际作用，但由于地下室底板除了要考虑地下水的受力作用影响外，同时也要考虑雨水、地表水、毛细水管的渗透影响。地下室设计时，既要进行抗浮设计，也要考虑防水设计。就是说，抗浮设计及底板配筋是要考虑水浮力影响的，但是防水设计还要考虑变形和裂缝的影响因素，也是配筋为宜的。

任何情况下地下室、半地下室都应考虑防水设计，都应采用防水混凝土，还要满足裂缝宽度要求。地下室如果没有抗浮要求时，理论上是可不配置受力钢筋的，但是由于混凝土容易出现裂缝，从防水设计的角度，建议也要设置必要的构造钢筋。

专题 3.4 地下室建模计算的两个问题

（1）地下室抗浮计算建模事项

在实际的结构工程设计中，地下室抗浮计算时，一种方式是按楼板模式计算水浮力（上拔力），属于一种近似计算方法。建模时上部各层活载均按 0kN/m² 输入。楼层恒载输入时，面层可适当考虑，按实际输入，混凝土密度建议按 0.9 折减输入，隔墙最好不建进模型或者也适当折减。水浮力值按恒载输入，且按负值输入。防水板按楼层第一标准层建模即可。

计算完成后，到基础模块中，荷载项里选标准组合即可（1.0 恒＋1.0 活），得到的就是上拔力标准值，导荷值即上拔力接近（浮力－0.9 恒载）。结果可直接用于抗拔桩或抗拔锚杆布置设计。

另一种也是推荐采用的方式是，直接在 PKPM、YJK 软件中建模进行整体设计。首先需要按实际图纸对地下室建模并运算，然后在基础模块中输入抗浮水位、桩或锚杆刚度及抗拔承载力特征值等参数，按桩筏（或承台＋防水板）建模计算，同时按估算的结果布置抗拔桩或锚杆，可得到相应的抗拔承载力结果，反复调整即可使用，同时也可以得到对应的底板的配筋结果。

请注意：布桩时荷载不必计入人防荷载和消防车荷载。

抗浮验算时，上部结构的建筑面层、建筑隔墙的自重按恒载考虑计算，但是在施工阶段的抗浮验算（如施工持续降水的停止时间）时，这些都不应计入。

上述的方式是目前实际设计中常用的两种方法。

（2）地下室顶板和塔楼的高差如何建模？

地下室顶板上一般都会有覆土，使之与高层塔楼±0.00m 处形成高差。这时嵌固端如何选取、如何建模计算更合适？

一般来说，在满足刚度比要求的前提下，两者高差小于梁高时，可以正常按地下室顶板嵌固，正常建模计算；当高差较大，大于梁高较多时，一般不适合再用地下室顶板作为嵌固端了，同时此时应按错层建模计算。

那么，当高差大的时候，有的设计师把外圈梁整体加高，把高差堵上，仍然按地下室顶板嵌固建模计算，是不是就可以了？这种做法是不可取的，因为这时候不论是主塔楼内部的梁还是地下室内部的梁，是不可能同时加高这么大的，就是大多数梁高是远小于高差的，依然不能满足嵌固要求的。

但是如果高差大于梁高不多，此时采取加强措施后，比如加腋处理，还是可以作为上部结构的嵌固部位的。

作为加强措施，此时作为上部结构嵌固端的地下室顶板，还建议当梁的高差大于600mm 时采用加腋处理，以利于水平力的传递。

专题 3.5 独立基础和桩承台间连系梁的标高问题

目前基础连系梁的标高往往由于地区不同而不同。

沿海软土地区，由于浅层地基土质软弱，基坑往往采用大面积机械开挖。为方便施工，不至于再将连系梁模板支撑起来，故将连系梁底标高与基底或承台底持平设置。

内陆地区及丘陵地区，由于浅层地基土质较好，基础施工往往采用基坑开挖和基槽开挖相结合的方式，为方便施工，减少土方的挖填方量，故将连系梁顶标高设置在室内或室外地坪以下 0.1m 或 0.2m 左右。

规范是如何要求的？《建筑桩基技术规范》JGJ 94—2008（以下简称《桩基规范》）中 4.2.6-4 条："连系梁顶面宜与承台顶面位于同一标高"。其条文说明："连系梁顶面与承台顶面位于同一标高，有利于直接将柱底剪力、弯矩传递至承台"。

部分沿海软土地区设计师长期采用将基础连系梁底标高与基底或承台底标高相平设计方法，且不论工程建在山区还是哪里，都采用这种习惯的设计方式。这样其实既不利于剪力、弯矩传递至承台，当土质较好时又增加了土方的挖、填方工程量及埋入土中砌体、连系梁的工程量，造成浪费。而且回填土增加后，也会增加地面下沉的风险。有的甚至还将基底标高统一，造成更大浪费。

将连系梁底标高与基底或承台底标高相平，还存在受拉钢筋弯曲的问题。承台底，最下层钢筋保护层最小厚度为 50mm，如桩直径为 800mm 及以上时，最下层钢筋保护层最小厚度为 100mm（桩入承台最小深度），而连系梁底最下层钢筋保护层厚度多为 30～35mm（二 a 类、二 b 类或五类的弱腐蚀环境），故连系梁底标高应高一些，否则施工会将钢筋在不该弯曲的区域掰弯，这样连系梁在受拉时，由于弯曲的钢筋先被拉直，连系梁还未发挥作用先开裂了，且还会造成连系梁上下钢筋受力严重不均。

一般只有当承台埋深较大（2～3m）且土质较差或该段土层为淤泥类软土层时采用大开挖，其他情况一般不会采用大开挖。故基础连系梁面标高宜按规范要求与承台面平齐才是正确的。

至于为减少埋入地下的填充墙（建筑外围填充墙体，由于室内外有高差的原因，宜放在基础连系梁上）、减少基槽开挖、回填工程量及便于管道从连系梁下通过，将连系梁向上移至室内或室外地面以下 0.1～0.2m（冻土层较厚地区除外）。这也是山区、丘陵等土质较好地区，无地下室、不采用大开挖时，设计常采用的措施之一，但这种方式在连系梁的计算上就要执行框架梁的要求，和基础连系梁的概念有所不同了。因为基础间的连系梁从规范角度讲，是以受拉为主的，不宜参与柱底的弯矩和剪力分配，且截面应尽可能做小一些。而且这样处理还能使柱形成短柱，给抗震埋下隐患。概念上与规范要求设置基础连系梁的初衷不符。

综上所述，建议设计中尽量首选按《桩基规范》要求，将连系梁顶面与承台或基础顶面设计成同一标高；当基坑采用大面积机械开挖时，也可将连系梁底降至基底或承台底筋面。

专题 3.6　多塔楼人地下室局部外侧没有填土的问题

（1）基本情况

项目为新建工程，性质为住宅。其外围由 8 幢 26～27 层的主楼（剪力墙结构）和 2 层裙楼，共 9 幢塔楼和两层大地下室组成。建筑场地位于抗震设防烈度 6 度区。无地下水。为山地建筑。

基础形式均为桩基。桩基采用机械成孔灌注桩（端承桩），桩长 10～25m，桩端持力层均为中风化灰岩，入岩深度不小于 1m。

本项目建造场地位于坡地，局部地下室外侧没有填土，没有填土部分详见图 3.6-1 中右下角的云线围起来的范围，该部分负一层和负二层地下室临街的外侧均没有回填土。项目下方从左到右分别为 1、2、3 号楼，3 号楼全部在云线范围内，其左侧的 2 号楼外侧负一层的地下室部分没有回填土，其负二层地下室有回填土。其余部分均为二层地下室全埋，填土至 −0.3m 标高。建筑 ±0m 为首层地面。经过测量，负二层地下室局部没有填土的范围约占外周长的 1/4，负一层地下室局部没有填土的范围约占外周长的 1/3。

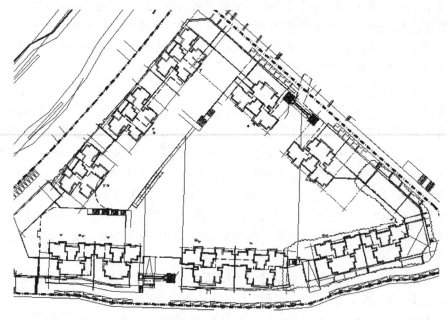

图 3.6-1　项目总平面图

（2）设计存疑问题

由于上述的局部地下室外侧负一层、负二层没有填土，结构计算时地下室是否属于裙房（局部裙房）？是否需要按大底盘多塔楼复杂结构建模设计？

（3）相关规范概念

大底盘多塔结构：《高规》中 2.1.15 条，未通过结构缝分开的裙楼上部具有两个或两个以上塔楼的结构。

裙房指在高层建筑主体投影范围外，与高层建筑相连的建筑高度不超过 24m 的附属建筑。

只有全埋地下室的多塔，不属于大底盘多塔结构。

嵌固端：首先要满足嵌固端上下楼层的刚度比要求。当地下室顶板作为嵌固端时，地下室顶板周围回填土对地下室有很好的侧限，当大底盘顶板作为嵌固端时，应考虑底盘比塔楼各边外扩 2～3 跨较为合适。

大底盘多塔结构设计时需要满足的基本要求：

上部塔楼结构的综合质心与底盘结构质心的距离不宜大于底盘相应边长的 20%；需要多塔建模和单塔建模包络设计以及需要满足其他有关规定。

对于本工程，局部地下室外侧没有填土，根据裙房概念，这部分地下室属于裙房。既然属于局部裙房，整体结构是否需要按大底盘多塔进行设计计算，规范上找不到明确依据。

鉴于山地建筑和上述问题的不明确性，本工程为减少麻烦，嵌固端设置在地下室底板。另外，通过先期试算，如果按大底盘多塔计算，质心偏置严重。

基于上述信息，对于上部模型的计算，有以下设想：

方案一：

两层地下室和各个塔楼整体连接，结构的整体指标控制按单塔计算，不执行大底盘多塔要求，但配筋按大底盘多塔和单塔计算的结果包络进行设计。由于局部裙房的存在，此方案依然存在设计依据不明确问题。

方案二：

按大底盘多塔设计。同样存在设计依据不足，同时质心偏置严重等问题。

方案三：

充分考虑地下室外侧没有回填土的实际范围大小、所占比例多少的情况，确定计算模式。

最终确定按方案三的思路设计。项目所在地对这种情况的不成文的看法是，当地下室没有回填土的范围超过 1/3 及以上时，必须按裙房对待，否则整体上仍然可以按地下室考虑。当地施工图审查机构认可这样的处理标准。

本项目负一层地下室没有回填土的范围超过 1/3，应按裙房考虑，这样就会形成大底盘多塔，后期设计会产生很多麻烦，特别是质心偏置问题难以解决。

考虑到负二层地下室没有回填土的范围只占 1/4，经过多次结构方案讨论比对后，决定负一层地下室和各个塔楼内侧之间设置伸缩缝分割开，使负二层顶板成为结构计算意义上的地下室顶板，这样各个塔楼按单塔为主进行设计计算，后期设计构造适当考虑加强。

实际建模计算中，地下室底板嵌固，配筋采用整体模型和各个单塔模型计算结果的包络值，但是整体控制指标以单塔楼结果为准，没有考虑大底盘多塔的要求。底部加强区和地下室考虑按多塔构造措施要求予以加强。

本项目的特点是采用哪种计算模型更符合规范要求没有明确答案，同时还要兼顾地方审图机构对大底盘的认定的惯例。希望今后的规程对此种情况能有进一步明确的要求，以供设计师遵循。

专题 3.7 地下室抗浮的另类讨论

在地下室的设计中，抗浮设计是其中一项重要工作。当根据地勘报告中给出的抗浮水位计算的水浮力大于上部永久荷载时，就要进行抗浮设计了。这时的抗浮设计一般包括整体抗浮设计和局部抗浮设计，常用的设计方法有加载、设置抗拔桩、设置抗拔锚杆等，这种按抗浮水位要求进行的抗浮设计每个工程都会考虑。但是，对于地勘报告中明确说明场地没有地下水或者是抗浮水位远远低于地下室底板的情况，几乎所有的工程都不会进行抗浮计算，也不会考虑有地下水引起的抗浮问题了。那么这种情况下，工程设计中是不是真的就不需要考虑地下室的抗浮问题了？

答案是否定的。具体问题还要具体分析。就是说当地勘报告中认定没有地下水或者抗浮水位距离地下水底板低很多的时候，虽然不需要针对抗浮水位来进行抗浮设计，但是地下室的抗浮问题还是要根据具体情况进行考虑。在某些情况下，设计中仍然需要考虑地下室的施工阶段和使用阶段由于雨水、地表水倒灌可能会导致地下水上浮的问题。

在地下室的施工阶段，当项目的地勘报告明确不需要抗浮设计时，设计师不会考虑地下室抗浮了，这时如果项目处于相对低洼地段，在地下室施工过程中或地下室顶板覆土未完成、自重相对较小时，如果为雨季大量降雨，地下室所处土壤透水性又差，大量雨水将向地下室基坑汇聚而无法排泄，将会对地下室形成很大的水浮力，造成施工阶段地下室的浮起。在工程实际中，这种情况经常出现，尤其在南方的梅雨季节等降水较集中的季节。

这种情况的产生主要是由于因项目不需要抗浮设计，因此没有设计抗拔桩抗拔锚杆及其他等任何抗浮措施，排水要求也不重视不明确，大量雨水倒灌时地下室浮起就难以避免。针对这种情况，设计中应明确要求设置排水沟、排水井，始终保持排水通道畅通，保证排水机具设施正常运行，特别是在雨期施工时，尽量安排好工期等，设计应在说明中对施工措施及施工限制条件作出明确要求。这也是避免这类地下室可能浮起的有效方法。

在正常使用阶段，一般在设计时考虑的还是比较充分的，受力也比较明确，只要选定的抗浮设计水位没有问题，应该就没什么问题。但是某种特定情况下在使用阶段是存在隐患的。

因为如果项目处在明显低洼地段，特别是山地建筑，项目处于山坡的坡底时，当雨季大量雨水汇聚时，同样会使纯地下室部分浮起来或地下室局部起拱及部分结构构件受损，这主要是由于大量地表水渗入基坑四周，使地下水位上升，回填材料的隔水性较差时，导致地下室底板受水浮力，而地下室自重不足以抵抗水浮力所致，极易产生地下结构物上浮、偏斜等情况。

所以在设计施工图过程中，应当考虑到地表水渗入地下可能引起地下室底板自重不足而上浮的情形，尽管地勘明确不需要考虑地下水的抗浮问题，但是设计师也应当对地下室底板的抗浮措施进行设计。此时除了采取必要的排水措施外，对地下室周边基坑的回填土的构造要求也很重要，这是保证地下室在使用阶段不会发生上述事情的必要措施。下面介绍几个针对类似情况可以采用的基坑回填土的构造详图。

　　图 3.7-1，主要用于正常地段情况下地下室基坑回填的一般要求，主要是通过对回填土的隔水性和材料性能等进行具体要求，加强地下室周边填土的隔水性，防止基坑周边和底部被雨水侵蚀浸泡。采取这种措施后，对一般场地的地下室可以起到防止地表水侵入基底的作用。

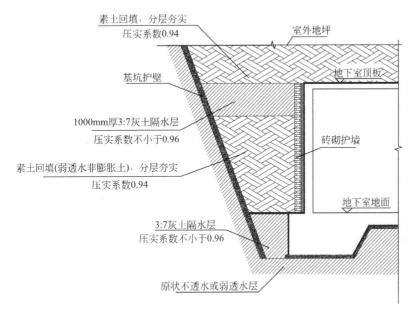

图 3.7-1　基坑回填肥槽详图（一）

　　图 3.7-2，主要用于低洼地段和山坡坡底建筑，这种情况下非常容易有地表雨水大量聚集。这时对地下室周边填土的措施要求就会很高。除了对地下室周边填土的隔水性和材料性能等一般要求外，还需要在地下室底板顶部位置设置排水盲沟，保证把可能侵入的地

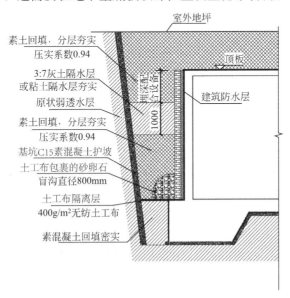

图 3.7-2　基坑回填肥槽详图（二）

表水及时排走。另外建议在排水盲沟至地下室底板底部设置素混凝土隔水层，确保能阻止地表水侵入板底。从而防止基坑周边和底部被雨水侵蚀浸泡。

图 3.7-3，主要用于不同层的地下室底板交界处的基槽回填。采用这种措施，可以防止地表水对低位地下室板底的侵蚀。

图 3.7-4，主要用于不同层的地下室底板交界处同时存在不同基础标高的基槽回填。采取这种措施后，既可以保证不同高差基础间不会产生相互影响，又能保证可以防止地表水对低位地下室板底的侵蚀。

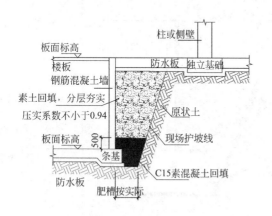

图 3.7-3　高差处肥槽回填示意图（一）　　图 3.7-4　高差处肥槽回填示意图（二）

所以实际设计中，对没有抗浮水位影响的地下室，也要根据不同情况有针对性地采取防止地表水侵蚀甚至是由此产生浮力破坏的措施。

专题 3.8　结构防腐设计中的两个问题讨论

（1）《混凝土结构耐久性设计标准》GB/T 50476—2019 与《工业建筑防腐蚀设计标准》GB/T 50046—2018

首先这两本标准均为推荐性标准，属于自愿采用的国家标准，设计师有权决定是否采用。但目前许多结构设计总说明将《混凝土结构耐久性设计标准》GB/T 50476—2019 与《混凝土规范》并用，且注明耐久性要同时满足这两本规范的要求，却较少提及《工业建筑防腐蚀设计标准》GB/T 50046，其实这是不妥当的。

结构耐久性，就是在环境作用和正常维护、使用条件下，结构或构件在设计使用年限内保持其适用性和安全性的能力。《地基规范》中 8.5.3 条：桩身混凝土的材料、最小水泥用量、水灰比、抗渗等级等，非腐蚀环境包括微腐蚀环境时按本条要求确定。腐蚀环境下还应符合现行国家标准《混凝土规范》《工业建筑防腐蚀设计标准》及《混凝土结构耐久性设计规范》的有关规定。

现行《工业建筑防腐蚀设计标准》GB/T 50046 虽然有明确适用范围，但其对环境类别、耐久性要求等，和《混凝土规范》基本是属于同一体系下的不同专业方向的要求，是有一定互补性的。而现行《混凝土结构耐久性设计规范》与《港口工程混凝土结构设计规范》基本是属于另一个体系，是有其特殊性要求的。

比如《混凝土结构耐久性设计规范》将环境类别定为Ⅰ、Ⅱ、Ⅲ、Ⅳ、Ⅴ类，又给出了多个环境作用等级，这种分类就和《混凝土规范》的分类没有什么联系，而且要求明显高于《混凝土规范》。

另外，建质〔2008〕216号《设计深度》4.4.3及4.4.3条分别要求按《混凝土规范》注明混凝土的环境类别及耐久性的基本要求，而不是《混凝土结构耐久性设计规范》的环境作用等级。

《建筑桩基技术规范》JGJ 94—2008第3.5.4条："四类、五类环境桩基结构耐久性设计可按国家现行标准《港口工程混凝土结构设计规范》JTJ 267和《工业建筑防腐蚀设计规范》GB 50046等执行"。也没有提及现行《混凝土结构耐久性设计规范》。

《混凝土规范》第3.5.7条的条文说明，四类、五类环境分别参考执行现行《港口工程混凝土结构设计规程》和《工业建筑防腐蚀设计规范》。只有在更恶劣的环境时可参考现行《混凝土结构耐久性设计规范》。

因此，实际结构设计中，混凝土结构耐久性要求除了满足《混凝土规范》外，建议优先考虑采用现行《工业建筑防腐蚀设计标准》为宜。

（2）有防腐要求时可视情况取消建筑防水

《地基规范》在8.5.3条："非腐蚀环境中预制桩的混凝土强度等级不应低于C30，预应力桩不应低于C40，灌注桩的混凝土强度等级不应低于C25"。

上述非腐蚀环境应为微腐蚀环境，这个非腐蚀说法在《工业建筑防腐蚀设计规范》GB 50046—2008之后就再不用了。《工业建筑防腐蚀设计标准》GB/T 50046—2018在腐蚀性分级中规定，腐蚀性等级分为"微、弱、中、强，微腐蚀环境可按正常环境进行设计"。

当地下水对地下室外墙有弱、中、强等级腐蚀性时，采取了建筑防水措施，也不能省去结构防腐措施。因为《工业建筑防腐蚀设计标准》GB/T 50046—2018在〈基础〉中以强条的方式明确规定了基础各构件（含地下室外墙-埋入土中的混凝土结构）的防腐要求。

但《工业建筑防腐蚀设计规范》GB/T 50046—2018中的结构防腐措施，有的措施却是具有很好的防水作用。如沥青冷底子油两遍，沥青胶泥涂层，厚度≥300μm等等。

实际上地下水对地下室外墙有腐蚀性时，建筑不宜采取防水措施，否则会与上述结构防腐起冲突。宜采用自防水混凝土加结构面防护完成防腐及防水功能即可，此时可以省去建筑防水做法的。

专题3.9　地下构件环境类别划分及防腐措施案例

本专题举例来说明在建筑结构设计中存在腐蚀条件下，工程中埋入地下的各个部分的环境类别如何划分，并依据《工业建筑防腐蚀设计标准》GB/T 50046—2018要求，对地下构件采取相应的防腐措施分析讨论如下。

某灌注桩基础工程，无地下室，承台底面相对标高为-2.200m。地勘报告显示：地下水最低水位为-2.900m，最高水位为-0.700m；地下水对混凝土结构有弱腐蚀性（硫酸根离子），在干湿交替状态下有中腐蚀性（硫酸根离子），对混凝土中钢筋有弱腐蚀性。

由于毛细水作用，设计中该工程干湿交替段的上方应提高至±0.000较为合理，下方至－2.900m。因此承台到±0.000之间的构件和承台下0.7m段桩头部分都处于中腐蚀性环境，环境类别为五类；－2.900m以下的桩处于弱腐蚀性环境，环境类别为五类。

应如何采取防护措施？

结构腐蚀首先建议按地勘报告最高要求选择，也可以分区段处理。实际设计中为慎重起见，对地勘报告有中或强腐蚀的，还可以要求地勘单位再增加实验，确定是整个场地还是局部问题。

承台：按《工业建筑防腐蚀设计标准》GB/T 50046—2018中4.8.5条要求执行，具体见表3.9-1。

基础与垫层的防护要求 表3.9-1

防腐蚀等级	垫层材料	基础的表面防护
中	耐腐蚀材料	1. 沥青冷底子油两遍,沥青胶泥涂层,厚度≥500μm 2. 聚合物水泥砂浆,厚度≥5mm 3. 环氧沥青或聚氨酯沥青涂层,厚度≥300μm

注：埋入土中的混凝土结构其表面应按本表进行防护。

从表3.9-1可看出：中腐蚀环境下基础的表面防护有3个选项可供自行取舍。

根据表3.9-1的注解，±0.0m以下柱墙属埋入土中的混凝土结构，标准同上。

连系梁（±0.0m以下）：《工业建筑防腐蚀设计标准》GB/T 50046—2018中无连系梁的防护要求，只有基础梁的防护要求。可以认为《工业建筑防腐蚀设计标准》GB/T 50046—2018中基础梁包括结构的连系梁，在采取防护措施时不应区别对待，防护要求应按《工业建筑防腐蚀设计标准》GB/T 50046—2018中4.8.5条执行，工程中埋入地下的连系梁防护要求按表3.9-2执行。

连系梁的防护要求 表3.9-2

防腐蚀等级	基础的表面防护
中	1. 环氧沥青或聚氨酯沥青涂层,厚度≥500μm 2. 聚合物水泥砂浆,厚度≥10mm 3. 树脂玻璃鳞片涂层,厚度≥300μm

由于无连系梁的防护要求，工程设计中参考埋入土中的混凝土结构进行防护也是可以的。

灌注桩（－2.200～－2.900m）处于中腐蚀性环境：按《工业建筑防腐蚀设计标准》GB/T 50046—2018中4.9.5条要求执行，本案例可以采取以下两种措施：掺入钢筋阻锈剂、掺入矿物质掺合料，提高桩身混凝土的耐腐蚀性；对处于中腐蚀性环境的桩头部分，将水位变化的这段桩身挖出来，桩表面涂刷防腐蚀涂层。

灌注桩（－2.900m以下）处于弱腐蚀性环境：稳定水位的桩身按弱腐蚀要求，可以按《工业建筑防腐蚀设计标准》GB/T 50046—2018中表4.9.5要求执行，采取以下防腐措施：掺入钢筋阻锈剂、掺入矿物质掺合料，提高桩身混凝土的耐腐蚀性。

如果本案例中有地下室，地下室底标高为－4.700m。地下室外墙的防腐要求如何对待？

地下室底标高－4.700m，地下室外墙－2.900m以上为干湿交替段，属中腐蚀性，环境类别为五类；－2.900m以下为稳定水位段，属弱腐蚀性，环境类别为五类。原则上是可以分段采取防护措施，也可以采取统一的防护措施。

地下室外墙的防护可以综合考虑地下室侧壁及底板的防水材料对结构面层的保护，也可增加侧壁及底板的保护层厚度，增加腐蚀裕量。地下室外墙一般有建筑防水处理，基本可以满足中等腐蚀的要求，结构一般不再进行防腐处理。

上述结构防护还应满足《工业建筑防腐蚀设计标准》GB/T 50046—2018 的其他常规要求，如：混凝土的基本要求、钢筋保护层厚度等。

专题 3.10　复杂场地抗浮水位确认过程案例解析

本项目位于浙江某地，雨水充沛，周边河网密布。每年都会有因台风带来的暴雨。项目上部为多层排屋、洋房和高层住宅，地下满布一层地下室，局部两层地下室，顶板覆土厚度 1.5m。一层地库常水位不抗浮，桩基采用预制空心方管桩，两层地库因常水位抗拔，采用实心方桩。本期项目分 1-A、1-B、2-A 三个区域设计。

项目总平面见图 3.10-1，其中左上部分为 1-A 区域、左下部分为 1-B 区域、右侧为 2-A 区域。除 2-A 局部为二层地下室外，其余均为一层地下室。项目周边道路标高为 5.40～6.40m，室外场地标高为 7.00m，建筑正负 00 标高为 7.15m。

本工程东侧为上西江，宽度约为 95.0m，南侧为横江，宽约 90.0m，河道正常水位约 3.80m（国家高程），历史最高水位 5.10m，历史最低水位 3.00m，百年一遇洪水位 5.29m，五十年一遇洪水位 5.18m。

（1）项目地块地勘报告中关于水文地质条件及抗浮水位的表述

地下水类型及其特征：

勘察场地地下水类型较为单一，主要为浅部孔隙潜水，受大气降水、地表水和周边河水的渗入补给，赋存在①、②号土层中。深部（8)-1、（8)-3 号层为孔隙承压水。勘察期间测得钻孔内地下水位一般在地表以下 0.50～1.90m，平均埋深 1.01m，地下水位标高 3.86～5.00m。地下水位变化幅度 1.5m 左右，受季节性气候影响较大，在暴雨期间低洼地面会发生积水现象。以向低洼处和周边河流排泄为主。

上部孔隙水对基槽开挖影响较大，可采用井点降水进行止水，坑内可采用集水井降水至基槽底下；深部孔隙水对预制桩基础施工影响较小，对钻孔灌注桩护壁及清底影响较大。

地勘报告的抗浮设防水位建议值：

本场地抗浮水位 2-A 地块考虑两面环河，可取 50 年一遇最高洪水位 5.18m 为抗浮水位；1-A、1-B 地块考虑周边道路低点为 5.40m，抗浮水位建议取 5.50m。长期稳定水位可考虑采用 4.50m，本场地最低水位可以取 3.00m。以上标高均为 85 国家高程。

（2）抗浮设防水位的确认

相关规范条文依据：

《建筑工程抗浮技术标准》JGJ 476—2019 的有关条文要求如下（以下同）：

7.1.1 条，抗浮工程设计应具备的资料包括：经确认的抗浮设防水位。

5.3.1 条，确定抗浮设防水位时应综合分析：抗浮设计等级和抗浮工程勘察报告提供的抗浮设防水位建议值；其他略。

就是说从《建筑工程抗浮技术标准》JGJ 476—2019 实施起，设计采用的抗浮水位不

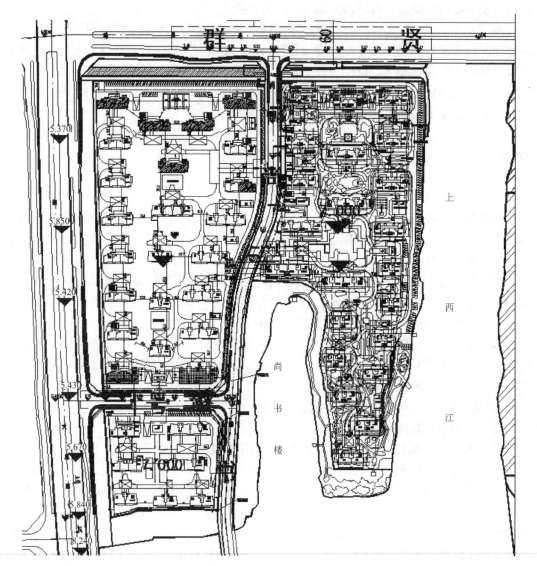

图 3.10-1　项目总平面图

仅仅由地勘报告确定了，特别对于抗浮复杂场地，需要经过相关方根据地勘报告抗浮水位建议值等资料确认后采用。

3.0.1 条，抗浮工程设计等级应根据工程地质和水文地质条件的复杂程度、地基基础设计等级、使用功能要求及抗浮失效可能造成的对正常使用影响程度或危害程度等划分为三个设计等级，并按表 3.0.1 确定。

由此确认，本项目属于抗浮设计等级为甲级的工程。且整体地块较多，周边水网密布水位分布复杂，项目场地和周边道路存在较大高差，属于抗浮复杂场地，抗浮水位需要由设计、地勘、开发商等相关方确认后才能采用。

确认的抗浮设防水位结论如下：

1）虽然周边道路标高低于回填场地，但如果汇水条件和排水条件良好（回填区域不会积水），基本也认可 1-A、1-B 地块抗浮水位取 5.50m。

2）5.1.2 条，场地及其周边或场地竖向设计的分区标高差异较大时，宜按划分抗浮设防水位分区采用不同的抗浮设防水位。因此场地可分区采用不同的抗浮设防水位，2-A 地块两面环河，认可其取 50 年一遇最高洪水位 5.18m 为抗浮水位。

3）经复核资料，认可施工期间的抗浮水位和使用期间抗浮水位相同。

同时推荐采取以下加强措施：

1）在设计和施工时要保证场地回填土的密实性；加强检测施工期间的降水、做好使用期间的场外及景观的疏排水措施，防止地表水系沉积；基坑周边肥槽按要求采用隔水材料分层回填。

2）抗拔桩接头采取加强措施，应能满足 6.0m 抗浮水位的需求；地下室防水板梁按 6.0m 抗浮水位设计，加强局部抗浮能力。

3）桩基设计适当提高安全储备，防止施工期间及使用期间由于强降水等不可控的天气情况引起的地下室抗浮超出设计计算取值的情况。

至此，抗浮设防水位的确认过程基本完成。但本项目抗浮水位还存在较多的复杂问题，比如地基土层分布和性质等因素的影响，因此也给出补充建议如下：

（3）建议

根据 3.0.5 条，建筑场地岩土工程勘察应满足抗浮工程设计与施工需要。抗浮设计等级为甲级的工程、场地水文地质条件复杂的乙级及场地岩土工程勘察文件不满足抗浮设计和施工要求时，应进行专项勘察。

本地块属于抗浮设计等级为甲级的工程，且整体地块较多，周边水位分布较复杂，因此建议进行抗浮工程专项勘察，并结合提供的专项抗浮勘察报告来确定抗浮水位取值。

专题 3.11　独立基础和桩承台间连系梁的计算问题

目前基础连系梁（拉梁）的设计存在不重视、方法不统一的问题。首先这里说的基础连系梁（拉梁），不是指承受地基反力作用的基础梁，即使有地基反力也仅仅是由梁的自重或上部底层的填充墙产生的，而不是由上部结构荷载的作用所产生的，主要起联系作用，增强水平面刚度，有时兼作底层填充墙的托梁的这类梁。

根据《抗规》中 6.1.11 条，框架单独柱基有下列情况之一时，宜沿两个主轴方向设置基础连系梁：一级框架和Ⅳ类场地的二级框架；各柱基础底面在重力荷载代表值作用下的压应力差别较大；基础埋置较深，或各基础埋置深度差别较大；地基主要受力层范围内存在软弱黏性土层、液化土层或严重不均匀土层；桩基承台之间。除去上述 5 种情况，其他可以不必设置基础连系梁。

《桩基规范》中 4.2.6 条：一柱一桩时，应在两个主轴方向上设置连系梁，当桩柱直径比大于 2 时，可不设连系梁；两桩桩基的承台，应在其短向设置连系梁；有抗震要求的柱下桩基承台，宜沿两个主轴方向设置连系梁；连系梁顶面宜与承台顶面位于同一标高。以上这些情况都是需要设置连系梁的。

计算方法推荐：

《桩基规范》4.2.6 条的条文说明中，在抗震设防区可取（连系梁所拉结的柱子）柱轴力的 1/10 作为梁端拉压力的粗略方法确定截面尺寸及配筋。

设计技术措施在地基与基础中也有独立基础的连系梁取柱轴力的 1/10，作为轴心受拉进行承载能力计算。

综合规范和设计实际，建议基础连系梁计算方法如下：

（1）对于只起拉结和整体性作用的连系梁，取其拉结的柱子中轴力较大者的 1/10（偏安全计，实际取小者也无不可），作为连系梁轴心受拉的拉力或轴心受压的压力，进行承载力计算，按受拉计算配筋，按受压计算稳定，钢筋通长。此时柱基础按偏心受压考虑。

（2）考虑以连系梁平衡柱底弯矩，此时连系梁按受弯构件计算，考虑到柱底弯矩方向的复杂性，钢筋上下通长。此时柱基础按中心受压。

（3）如连系梁承托隔墙或其他竖向荷载，应将竖向荷载所产生的连系梁内力与上述两种计算方法之一所得内力组合计算。

当然，此时如果连系梁下土层密实或者适当加宽加厚连系梁下混凝土垫层，以满足连系梁下回填土承载力要求，也可以认为上部填充墙荷载是通过连系梁直接传给地基了。

设计中如何选择：

（1）对独立基础需要设置基础连系梁的，建议按计算方法（1）计算，上下钢筋取相同且通长设置，柱基础按偏心受压考虑。

（2）对多桩承台的基础连系梁，建议按上述独立基础的情况进行设计计算。

（3）对单桩或双桩承台时的基础连系梁，建议按照计算方法（2）计算，基础连系梁承受柱底弯矩。基础连系梁要锚入柱内，并和承台顶面齐平设置为宜。

这里和《桩基规范》中推荐的计算方法有些不同，保守些就取两种结果的大值设计。主要原因是，对于单桩和双桩的短向，柱脚在水平风荷载或地震作用下所产生的弯矩如果全部由桩承受的话，是存在风险的，特别是对管桩和小直径桩，存在着抗震薄弱环节，给工程留下隐患。所以应考虑柱底弯矩由基础连系梁和桩共同承受的计算方法设计，并按框架梁抗震构造要求设置箍筋加密区，上下钢筋相同且通长。

上述三种情况的基础连系梁，都是要求设置在基础高度范围内的。

（4）如果基础连系梁出于特殊需要考虑，设置在基础顶面之上和地表之间，则应按框架梁进行设计计算。

专题 3.12　聊聊抗浮锚杆设计和布置问题

《地基规范》中 5.4.3 条中，抗浮稳定安全系数 K_w 不小于 1.05，即 $G_k/N_{w,k} \geqslant K_w$，据此判断是否需要抗浮设计，其中 G_k 是建筑物自重和压重之和（kN），$N_{w,k}$ 是浮力作用值（kN）。

当 K_w 小于 1.05 时，就需要进行抗浮设计，抗浮设计有多种方式，其中抗浮锚杆是一种重要和有效的方式。

下面就以独立基础＋防水板的地下室需要抗浮设计为例，说明抗浮锚杆的布置和设计问题。

抗浮锚杆的布置方式主要有两种，一种是集中布置在柱下（独立基础下），设计时可以利用上部结构的荷载抵消一部分水浮力，推荐锚固在坚硬的岩体上，此时地下室底板需要满足局部抗浮要求；另一种是锚杆在底板均匀布置，适用于各种地基，但对底板的外防水施工要求较高。

对于集中布置的方式，抗浮锚杆设计相对简单，满足抗浮要求即可。这里主要讨论沿底板均匀布置时的合理设计问题（独立基础下一定范围不布置抗浮锚杆，详见下面解说）。

目前，对抗浮锚杆，不论 PKPM 还是 YJK，都采用桩筏（防水板）有限元进行整体分析计算。

地下室估算室锚杆数量=（总的水浮力－建筑自重和压重之和）/锚杆承载力特征值，这只是一个最小的数量，由于锚杆不可能都完全发挥作用，实际设计的数量还会放大一定比例。

单根锚杆的抗浮面积=地下室底板面积/预估的锚杆数。完成锚杆的初步估算。

也可以先预估抗拔锚杆布置间距：$d^2=R_a/F_w$，d 为锚杆间距，R_a 锚杆抗拔承载力特征值，F_w 为计入抗浮稳定安全系数后的净浮力。

以柱子为例，建议只考虑永久荷载标准值，即柱底轴力标准值为 N，考虑到底板刚度的情况，实际能抵消的最大浮力建议按 0.8～0.9 折减，则可以抵消的最大水浮力面积：$S=N\times(0.8～0.9)/F_w$。

根据上述推导，就可以在地下室筏板（防水板）扣除 S 后的面积内初步布置抗拔锚杆了。也就是说，地下室抗拔锚杆布置可以采用先在整个底板实际需要抗浮的区域均匀布置，墙柱下单独调整的方式。

然后，利用 PKPM 或是 YJK 采用桩筏（防水板＋锚杆）有限元进行整体分析计算，在 JCCAD 中进行沉降和内力计算，以减少差异沉降为目标，分析计算结果，进一步调整锚杆布置，最终确定锚杆的位置和数量。

需要注意的是，锚杆刚度需要尽可能合理输入，这对于后期计算有重要影响。锚杆刚度可以由程序自动计算，也可以由用户手工输入，如果让程序自动计算，则程序按照《高压喷射扩大头锚杆技术规程》JGJ/T 282—2012 中的公式来计算锚杆刚度。

推荐尽可能采用试桩报告的 Q-S 曲线的斜率计算锚杆刚度，并相应修正后确定。

对于抗拔锚杆，抗拔刚度的设置要合理，否则计算的抗拔力可能失真，失去抗浮设计的效果。

如果能有现场的试验数据是最佳选择，没有的话，一般情况如果是嵌岩锚杆还可考虑按抗拔刚度=（EA/L）×折减系数来确定初始刚度。

非嵌岩锚杆可以采用锚杆刚度试算的方式确定初始刚度，按承载力设计值/允许位移（10mm）估算初始抗拔刚度，抗压刚度自动设置为 0；不同于普通桩按承载力设计值/允许位移（10mm）估算初始抗拔刚度，抗压刚度根据沉降试算估算。

确定好锚杆刚度和初步布置后，软件中锚杆的主要设计步骤如下：

（1）根据"沉降的三维位移上抬区"，确定设置锚杆的区域。

（2）根据"上部荷载、围区统计"确定锚杆数，（水浮力－上部荷载）/锚杆承载力=最小锚杆数，由于锚杆不可能全部发挥最大作用，放大一定比例，完成锚杆初步布置。

（3）确定好锚杆抗拔刚度后，软件进入非线性抗浮计算，设计师可以根据计算的输出信息进行调整。根据抗拔承载力、沉降结果（三维位移）、防水板配筋等进一步优化，包括锚杆刚度、布置调整、去掉作用不明显的锚杆、对抗拔承载力不足或没有安全储备的地方增加锚杆、对防水板配筋过大的地方增加锚杆等。

（4）通过桩筏（锚杆）的锚杆抗拔承载力输出结果可以看到，柱子荷载影响范围附近的锚杆反力最小，防水板中部的锚杆反力最大，这是由于防水板在支座附近刚度大、变形小，中部刚度小、变形大。所以这种均匀布置锚杆的方式会导致部分锚杆的抗拔作用无法充分发挥，而另一部分锚杆可能有承载力不足的隐患，需要进一步调整。

（5）优化锚杆布置，得到满意结果。可以用有限元进行整体分析计算，反复对比抗拔锚杆承载力的方式进行锚杆布置优化调整。当锚杆在独立基础影响范围之外的防水板中部适当布置时，可以得到一个锚杆受力比较均匀的满意结果，达到安全和经济的目标要求。

实际上，在估算锚杆数量时，由于减去了结构自重，底板中部的锚杆可能需要独自承担全部浮力而导致数量欠缺，还需要综合调整，情况较为复杂，这里就不详细说明了。

实际设计中，还需要根据不同部位的荷载、浮力的不同情况，分区域进行锚杆的设计工作。

另外，考虑到建模计算时确定的锚杆抗拔刚度的准确性问题，建议适当提高锚杆的安全系数。

从理论上说，不管采用"压"还是"拉"的方法抵抗水浮力，水的浮力是均匀作用在底板上的，而结构抗浮力作用都具有不均匀性，并不是在整个地下室底板区域均匀分布的。其中的"误差"需要有经验的设计师，充分利用软件的强大分析功能，认真对待、加以消除。

专题 3.13　"独立基础+防水板"的合理设计问题

天然地基独立基础带防水板的地下室底板设计中，地下室底板和独立基础通常是埋置于同一土层上，常规计算一般是上部结构荷载全部由柱下独立基础承担，而地下室底板（防水板）则是根据其抗浮设计水位的水浮力、自重、活荷载的大小，按一般楼板设计，并未考虑地基土反力，也没有采取其他相关措施。

实际上，在上部荷载作用下，地下室底板与柱下独立基础会一起发生沉降变形而共同受力（当然由于两者的变形差异，会导致内力重分布，最终产生协调变形），导致防水板受到土反力影响，按上述计算方法进行设计，对底板而言是偏于不安全的。

所以也有建议，防水板的设计可以采用上部荷载 20％和浮力两者大值计算。

从精细化设计角度，要想解决这个问题，目前有两种思路和方法。

第一种方法：按照变形协调受力的原理，将防水板与独立基础视为整体，按弹性地基，采用有限元进行受力分析。

以 PKPM 设计软件为例，采用 JCCAD 筏板有限元模块进行设计计算，一般可以先按照普通独立基础的设计方法，得到独立基础的面积和配筋等数据，然后在筏板有限元中按照变厚筏板的方式建模计算和设计。

之所以这样做，主要是考虑独立基础加防水板和真正的筏板还是有较大区别的，因为防水板厚度偏小，所以不论从整体性和整体刚度及受力上都不能等同变厚筏板。上部荷载还是要独立基础为主承担的，要满足独立基础的设计需求。但同时也考虑了防水板承受一定的土反力。按照这个模式设计计算，保证了两者的整体性和协调性。

第二种方法：在独立基础下面正常设置素混凝土垫层，地下室底板（防水板）与土层之间设置软垫。根据不同土质情况，底板下铺聚苯板、焦渣、中粗砂等松散材料做缓冲层，确保使基础反力不传到板上。

软垫层的厚度要通过相关计算确定，目的是使在竖向荷载作用下，独立基础的沉降变形值和防水板的变形值（软垫层压缩量）一致或接近，使防水板不会受到土的反力影响。

同时软垫层应具有一定的承载能力，能承担防水板混凝土浇筑时的重量及其施工荷载，在混凝土达到设计强度前不致产生过大的压缩变形。

聚苯板是目前常用的软垫层材料，同时聚苯板要有一定的强度，能承担基础底板的自重及施工荷载。这种方法的原理就是，先计算独立基础的平均沉降值 S，然后根据软垫层的材料性能指标，计算出压缩变形值不小于 S 的软垫层的厚度 h，按此设置即可，至少要保证 $h \geqslant S$。

这时，底板可以认为是不分担上部荷载，只承受自重、水浮力、活荷、人防荷载等，按普通楼板模式进行设计。

注意，如果是岩石地基，由于此时独基沉降可视为零，防水板下是不需要设置软垫层的。

另外，结构设计中常忽略防水板的水浮力对独立基础的作用问题，当地下水位较高时，基底弯矩设计值偏小，不安全，此时还应考虑防水板承担的水浮力对独立基础弯矩的增大作用。

专题 3.14　抗浮锚杆设计计算案例

（1）计算依据

《地基规范》；《岩土锚杆（索）技术规程》CECS 22—2005；《建筑边坡工程技术规范》GB 50330—2013；《混凝土规范》；《岩土工程勘察报告》；《建筑工程抗浮技术标准》JGJ 476—2019 等。

（2）某地下室的抗浮锚杆计算

1）抗浮锚杆设计参数取值

根据地勘报告，土层与水泥砂浆或水泥结合体的粘结强度标准值依据现行《岩土锚杆（索）技术规程》表 7.5.1-2 选取，建议值如下：

黏土 45kPa，粉砂土 55kPa，沙土 85kPa，强风化泥岩 120kPa，中风化泥岩 190kPa。负二层基底以下均为强风化~中风化粉砂质泥岩。

由于本工程整体抗浮不足，选用锚杆抗浮。

抗浮锚杆须提供抗浮力最小标准值：$46kN/m^2$，按 $2.0m \times 2.0m$ 正方形布置，单根锚杆合力标准值 $F_{min} = 46 \times 2.0 \times 2.0 = 184kN$

抗浮锚杆设计标准值取 185kN。

2）抗浮锚杆钢筋截面面积计算

按《岩土锚杆（索）技术规程》CECS 22—2005 中式（7.4.1）计算：

$$A_s \geqslant K_t N_t / f_{yk} = 1.6 \times 185 \times 1.4 \times 1000 / 400 = 1036mm^2$$

式中　A_s——锚杆杆体的截面面积（mm^2）；

K_t——锚杆杆体的抗拉安全系数,永久锚杆取 1.6;

N_t——锚杆的轴向拉力设计值(N/mm²);

f_{yk}——钢筋强度标准值,三级钢筋抗拉强度标准值为 400N/mm²。

选用 3Φ22(实配面积 1140m²)。

注:抗浮锚杆的钢筋截面面积也可按《建筑工程抗浮技术标准》JGJ 476—2019 中 7.5.6 条要求计算复核。

3)锚固段长度计算

按《岩土锚杆(索)技术规程》CECS 22—2005 中 7.5.1-1、7.5.1-2 式计算:

$$L_a > KN_t/n\pi d\xi f_{ms}\Psi$$
$$= 2.0 \times 185 \times 1.4/(3 \times 3.14 \times 0.022 \times 0.6 \times 2000 \times 0.8) = 2.6m$$
$$L_a > KN_t/\pi D f_{mg}\Psi = 3.14 \times 0.15 \times 120 \times 0.8 = 11.46m$$

式中 K——锚杆锚固体的抗拔安全系数,按永久锚杆选取 2.0;

N_t——锚杆的轴向拉力设计值;

L_a——锚杆锚固段长度;

f_{mg}——锚固段注浆体与地层间的粘结强度标准值;

f_{ms}——锚固段注浆体与筋体间的粘结强度标准值,本次计算取 2MPa;

D——锚杆锚固段的钻孔直径,本次计算取 150mm;

d——钢筋或钢绞线的直径;

ξ——采用 2 根及 2 根以上钢筋或钢绞线时,界面的粘结强度降低系数,取 0.6~0.85,本次计算取 0.6;

Ψ——锚固长度对粘结强度的影响系数,本次计算取 0.8;

n——钢筋或钢绞线根数。

取大值 $L_{总} = 12m$,按《岩土锚杆(索)技术规程》CECS 22—2005 第 7.5.3 条,土层锚杆的锚固长度宜采用 6~12m,故取 12m。

注:锚杆的锚固体长度也可按《建筑工程抗浮技术标准》JGJ 476—2019 中 7.5.4 条要求计算复核。

4)抗浮锚杆计算推荐采用《岩土锚杆(索)技术规程》CECS 22—2005 计算,同时按《建筑工程抗浮技术标准》JGJ 476—2019 中 7.5.5、7.5.7 条复核为宜。

(3)抗浮锚杆锚固体的裂缝控制问题

原则上抗浮锚杆锚固体的裂缝应按《建筑工程抗浮技术标准》JGJ 476—2019 中 7.5.8 条要求进行控制计算。

但按着该标准的 6.5.3 条要求,抗浮设计等级乙级及以上的工程,宜选择预应力抗浮锚杆。按此要求抗浮设计等级为甲级的工程,原则上基本是要考虑预应力抗浮锚杆的。而该标准的 7.5.8-1 条要求,抗浮设计等级为甲级的工程,按不出现裂缝进行设计,锚固体中不应有拉应力产生。

这种情况下考虑裂缝控制时,预应力抗浮锚杆的数量一般会相对较多。此时是否可以根据地下水土对锚杆钢筋体的腐蚀程度来考虑是否进行裂缝控制?

有资料显示,当地下水土对混凝土中钢筋腐蚀性为弱腐蚀或微腐蚀时,钢筋表面的年腐蚀率 0.03~0.04 mm。如果抗浮锚杆设计中,按使用年限计入此增量影响去考虑锚杆截面积，是否可以放宽其裂缝控制？当然前提是要严格做好锚头的防水措施。仅供参考。

专题 3.15　历史最低水位有利作用的利用问题

在基础设计中，历史最低水位有利作用的利用问题始终没有统一标准，而且多数时候是忽略这种有利作用的，即使由于建设方的经济指标限值，也只是对最低水位的有利作用部分的加以考虑。究其原因，一个是出于安全储备考虑，更主要的是很多设计师感到没有规范依据。下面就这个问题讨论如下。

历史最低水位是指在有观测记录或相当长时间内，或建筑结构使用期内的最低水位。性质为永久荷载，起抵消恒荷载、减少桩底反力的作用，用于抗压设计，和抗浮设计无关。历史最低水位是一个绝对值，不是一段期间的平均值。

在基础或地下室的结构设计中，经常会遇到历史最低水位的有利作用能否利用或如何利用的问题。关于这个问题，规范没有明确的说法，因此，不同的设计师会有不同的看法。

尽管规范没有明确说法，但我们还是可以从规范中找出相关的设计依据的。

《荷载规范》中第 3.1.1 条的条文说明：在建筑结构的设计中，有时也会遇到有水压力作用的情况，对水位不变的水压力可按永久荷载考虑，而水位变化的水压力按可变荷载考虑。

《荷载规范》2.1.1 条：永久荷载是指在结构使用期间，其值不随时间变化，或其变化与平均值相比可以忽略不计，或其变化是单调的并能趋于限值的荷载。

从前面描述可以知道，历史最低水位是指在有观测记录或结构使用期内的最低水位。因此可以按永久荷载使用。

《荷载规范》3.2.4-1-2) 条：当永久荷载效应对结构有利时，基本组合的荷载分项系数不应大于 1.0（可以取 1.0）。

由此可知，当历史最低水位的有利作用参与抗压设计时，荷载分项系数可以取 1.0。

PKPM 或 YJK 结构设计软件，在抗浮设计参数中，都有历史最低水位参与组合的选项，在考虑其有利作用时，也没有折减要求，只是按输入的最低水位参与设计。这也从侧面说明历史最低水位的有利作用参与结构基础的抗压设计时，是可以按正常的永久荷载对待的。

上面所述只是对规范的理解讨论，实际设计中，结构设计师在利用最低水位的有利作用进行基础设计或布桩时，从增加安全储备出发，进行一定的折减，只要建设方没有明确提出异议，也是没有问题的。

剪力墙与框剪结构

说明：本篇中涉及的主要规范为《混凝土结构设计规范（2015 年版）》GB 50010—2010（简称《混凝土规范》）《建筑抗震设计规范（2016 年版）》GB 50011—2010（简称《抗规》）《高层建筑混凝土结构技术规程》JGJ 3—2010（简称《高规》）

专题 4.1　剪力墙出现偏拉受力怎么办

《高规》中 7.2.4，抗震设计时（地震组合下），双肢墙不宜出现小偏拉受力，当任一墙肢出现小偏拉受力时（全截面受力），墙肢的弯矩设计值和剪力设计值应乘以增大系数 1.25。

在小偏心受拉情况下，整个截面处在拉应力状态下，混凝土由于抗拉性能很差，将开裂贯通整个截面，所有拉力分别由墙肢腹部竖向分布钢筋和端部钢筋承担。因此，剪力墙一般不可能也不允许发生小偏心受拉破坏。但是对大风压地区、地震烈度较高地区的高层剪力墙住宅，特别是底层墙体经常会遇到这个问题，多数设计师对此问题的处理都会感到有所困惑，或者仅仅做了初步的处理，也有少数听之任之不做处理。

当计算结果显示剪力墙出现偏拉时，建议按如下程序处理：

双肢剪力墙出现 PL 标识时（XPL、DPL、PL），查看构件信息，如果是地震组合控制产生的，若是双肢墙，应回到前处理菜单去定义双肢墙，以便程序做内力调整，放大 1.25 配筋。

如果双肢墙的 PL 是由风荷载组合产生的，按规范要求不必处理，直接按计算结果配筋即可。

如果是非双肢墙，出现 PL 受力，一般按计算结果直接配筋也是可以的。但需要验算边缘构件在此组合下是否属于小偏拉（全截面受拉），是否需要调整。

另外，还要避免底部加强区的任何墙肢出现地震组合下的小偏拉受力情况。

还有一种情况，就是大风压地区，高层剪力墙住宅底部墙肢也会出现全截面受拉（小偏拉），规范对双肢墙以外的墙肢还没有具体规定，这种情况要不要处理、怎么处理？

这种情况建议要区别对待。具体思路是，可以在计算结果配筋图中找到标有 PL 的构件，通过软件的构件信息（构件搜索）功能，查到 PL 构件的内力信息（荷载工况），找到最大拉力值，然后按荷载标准组合将恒载、活载、风荷载、地震作用等各工况组合，取其最不利结果，按《混凝土规范》7.1.1-2 计算墙肢混凝土截面的法向应力，当其大于混凝土轴心抗拉强度标准值时，可以认为混凝土会开裂，而混凝土开裂后将无法承担水平地震剪力，在水平荷载作用下破坏，丧失承载力。如果出现这种情况时，PL 的墙肢应进行加强处理。

目前常用的计算软件如 YJK、PKPM，能够判断墙肢受拉、甚至是大、小偏拉，但还不能判断在拉力作用下，墙肢是否开裂，从而丧失抗剪承载力。

所以，建议设计师对受拉墙肢按上述方法进行人工计算复核，如果没有达到使墙肢混凝土产生裂缝的状态，双肢墙按《高规》7.2.4 条提高相应墙肢抗拉承载力即可，其他墙肢则不必处理；如果确认墙肢混凝土出现贯通裂缝，只是乘以增大系数 1.25 已经不能满足承载要求了，就需要通过增大截面、提高混凝土强度等级、提高纵筋配筋率等方法提高墙肢抗剪承载力，或者调整结构布置方案，调整墙肢布置和尺寸，以满足承载力要求。

专题4.2 剪力墙轴压比的超限复核及处理

《高规》中 7.2.13 条规定了普通剪力墙的轴压比的限值。《高规》7.2.2.2 条规定了短肢剪力墙轴压比的限值。

剪力墙轴压比是指重力荷载代表值作用下墙肢承受的轴压力设计值与墙肢的全截面面积和混凝土轴心抗压强度设计值乘积之比。

根据《抗规》中 5.1.3，建筑的重力荷载代表值应取结构和构配件自重标准值和各可变荷载组合值之和。各可变荷载的组合值系数，应按表 5.1.3 采用。

概念理解：剪力墙轴压比中的重力荷载代表值，根据《抗规》表 5.1.3，就是恒载＋0.5×活载。

重力荷载代表值作用下墙肢承受的轴向压力设计值即 1.2×（恒＋0.5×活）。再除以墙肢的全截面面积和混凝土轴心抗压强度设计值，就是剪力墙的轴压比。

使用任何软件时，当剪力墙的轴压比显红时，设计师都可以自己去校核，校核的目标一个是荷载，一个是面积。

以 PKPM 软件为例，剪力墙有"轴压比"和"组合轴压比"两种方式表示。从计算的数值上看，对于用"轴压比"计算显红的墙肢，用"组合轴压比"计算后，数值会降低，其他墙肢的数值一般会有增大。主要是后者是按照墙肢的"组合截面"面积计算的结果，荷载分布更合理了。

因此，一般情况下，如果"轴压比"显红时，就用"组合轴压比"试算下，很多就通过了。

如果想要进一步知道确切的信息，可以到"构件信息"中，点击"墙柱"，然后点击要查询的墙肢，即可看到对应于"轴压比"和"组合轴压比"时候的荷载、面积等信息，根据需要自己手工复核即可。

在剪力墙轴压比的计算问题上，不同软件、同一个软件的不同版本，程序都还存在一些问题，很多时候需要人工判断。

比如，带小"翼缘"的 L 形短肢墙，因小"翼缘"长度不满足翼缘最小尺寸要求，按规范要求属于一字形短肢墙，轴压比应再降低。但目前软件仍按短肢墙控制。

对于 Z 字形或工字形类墙肢，即使各段墙肢都为短肢墙，但软件中对中部竖向的墙肢却仍按普通墙肢控制。

端柱输入的时候是按照柱子输入的还是按墙输入的，程序对轴压比的判断也是不同的，还会影响组合轴压比的计算。

还有的虽然整体墙肢不是短肢墙，但是软件却把转角的小墙肢单独认定为短肢墙。

所以，很多时候剪力墙轴压比超限时，通过设计师的干预和具体分辨，是不需要调整的。

另外，对肢长不是很大的非一字形剪力墙来说，如果短方向的墙肢超了轴压比，也可以按照全截面计算复核，基本都会满足轴压比要求。

剪力墙的轴压比超限时，如果计算上无法排除、无法解决，就只有调整设计了，常用的方法如下：

增加墙厚、增加混凝土强度等级、墙内埋设型钢、改变洞口位置使得墙肢长度增加、减小洞口的宽度、在垂直墙肢的方向增加一个小的墙肢等。

另外，要降低某个墙肢的轴压比，也可以加大这个墙肢周围的其他剪力墙墙肢长度或者厚度，最好是相同方向的墙肢，效果也不错。

总之，剪力墙墙肢轴压比超限，需要综合判断处理，不应简单对待。

专题 4.3　和《高规》7.2.16 条有关的两个问题

（1）SATWE 总信息中"执行《高规》7.2.16-4 条"这个参数不能随便勾选。

《高规》中 7.2.16-4 条款是针对连体结构、错层结构等复杂结构的。勾选此项时，程序一律按照《高规》7.2.16-4 条控制构造边缘构件的最小配筋，也就是在边缘构件最小配筋量的基础上，再增加 $0.001A_c$。

以三级剪力墙构造边缘构件为例，如果勾选此项后，纵筋的构造最小配筋量就变成 $0.006A_c + 0.001A_c = 0.007A_c$ 了，按规范应该是 $0.006A_c$。

剪力墙构造边缘构件的纵筋是在计算值和构造最小值之间取大值。如果计算结果小于 $0.006A_c$ 或大于 $0.007A_c$，实际配筋会按 $0.006A_c$ 或计算值进行，没有影响。但是如果计算结果介于 $0.006 \sim 0.007A_c$ 之间时，墙配筋信息中就会显示为"0"，即构造配筋，按表 7.2.16 的 $0.006A_c$ 配筋，而此时应按计算值配筋。

（2）对于剪力墙结构，当地下室顶板嵌固时，地下一层部分剪力墙肢端边缘构件纵筋面积，按照《高规》中 12.2.1-4 和《抗规》中 6.1.14-4 条要求，不小于上层相应配筋即可。这时端柱也是剪力墙的一部分，是边缘构件的一种，其纵筋是否也执行这个标准？还是应满足《抗规》6.1.14-3 条中对框架柱 1.1 倍的要求？

根据《高规》7.2.16-2 条、《抗规》6.4.5 小注的要求，剪力墙端部为端柱，承受集中荷载时，端柱中纵向钢筋及箍筋应按框架柱的相应要求配置。而端柱在多数情况下，其上部都会有楼面梁搭接，所以其地下一层部分的纵筋应该也要满足框架柱的 1.1 倍的要求。而剪力墙和其他边缘构件配筋无须提高。设计者应注意区别对待。

专题 4.4 剪力墙布置优化要点归纳

（1）剪力墙尽量不要开洞，因为开洞后，洞口两侧就要设边缘构件、上边要设连梁；尽量使用 L 墙，减少 T 墙，T 墙会明显增加边缘构件配筋量。

（2）不一定每个开间布置剪力墙，可以小开间处隔开间布置墙体。4～6m 或 6～8m 相对合理些；尽量用长墙，但不宜超过 6m，避免单纯为减小刚度把长墙开洞。

（3）控制好剪力墙长度，使其尽量不成为短肢剪力墙。建议的最优化长度为其宽度的 8 倍+100mm。

（4）约束边缘构件的配筋占比例很大，可以通过轴压比控制，尽量少设置约束边缘构件。尽量减少较短墙肢数量，适当加长墙肢长度，使得轴压比控制在构造边缘构件范围，会大大减少竖向构件钢筋量。

（5）刚度不足时尽量增加墙体长度和调整位置，尽量不增加墙体数量和厚度。因为增加墙体长度，对刚度影响更明显，仅增加了墙体配筋量。如果增加墙体数量和厚度，既增加了墙体配筋量又增加了边缘构件数量，且对刚度影响也不如前者。

（6）对边缘构件纵筋间距，可以根据不同抗震等级和位置分别选用 100～250mm 的间距，不必统一用 150mm，这样既可以减少纵筋又可以减少箍筋用量。

（7）对计算配筋，应对增加钢筋直径和增加钢筋根数进行比较，采用配筋量较少的方式。

（8）边缘构件配筋尽量采用规范规定值，如三级剪力墙底部加强区的边缘构件可用⏀6@150，其他部位采用⏀6@200。此时注意对独立边缘构件外圈大箍筋应同时满足墙体配筋要求，可将外圈大箍筋单独标出⏀8@150 或⏀8@200。当墙为构造配筋时可采用小直径三级钢⏀8@150 或⏀8@200。

（9）结构布置中，剪力墙尽可能设置有效翼缘；强周边、弱中部，外侧多布墙、内部减少布墙。减少一字墙肢。电梯间附近可以布置成筒状，增大抗侧力。

（10）最大层间位移角 1/1100～1/1000 之间为宜，以此判断结构整体刚度；位移比不宜大于 1.2，周期比不大于 0.9。轴压比控制墙肢长度和混凝土强度等级。

（11）剪力墙截面高度与厚度之比为 5～8，但两侧有跨高比不大于 2.5 的连梁，不需要按短肢墙设计。

（12）各剪力墙墙肢的轴压比宜基本接近并尽量靠近相应结构抗震等级轴压比限值，如此可避免通过连梁或框架来调整各墙肢的轴向变形差，使梁配筋增大，甚至配筋困难，且可减少剪力墙的布置及结构自重。

（13）尽量减少剪力墙数量，不宜过密，造成浪费，也不宜过远，发挥不到作用。间距取 6m 左右为宜。

（14）周期位移比不满足要求时，可采取以下措施：首先加强周边墙的长度和加大这部分的梁高变成连梁；减少减小中部墙；找出位移最大值点，根据此点调整墙肢；住宅的剪力墙结构，折减系数应取 0.95～1.0。

（15）楼层层间位移角的调整应重点关注剪重比。当某一方向（X 向或 Y 向）层间位移不满足规范要求，不应一味地增加该向的侧向刚度。若此时结构的剪重比偏小或与规范限值接近则可行。若剪重比已经较大，应减小对应一侧的结构刚度，使其剪重比减小，地震作用减小，同样可以达到较好的结果。

（16）剪力墙侧向位移角限值取 1/1000，这个是包括无害位移在内的，当其中的有害位移小于层间位移值的 50% 时，层间位移角限值可放宽至 1/900~1/800，剪力墙墙肢长度及数量可相应减少。

（17）从优化角度，建议内墙厚度不宜大于 200mm，混凝土强度等级应合理选取，建议 1~7 层用 C50，8~14 层用 C45，15~20 层用 C40，21 层以上用 C30，梁板均为 C25，三级钢，使得轴压比容易满足要求，减少自重，保证楼层间承载力、刚度不突变。

（18）第一、二振型的平动系数应尽可能接近 1，扭转系数接近 0，第三振型的平动系数应尽可能接近 0，扭转系数接近 1。原则是加强结构外圈，或者削弱内筒。

（19）剪力墙下部承载力比上部大，无论从单层来看，还是以整栋建筑物来看，剪力墙优化均可采用"下厚上薄"的方式进行。

（20）约束边缘构件的配筋优化：按轴压比合理选取配箍特征值；箍筋直径合理搭配；箍筋选用高强钢筋；采用焊接箍筋；尽量用拉筋；计算中计入箍筋重叠面积；墙水平筋计入箍筋面积等。

（21）除了一级外，控制剪力墙在垂直重力荷载作用下的平均轴压比为 0.5 左右。

（22）高层剪力墙地下室顶板嵌固时，负一层把首层边缘构件纵筋延伸下来，箍筋可以放宽。地下室二层可降低一级抗震计算，同时边缘构件均为构造边缘构件。

（23）高层剪力墙结构，建议采取加长剪力墙或提高混凝土强度等级来增加结构的刚度和竖向荷载承载力。剪力墙厚度一般满足平面外稳定即可。

专题 4.5　梁端垂直剪力墙或主梁时如何锚固

抗震区，楼面梁上部水平受拉钢筋在端支座处锚入垂直相交的墙、柱或梁的锚固长度根据《混凝土规范》及《高规》要求，直锚时锚固长度为 L_{abE}；90°弯折锚固时应满足 $0.4L_{abE}+15d$。实际设计中，楼面梁和支座垂直相交时基本无法满足直锚要求，即使 $0.4L_{abE}+15d$ 的锚固要求有时也是难以满足。

楼面梁与剪力墙或梁垂直相交时，多数塔楼的内墙都是 200mm 宽，梁受拉钢筋如何满足 $0.4L_{ab}(L_{abE})$ 水平直锚段要求？采取哪些处理措施合理？

例如，三级抗震，混凝土 C30，假设梁上部受拉钢筋为Φ14，剪力墙宽 200mm。

根据《混凝土规范》第 8.3.1 条式（8.3.1-1），受拉钢筋基本锚固长度 $L_{ab}=\alpha f_y/f_t=0.14\times360\times14/1.43=493.4mm$，其中 α 为锚固钢筋的外形系数，f_y 为钢筋抗拉强度设计值，f_t 为混凝土轴心抗拉强度设计值。则 $0.4L_{abE}=0.4\times1.05\times493.4=207mm$，不满足受拉钢筋水平直段足锚固要求。

此时，除了增加壁柱或墙体厚度或取 $d=12mm$ 钢筋外，还可以考虑采取水平钢筋伸入楼板内，或者在纵筋弯折点附加横筋，贴着根部加焊小段钢筋以增大握裹力，或者纵筋下弯呈 45°外斜等措施改善锚固性能。

图 4.5-1(a) 中是支座墙或梁的另一侧有楼板时，把上部受拉钢筋伸入楼板中锚固 L_{ab}。

图 4.5-1(b) 中是支座墙或梁的另一侧没有楼板时，在纵筋弯折点附加横筋，贴着根部加焊小段钢筋以增大握裹力。

也有建议采用墙顶增加暗梁或梁加腋的方法处理，根据具体情况加以考虑。

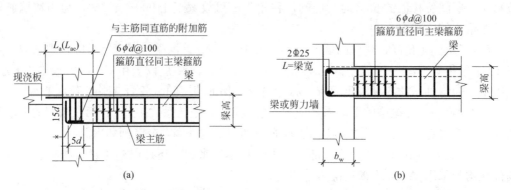

图 4.5-1 梁钢筋锚固详图

（a）用于梁主筋水平段不满足 $0.4L_{abE}$ 的情况；（b）用于梁主筋水平不满足 $0.4L_{abE}$ 的情况

专题 4.6 剪力墙墙体钢筋实配案例详解

配筋简图见图 4.6-1。水平墙的构件信息：$B \times H = 0.2\text{m} \times 1.65\text{m}$，水平分布筋间距为 200，三级钢筋。

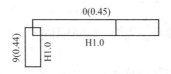

图 4.6-1 配筋简图

墙竖向分布筋按输入配筋率，水平配筋按输入的钢筋间距根据计算结果选筋。剪力墙竖向和水平分布钢筋的配筋率，一、二、三级时均不应小于 0.25%，四级和非抗震设计时均不应小于 0.20%，最小配筋率是指全截面配筋率。

剪力墙显示"0"是指边缘构件不需要配筋且不考虑构造配筋（此时按照《高规》表 7.2.16 来配），当墙柱长小于 3 倍的墙厚或一字形墙截面高度不大于 800mm 时，按柱配筋，此时表示柱对称配筋计算的单边的钢筋面积。

水平钢筋：H1.0 是指 S_{wh} 范围内双侧的水平分布筋面积（cm²），S_{wh} 范围指的就是 Satwe 参数中的墙水平分布筋间距 200mm。配Φ8@200。

还可以先换算成 1m 内的配筋值，输入的间距是 200mm，$1.0 \times 100 \times 1000/200 = 500\text{mm}^2$，再除以 2 就是单侧 250mm²，配Φ8@200。

最小配筋率复核：最小配筋率为排数×钢筋面积/墙厚度×钢筋间距，$2 \times 50.24/(200 \times 200) = 0.251\%$，或者 $251 \times 2/(200 \times 1000) = 0.251\%$，满足要求。

竖向钢筋：$1000 \times 200 \times 0.25\% = 500\text{mm}^2$，也是指双侧，除以 2 就是 250mm²，Φ8@200，《抗规》要求竖向钢筋直径不宜小于 10，实配选Φ10@200。

Satwe 参数中的竖向配筋率是根据工程需要调整的，当边缘构件配筋过大时，可提高竖向配筋率。但是在模型中应该对应的提高剪力墙的配筋率。

地下室混凝土外墙配筋：例如计算结果为 H1.4-1，7，前面的 1.4 为水平分布筋间距内的水平钢筋面积，140/2＝70mm，可选Φ10@200；后面的 17 为每米范围内双排竖向分布筋面积，1700/2＝850mm，可选Φ16@200。

专题 4.7 你要知道的边缘构件配筋规则

《高规》中 7.2.15 条，约束边缘构件阴影部分的竖向钢筋，除应满足承载力的计算要求外，还应满足最小配筋率和构造要求。

《高规》7.2.16 条，构造边缘构件的竖向钢筋，除应满足承载力的计算要求外，还应满足最小配筋率和构造要求。箍筋应满足规范的构造要求。

边缘构件的计算值一般是看配筋简图和边缘构件的计算结果。构造主要包括钢筋的直径、间距及分布要求。

配筋很大的边缘构件可以采用组合墙进行配筋验算，以减小配筋，因为配筋简图中的配筋是按单片剪力墙分别计算的，组合墙计算原理类似于异形柱，受力更接近于实际情况。

配筋简图中的结果是针对各单片墙列出，是中间计算结果，制图时需要设计师把具体的和边缘构件有关的计算值及构造值相加处理。边缘构件图中提供的计算值是把各单片墙的端部纵筋叠加并考虑了构造配筋率之后的最终结果。可以在补充验算中的边缘构件查改项目去复核这个结果。

对短肢墙、复杂结构还有其他要求。

配筋简图中上部如果显示"0"，表示按构造配筋，显示"数值"，按计算值配筋，表示的是墙肢一端的构件配筋值。不同类型的边缘构件，竖向配筋的组合见图 4.7-1。

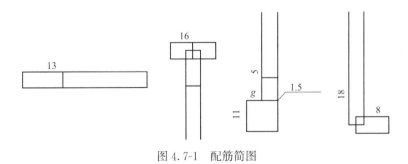

图 4.7-1　配筋简图

（1）暗柱（一字形）：直段墙肢的端部主筋计算值就是该边缘构件的配筋值。此时边缘构件的配筋为：13 cm^2。

（2）翼墙（T 字形）：腹板直段墙肢的端部主筋计算值就是该边缘构件的配筋值。此时边缘构件的配筋为：16 cm^2。

（3）带端柱时：直段墙肢端部计算主筋值和端柱计算主筋值之和就是边缘构件的最终配筋值。此时边缘构件的配筋为：5＋2×（9＋11）－2×1.5

（4）转角墙：两个直段墙肢端部计算主筋值之和就是该边缘构件的配筋值。

此时边缘构件的配筋为：$18+8=26$ cm^2。

上面是规范中指定的四种标准的边缘构件，还有一些需要设计者单独定义的边缘构件就不赘述了，也是按如上规则设计。

专题 4.8　边缘构件的三种计算值的关系

在 SATWE 软件中，剪力墙边缘构件配筋信息有 3 种查看方式，下面以某高层第七层的一段剪力墙为例进行说明，图 4.8-1 是该段墙肢在 SATWE 中的三种查看方式的计算结果简图。

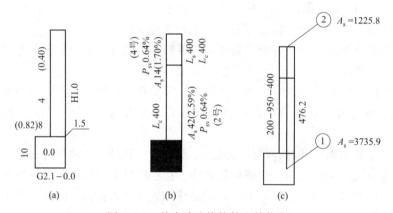

图 4.8-1　剪力墙边缘构件配筋信息

第一种方式是在 SATWE 分析结果的配筋项中查询，结果见图 4.8-1（a）。得到墙肢上端暗柱的计算配筋面积应为 $A_s=400+（400-200）\times200\times0.5\%=600$mm^2。其下部边缘构件计算配筋面积为 $A_s=（1000+800）\times2+600=4200$mm^2。

第二种方式是在 SATWE 分析结果的边缘构件项中查询，结果见图 4.8-1（b）。得到墙肢上端暗柱的计算配筋面积应为 $A_s=1400$mm^2，下部边缘构件的计算配筋面积为 $A_s=4200$mm^2。

前两种方式计算结果基本是一致的（本案例中第一种方式的墙肢上端暗柱配筋面积偏小）。

第三种方式是在 SATWE 分析的补充验算的组合墙配筋结果中查询，见图 4.8-1（c）。

墙肢上端边缘构件的计算配筋值为 $A_s=1225.8$mm^2，下部的边缘构件的配筋值为 $A_s=3735.9$mm^2。比前两种计算结果略小。

目前软件在前两种计算方式中采用的是先把各种形状的墙肢分解成数个直线的墙肢，然后按偏心构件计算配筋，得到的是各个直线墙段的单个端柱的配筋值。计算结果简图 4.8-1（a）中是中间结果，制图时需要设计师把具体的和边缘构件有关的计算值及构造值进行相加处理。边缘构件图 4.8-1（b）中提供的计算值是包含构造和计算两方面要求的最终结果。前两种表达方式总体上偏于保守。

第三种方式采用组合墙的计算结果，整个构件按双偏压进行计算，更接近实际受力情况。

实际设计中，建议以前两种计算结果进行构件设计为宜，对配筋过大或异常的情况，再采用第三种组合墙配筋进行验算修正。

专题 4.9 一般超限高层的部分加强措施介绍

以结构抗震性能目标为 D 级，关键构件的性能目标为 C 级的超限高层为例，设计中常采用的部分加强措施建议如下。

（1）塔楼的竖向构件加强措施

出现小偏心受拉的剪力墙，抗震等级提高一级，已经是特一级的构件，竖向分布筋配筋率提高至 0.5%。

施工图设计中将约束边缘构件在规范要求的基础上向上延伸一层，并至少取到地下室顶板或裙房屋面的上两层。

核心筒的角部边缘构件，全楼上下设置约束边缘构件。

塔楼底部加强区的剪力墙水平分布筋和框架柱的箍筋按大震抗剪不屈服、中震弹性及小震的包络值进行配筋设计。塔楼底部加强区的剪力墙竖向钢筋和框架柱的纵筋按中震不屈服及小震的包络值进行配筋设计。

裙房屋面以上两层的核心筒剪力墙抗震等级提高一级，裙房屋面上下两层的框架柱抗震等级提高一级。

有斜柱时全高范围按照中震弹性和小震的包络值进行设计。

（2）核心筒之间楼板开洞的加强措施

对双核心筒之间的楼板开洞，洞口周边一至二跨的楼板至少取 130mm 厚，双层双向配筋，最小配筋率为 0.3%。

双核心筒之间的框架梁按中震弹性和小震的包络值进行配筋。

双核心筒之间的框架梁在大震下两端选交接并复核梁下部钢筋，保证大震下的竖向承载力。

（3）角部框架的加强措施

角部框架柱之间的板厚至少取 150mm，相邻角部楼板的板厚至少取 130mm，双层双向配筋，最小配筋率为 0.3%。且在框架柱之间增加斜向暗梁。

角部框架梁按中震弹性和小震的包络值进行配筋，满足中震弹性的性能水准，梁的腰筋配筋率加强至 0.2%。

（4）楼板加强的措施

裙房屋面处为整个结构竖向尺寸收进处，其板厚至少取 150mm，双层双向配筋，最小配筋率为 0.25%。

裙房屋面上下两层楼板板厚至少取 130mm，双层双向配筋，最小配筋率为 0.25%。

（5）斜柱的加强措施

斜柱及斜柱下框架柱按小震和中震弹性包络值进行设计。

对斜柱框架梁按拉弯构件进行设计，框架梁产生的轴力全部由梁腰筋承担，并按有楼板和无楼板两种情况的包络结果进行配筋。

与斜柱相关的楼板要双层双向配筋，最小配筋率为 0.25%。

以上措施，仅供参考。

专题 4.10 剪力墙边缘构件的合理配筋举例

图 4.10-1 是某高层剪力墙结构住宅的约束边缘构件的实际配筋设计施工图纸，抗震等级为二级，竖向钢筋由配筋率控制。

绘制这三个墙肢构件配筋图时，每个墙肢构件都应细分为边缘构件和墙肢分别配筋设计，但细分后相邻的边缘构件距离比较近，设计师把它们合并成一个大的边缘构件进行整体设计。这种设计制图方式在实际结构设计图纸中非常多见。

这样设计制图是非常不合理的。《高规》中 7.2.15-2 条：剪力墙约束边缘构件阴影部分的竖向钢筋除应满足正截面承载力计算要求外，其配筋率一、二、三级时分别不应小于 1.2%、1.0%、1.0%。边缘构件竖向钢筋由配筋率控制时，二级配筋率为 1.0%，边缘构件的面积越大，配筋增加越多。

图 4.10-2 中对这三个墙肢构件进行了细分设计，阴影区部分是边缘构件，空白区域按墙肢设计。每个大的墙肢构件，分成了两个小边缘构件和一小段墙肢，满足《高规》要求。这样划分后，每个大墙肢构件中间部分形成了 200mm 宽的墙肢，可以按照普通墙体设计配筋，配筋率为 0.25%。

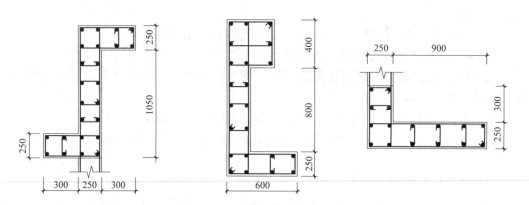

图 4.10-1 边缘构件示意图（一）

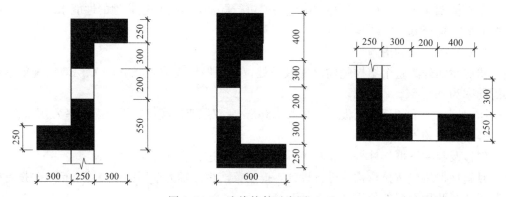

图 4.10-2 边缘构件示意图（二）

根据《高规》7.2.18 条，剪力墙水平和竖向钢筋的间距不宜大于 300mm 的要求，这小段墙肢仅 200mm 宽，不必额外设置竖向钢筋，每个大构件的竖向配筋会减少 $250 \times 200 \times 1.0\% = 500mm^2$ 钢筋用量。

构造边缘构件也是同样的道理，虽然构造边缘构件的配筋率没有约束边缘构件这么大，但是也都大于墙体配筋率的一倍以上，而且构造边缘构件的数量更多。

实际设计应减少随意性，尽量使设计图纸更加合理。

专题 4.11　剪力墙沿竖向楼层厚度的合理取值问题

剪力墙沿竖向楼层的厚度取值，原则是在满足稳定性和构造要求、同时又不会过多削弱结构刚度的前提下尽量取较小厚度，满足安全经济的目的。

规范关于剪力墙厚度的规定：一、二级剪力墙厚度在底部加强部位不应小于 200mm，其他部位不应小于 160mm，一字形剪力墙厚度相应增加 20mm；三、四级剪力墙厚度不应小于 160mm，一字形剪力墙底部加强区厚度不应小于 180mm。根据规范，除了底部加强区外，剪力墙厚度 160mm、180mm、200mm 都是允许的。

在实际设计中，30 层以下的高层剪力墙住宅，除了底部加强区和下部楼层外，内墙厚度基本都是取 200mm。小高层剪力墙住宅，内外墙体厚度取值基本 200mm 厚。存在较大的不合理。

剪力墙结构由于墙体数量多、刚度大、自重大，地震作用大。在实际设计中剪力墙的轴压比普遍较低，特别是中上部楼层剪力墙轴压比要比规范限值低很多，多数是构造配筋，没有发挥剪力墙的承载能力，合理减小剪力墙厚度是可行的。

剪力墙结构的抗侧刚度（混凝土弹性模量和惯性矩乘积 EI）和剪力墙长度三次方成正比，和其厚度成正比。墙体厚度对刚度的影响远小于长度的影响。在满足稳定性和构造要求的前提下合理减小墙的厚度，既能有效、明显地减少材料用量，又不会过多削弱结构刚度，理论上可行。

规范规定剪力墙竖向和水平分布钢筋的配筋率，一、二、三级时均不应小于 0.25%，四级和非抗震设计时均不应小于 0.20%。多数情况下，剪力墙配筋都是按规范规定的最小配筋率构造配筋，包括竖向分布筋和水平向分布筋。控制剪力墙厚度，可以有效控制剪力墙钢筋用量。

墙厚度减小会涉及梁的宽度问题。梁宽不宜小于 200mm 是对框架梁的规定，剪力墙结构中的梁是"伪框架梁"，只要钢筋摆放合理，是不必受此限制的。设计时应注意连梁钢筋要尽量采用小直径或放两排，至少多数内墙厚度取 180mm 是没问题的。

墙厚度减小会涉及填充墙厚度。随着新型砌体的发展，其尺寸也更加多样了，有厚度为 160mm、180mm、190mm、200mm 等多种尺寸来满足结构需求，180mm 厚填充墙毫无问题。

关于结构计算中的位移角、位移比、周期比等指标，取一个实际工程为例，对比内墙为 200mm 和 180mm 厚时两者的变化情况。

某项目为 25 层剪力墙住宅，底部 6 层以下和外墙为 250mm 厚，6 层以上内墙厚度为 200mm，地震烈度为 6 度区。

表 4.11-1 是 8 层以上内墙厚度在混凝土强度等级不变的前提下，分别取为 200mm 和 180mm 厚时计算指标的对比情况。

墙体指标对比表　　　　　　　　　　　　　　　　表 4.11-1

整体指标	8 层以上内墙 200mm 厚	8 层以上内墙 180mm 厚
8 层的主要墙肢轴压比	0.33~0.54	0.36~0.58
X 向层间最大位移角	1/1231	1/1261
Y 向层间最大位移角	1/1309	1/1341
X 向层间最大位移比	1.30	1.33
Y 向层间最大位移比	1.37	1.39
X(Y)向第一周期	2.8106(3.4025)	2.8224(3.4295)
周期比	0.826	0.823

两者几乎并没有太大变化，满足规范要求。

从上面的分析可以看出，对地震烈度不是很高的地区的剪力墙结构，即满足规范的稳定性、最小厚度、轴压比、施工、材料、构造要求，同时满足计算指标要求时，特别是上部楼层，剪力墙厚度按 180mm 进行设计，多数情况下是可以实现的，带来的好处是多方面的。

专题 4.12　剪力墙的轴压比和布墙率的关系

《高规》中 7.2.13 条，剪力墙墙肢的轴压比是指重力荷载代表值作用下墙肢承受的轴压力设计值与墙肢的全截面面积和混凝土轴心抗压强度设计值乘积之比。

剪力墙住宅的布墙率是指剪力墙投影面积之和（A_c）与本层结构面积的比值（A）。它是一个引进概念，规范中并没有提及。

剪力墙的布墙率$=A_c/A$。

剪力墙轴压比$=$重力荷载代表值设计值$/f_cA_c=nA\times$层单位面积重力荷载设计值$/f_cA_c$，剪力墙轴压比$=nAN\times1.4/f_cA_c$（1）。

n 为楼层所在的层数，N 为估算的楼层单位面积重力荷载代表值（剪力墙地上部分荷重估算值一般可取 $13\sim16\mathrm{kN/m^2}$，正常可取 $15\ \mathrm{kN/m^2}$），1.4 是恒载和活载的分项系数平均值（1.3+1.5）/2，f_c 为混凝土轴心抗压强度设计值。

由（1）得到布墙率$=A_c/A=nN\times1.4/$（$f_c\times$轴压比）（2）。

下面就举例说明如何通过轴压比来确定布墙率。

某 30 层剪力墙结构的轴压比限值为 0.6，混凝土为 C40。底层对应轴压比值的布墙率$=A_c/A>30\times15\times1.4/$（$19.1\times10^3\times0.6$）$=5.5\%$，即底层所有墙肢轴压比为 0.6 时，布墙率为 5.5%。

实际设计中不可能所有墙肢轴压比同时达到 0.6，布墙率为 5.5% 只是一个理论布墙率。设计中建议按 90% 控制，即实际墙肢轴压比取 0.54，对应的布墙率是 6.11%，这个值可以视为实际布墙率。布墙率还可设置一个最高限值，视为最大布墙率，建议取对应于 85% 的轴压比限值时的布墙率 6.47%。计算结果见表 4.12-1。

三种布墙率及其对应的轴压比　　　　　　　　　　　　表 4.12-1

布墙率限值	布墙率	轴压比
理论布墙率	5.5%	0.6(轴压比最大值)
实际布墙率	6.11%	0.54(0.6×90%)
最大布墙率	6.47%	0.51(0.6×85%)

实际设计中，不会只计算底层的布墙率，需要分段计算。

具体应用时，比如一片 0.25m×2.4m 墙肢，如果结构本层的实际布墙率确定为 6.11%，0.25m×2.4m 这个墙肢承受满足这个布墙率要求的受荷面积范围是 $0.25×2.4/6.11\%=9.82m^2$。如果墙体位置合理，按这个面积范围要求布墙，从布墙率的指标讲，会得到一个合理的剪力墙布置结果。布墙率对剪力墙布置具有明确的指导意义。

表 4.12-2 是笔者计算的 30 层剪力墙住宅在不同楼层处对应不同混凝土强度和不同地震烈度时的实际布墙率、理论布墙率和最大布墙率。设计师根据项目实际情况，可以自行对比分析调整。

三种布墙率计算值　　　　　　　　　　　　　　表 4.12-2

结构楼层分段		1～5 层,C50	6～13 层,C45	14～20 层,C40	21～30 层,C30
理论布墙率	6 度区	4.55%	4.15%	3.12%	2.45%
	7 度区	4.55%	4.15%	3.12%	2.45%
	8 度区	5.45%	4.98%	3.74%	2.94%
实际布墙率	6 度区	5.05%	4.61%	3.46%	2.72%
	7 度区	5.05%	4.61%	3.46%	2.72%
	8 度区	6.06%	5.53%	4.15%	3.26%
最大布墙率	6 度区	5.35%	4.88%	3.66%	2.89%
	7 度区	5.35%	4.88%	3.66%	2.89%
	8 度区	6.42%	5.85%	4.40%	3.46%

在总体指标合理的情况下，实际布墙率越接近理论布墙率就越经济。

从这个表格的数据可以看出，虽然上部楼层的混凝土等级已经下调了，但是仍然有较大的调整空间，这需要设计中结合墙体厚度等再调整。

可以算出不同混凝土强度、不同层数、不同墙体厚度、不同竖向分区时的楼层剪力墙的上述三种布墙率。实际结构在宏观控制指标满足规范的前提下，主要楼层能达到实际布墙率或接近理论布墙率是结构的剪力墙布置经济合理的必要条件。

利用布墙率初步布置剪力墙时，建议优先按计算的指标要求布置上部墙体，下层墙体建议按逐步增加混凝土强度、厚度顺序调整，使各个楼层基本满足各层处指标的要求。精细设计时还要根据计算的楼层实际荷载，反代回来进行复核调整等，有很多工作要落实，才能得到合理的剪力墙布置。

专题 4.13　住宅剪力墙的平面合理布置讨论

在剪力墙结构的高层住宅中，墙柱、梁、板的材料用量一般存在以下分布规律，高层剪力墙住宅建筑标准层单位面积含钢量中，剪力墙墙身用钢量约占 50%～65%，梁板用钢量约占 35%～50%。混凝土用量墙身约占 47%～57%。墙身重量占比约为 46%～

56%，梁板重量占比为44%～54%（该统计数据为6度抗震设防区的数据）。剪力墙布置的是否合理关系到整个结构的安全性和经济指标。

剪力墙结构计算一般采用电算，其墙体布置的位置、数量不像框架结构在方案阶段就可以定量和明确，墙体布置的合理与否需要反复验算，验算的内容不是一个单一指标，包括剪重比、层间位移、轴压比，涉及墙肢位置、长度、厚度和混凝土强度等多个因素的影响。剪力墙结构设计中的合理布置是一个复杂的过程。

实际布置剪力墙时，满足规范是基本要求，是否经济需要不断优化。下面从5个方面对影响剪力墙合理布置的关键因素和方法进行讨论。

（1）合理的剪力墙结构布墙率要求剪力墙不能过少，导致不足以抵抗荷载作用。同时要求剪力墙不能过多，导致结构刚度太大，吸收地震作用过大，对抗震不利，造价上升，结构不合理。主要量化指标是层间位移角。

在调整剪力墙布墙率过程中，不是单纯增加或减少剪力墙数量就可以得到理想结构的，它还和剪力墙的所处位置有关，结构的刚度分布也要合理。

（2）合理有序调整剪力墙结构的刚度。第一步是确定结构的整体刚度，第二步是调整结构的刚度分布、协调结构构件之间的相对刚度。最终找到合理的结构刚度及其刚度配置。这是结构刚度优化的正确方法和思路，其主要量化指标是结构周期比、位移比等。

抗侧力构件对结构抗扭刚度的贡献与其距结构刚心的距离是成正比关系，结构外围的抗侧力构件对结构的抗扭刚度贡献最大，是刚度调整的重要原则。

从刚度角度出发，相同截面剪力墙设置于建筑周边比设置于中间能更好满足刚度要求，比如0.25m×2.3m墙肢，设置在周边9肢就够了，如一部分设置在中间，可能需要12肢。

（3）材料用量指标是最终标准。目前房企都很重视通过布墙率控制结构的经济性。最终判断剪力墙布置合理性的指标是布墙率吗？布墙率是经济性的一个重要标准，但布墙率相同，墙的位置不同，结果不一样。真正体现结构经济性的含钢量和混凝土用量才是最终标准。

目前多数设计师在布置剪力墙的过程中，主要是根据以往的经验积累，结合计算得到一个想要的结果，但最终含钢量和混凝土用量却并不一定理想。

如何在设计过程中，通过明确给出一些指标要求，让设计师通过前期指标的落实，就能得到一个合理的含钢量和混凝土用量？笔者认为除了布墙率，还需要对轴压比和结构主要计算指标进行合理控制。剪力墙布置数量、刚度、经济性是否合理，经过多年实践探索笔者首次明确提出了"二＋综合"法。

"二"是指轴压比和布墙率。

轴压比控制标准。因剪力墙抗剪承载力较大，一般不起控制作用。实际工程多由轴压比控制，来保证剪力墙的延性。目标是剪力墙各肢轴压比宜接近限值的0.85～0.9倍，不宜相差太大。

布墙率控制标准。布墙率是标准层剪力墙面积/楼层建筑面积，越接近理论值越经济。理论限值计算请参照本篇的专题14。例如合理的布墙率范围，6度区通常在4.5%～5.5%之间。

"综合"是指结构设计常用的主要计算指标，主要指位移角和周期。

主要计算指标合理，是指基本周期在（0.06～0.08）n 之间，最大层间位移角在 1/1000～1/1100 之间，软件各参数要合理等。

这个方法的目的是通过控制"二＋综合"的指标限值，用定量的方法确定剪力墙的合理布置，得到最优剪力墙布置和最优的材料用量。同时结构质量中心和结构刚度中心也会接近重合，达到结构布置合理。

（4）剪力墙的竖向布置原则。墙体初步布置完成后，首先按轴压比条件要求优化上部墙体，下部墙体按增加混凝土强度、厚度顺序调整，使之各个楼层满足轴压比的要求。其次是按布墙率指标进行复核调整，同时兼顾其他指标。

（5）布墙率和含钢量、混凝土含量没有固定的因果关系。只有在兼顾层间位移角、周期等主要计算指标前提下和轴压比控制指标相结合，才能决定最终的含钢量、混凝土含量，才具有明确的设计指导意义。但总体上布墙率＋轴压比控制合理，其他指标基本都会合理。

布墙率可以把材料用量控制在一定范围，但不足以得到最优结果。轴压比是承载力和结构延性的保证，越接近限值越能发挥材料作用。层间位移、结构周期指标是控制结构刚度和刚度分布合理的指标。只有这三个方面都达到合理的标准限值，剪力墙结构含钢量、混凝土含量才会最为合理。

第5章

框架结构

说明：本篇中涉及的主要规范为《高层建筑混凝土结构技术规程》JGJ 3—2010（简称《高规》）、《建筑抗震设计规范》（2016 年版）GB 50011—2010（简称《抗规》）、《混凝土结构设计规范》（2015 年版）GB 50010—2010（简称《混凝土规范》）和《建筑结构荷载规范》GB 50009—2012（简称《荷载规范》）。

专题 5.1　如何对待单跨框架

单跨框架在一些一～三层的低层建筑中难以避免，设计中如何把握、具体有哪些加强措施？

《抗规》6.1.5 条：甲、乙类建筑及高度大于 24m 的丙类建筑不应采用单跨框架结构，高度不大于 24m 的丙类建筑不宜采用单跨框架结构。

《抗规》6.1.5 条文解释：某个主轴方向均为单跨时，属于单跨结构。局部单跨不按单跨结构对待。框-剪结构中的框架可以是单跨。一、二层连廊采用单跨时应加强。

《高规》6.1.2 条：高层框架结构不应采用单跨框架。

综合以上内容，设计中建议如下：

（1）低烈度区从宽、高烈度区从严控制。抗震乙类建筑不应使用。

（2）一、二层建筑从宽考虑，三层以上建筑从严控制。

（3）6 度区，满足间距 3.5B（结合结构刚度）设置了多跨框架就可不作为单跨结构。

（4）丙类多层框架若必须采用单跨框架，应设置支撑、翼墙（$b_w \geqslant 200mm$，$h_w \geqslant 600mm$）及少量剪力墙。提高框架柱的抗震等级。框架柱按抗震性能目标进行设计。

（5）教学楼之间的连廊等易成为单跨框架，应加大单跨方向柱截面，提高抗震措施标准，提高结构的抗震性能。

（6）丙类多层建筑，三层以上时，无法避免采用单跨框架结构时，必须进行抗震性能化设计并进行大震弹塑性变形验算。

（7）甲、乙类建筑以及丙类高层建筑，不应采用单跨框架结构。

专题 5.2　梁中线与柱中线偏心距过大如何处置

《抗规》6.1.5 条：柱中线与墙中线、梁中线与柱中线之间的偏心距大于柱宽的 1/4

时，应计入偏心影响。

《高规》6.1.7 条：梁柱中线不能重合时，在计算中应考虑偏心的不利影响。梁柱中线偏心距，9 度区抗震设计是不应、其他是不宜大于柱宽的 1/4，超过时可采取增设梁的水平加腋等措施。

框架梁、柱中心线不重合，地震下可能导致核心区受剪面积不足，对柱子产生不利的扭转效应；会导致梁柱节点有效宽度减小，承载力下降，会使框架柱和梁柱节点受力恶化，严重时会造成框架破坏。规范这个要求设计中经常被忽视或做得不到位。

这个条款有两方面含义：

（1）结构建模计算时，就要输入偏心距，计算中要考虑对柱子的不利影响。避免对内力和位移的计算结果产生影响。

（2）不论计算结果是否出现核心区受剪承载力等超限情况，都应采取构造措施。常规是采取水平加腋梁的抗震加强措施。如果超限不多，可以提高框架节点核心区配箍率，柱顶梁高范围内柱箍筋加密到 50mm。

计算和加强措施缺一不可，互相不可替代。

（1）出现核心区受剪承载力超限的情况，可以加大梁、柱断面尺寸。

（2）并非偏心距小于 1/4 时就可忽略不计，这时仍需要在模型中正确反映并计入其影响。

（3）上述情况在设计中经常见到，特别是框架结构的周边框架。结构方案中要尽量减少梁柱节点偏心距大于 1/4 的情况。

总之当梁柱节点偏心距大于 1/4 时，首选增设水平加腋方法，以减少对框架节点的不利影响，改善水平荷载传递途径；如果偏心距较小或地震烈度低且加腋困难时，也可采取框架节点柱箍筋加强加密的措施，增强框架节点抵抗水平荷载的能力，需要结合计算结果进行。

专题 5.3　多（高）层钢连廊球铰支座设计案例

（1）多层钢连廊球铰支座设计案例

某框架结构大型商业中心，多栋多层商业建筑之间设置了多个 1~2 层钢结构的连廊作为各建筑的连接观光通道。连廊的跨度及宽度都较小，连廊结构采用了简支钢梁的形式。连廊两端支座分别与主体结构采用弱连接的方式使各区塔楼保持相对独立。钢梁一端采用两个固定球铰支座，另一端采用两个滑动球铰支座。

实际设计中六度区高度较低建筑滑动支座的滑移量可不考虑两栋建筑的相互位移影响，按照支座构造要求设计。

图 5.3-1 是钢连廊结构平面示意图，图中钢连廊的支座选用成品支座，ZZ1 和 ZZ2 为成品支座编号，ZZ1 是固定球铰支座，ZZ2 是双向滑动球铰支座。一种成品固定及滑动球铰支座示意图见图 5.3-2，并注明选用时需提供的主要数据和支座参数。

图 5.3-3 是一个需要考虑支座抗拔要求的项目的成品固定及滑动球铰支座示意图及选用时需提供的主要数据和支座参数示意，供参考。

多层建筑的钢连廊，如有必要或特别需求，为防止大震作用下滑动支座处连廊的撞击

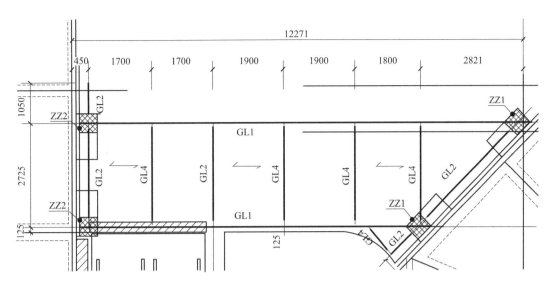

图 5.3-1　钢连廊结构平面示意图

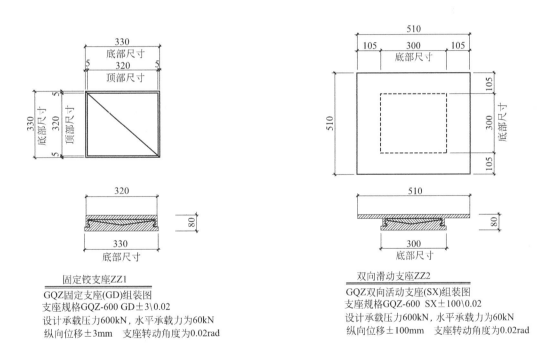

固定铰支座ZZ1
GQZ固定支座(GD)组装图
支座规格GQZ-600 GD±3\0.02
设计承载压力600kN,水平承载力为60kN
纵向位移±3mm　支座转动角度为0.02rad

双向滑动支座ZZ2
GQZ双向活动支座(SX)组装图
支座规格GQZ-600 SX±100\0.02
设计承载压力600kN,水平承载力为60kN
纵向位移±100mm　支座转动角度为0.02rad

图 5.3-2　一种成品固定及滑动球铰支座示意图

或者滑落,连廊滑动支座宽度宜满足两侧主体结构大震作用下连廊位置处的最大水平相对位移要求,可通过结构主体小震变形计算并乘以考虑大震影响后的放大系数估算确定。估算采用小震下位移乘以大震作用放大系数和塑性状态下位移增大幅度系数进行计算确定。

本案例楼层较低、结构规则,实际计算结果较小,按照《抗规》12.2.7 条建筑防震缝宽度 200mm 进行控制。根据结构计算要求,球铰支座应能支撑不小于 600kN 的竖向荷

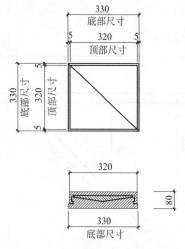

固定铰支座ZZ3(抗拔支座)

GQZ固定支座(GD)组装图
支座规格GQZ-600 GD±3\0.02
设计承载压力600kN，水平承载力为60kN
设计抗拔力100kN
纵向位移±3mm　支座转动角度为0.02rad

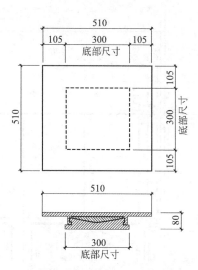

双向滑动支座ZZ4(抗拔支座)

GQZ双向活动支座(SX)组装图
支座规格GQZ-600 SX±100\0.02
设计承载压力600kN，水平承载力为60kN
设计抗拔力100kN
纵向位移±100mm　支座转动角度为0.02rad

图 5.3-3　一种成品固定及滑动球铰支座示意图（考虑抗拔要求）

载和不小于 60kN 的水平荷载。滑动球铰支座还应能提供±100mm 的纵向位移量。

图 5.3-4、图 5.3-5 是施工图中球铰支座的另一种详图表达形式，固定球铰支座和滑动球铰支座。

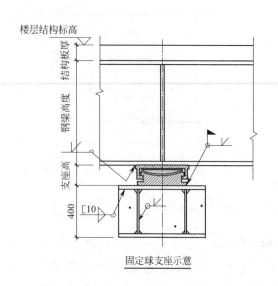

固定球支座示意

图 5.3-4　固定球铰支座

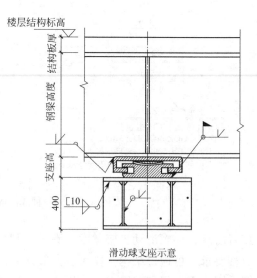

滑动球支座示意

图 5.3-5　滑动球铰支座

（2）高层钢连廊球铰支座设计案例

某项目由两栋有 45°角的高层剪力墙结构塔楼和顶部连廊组成，在 26～28 层处设有一个三层钢结构连廊。图 5.3-6 是连廊中间层结构平面布置示意图。连廊和主体结构每层每侧设置两个球铰支座，每侧总计设置六个球铰支座，连廊承重结构采用钢结构桁架。

设计中对主体建筑进行了整体大震弹塑性计算分析，得到连廊支座位置处单体结构的最大水平位移±400mm 等数据，据此确定滑动支座的位移方向和位移量（采用单体位移矢量和的方式计算），考虑安装尺寸要求后的滑动支座最大滑移量定为 600mm。

建筑为 7 度抗震设防，球铰支座设计选用根据计算的竖向压力、抗拔力、水平剪力、防跌落承载力及转角要求确定，分别采用了固定球铰支座、Z 向固定球铰支座和单（双）向滑动球铰支座。实际设计中还要设置限位和复位措施并考虑防撞击和防坠落措施。

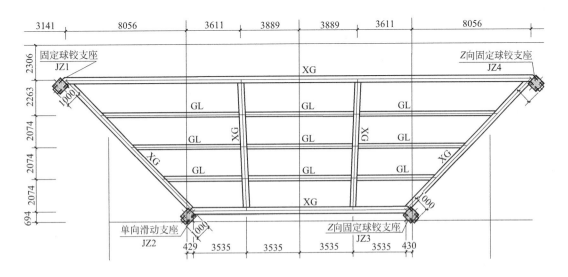

图 5.3-6　连廊中间层结构平面布置示意图

表 5.3-1 是连廊球铰支座主要参数。

表 5.3-1

连廊球铰支座参数

支座编号	支座类型	竖向压力设计值（kN）	支座转动角度(rad)	抗拔承载力(kN)	X 轴方向水平抗剪承载力(kN)	Y 轴方向水平抗剪承载力(kN)	X 轴方向可滑动位移(mm)	Y 轴方向可滑动位移(mm)	X、Y 轴方向防跌落承载力(kN)
JZ1	固定球铰支座	≥1500	0.025	≥500	≥500	≥500	—	—	≥1500
JZ2	单向滑动球铰支座				≥500	—	±600	—	≥1500
JZ3	Z 向固定球铰支座				—	—	±50	±600	≥1500
JZ4	Z 向固定球铰支座				—	—	±50	±600	≥1500

图 5.3-7 是桁架滑动球铰支座节点示意图。

实际施工图中还要考虑防坠落挡板和防坠落钢绳，本图主要是滑动支座最大滑移量在支座上的示意。以上仅供设计师在结构设计中参考。

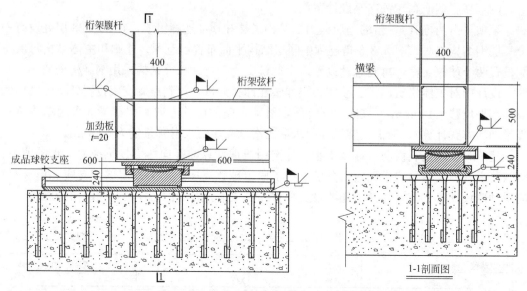

图 5.3-7　桁架滑动球铰支座节点示意图

专题 5.4　YJK（PKPM）柱筋实配案例详解

图 5.4-1 是 PKPM 计算结果中柱配筋简图。

柱截面参数 $B \times H$（mm）＝950×950，抗震等级二级，Ⅱ类场地，中柱，层高 4m。

保护层厚度（mm） $\qquad$ $C_{ov} = 20$

箍筋间距（mm） $\qquad$ $S_S = 100$

C55 混凝土轴心抗压强度设计值（N/mm²） $\qquad$ $f_C = 25.3$

HRB400 主筋抗拉强度设计值（N/mm²） $\qquad$ $f_y = 360$

HRB400 箍筋抗拉强度设计值（N/mm²） $\qquad$ $f_y = 360$

（1）柱纵筋配置

柱两个侧边纵筋计算值均为 2600mm²，每侧设置 6Φ25 纵筋，实配面积为 2945mm²。角筋计算值 380mm²，单偏压计算时是按单侧全部配筋考虑，双偏压计算时不能小于该值要求。

设计时还需复核柱截面纵向钢筋的最小总配筋率和最大总配筋率，见《抗规》表 6.3.7-1。每一侧纵筋的配筋率不应小于 0.2%。要复核柱纵筋间距和净距等相关要求，最终确定实配钢筋。

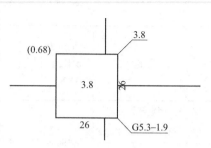

图 5.4-1　柱配筋简图

（2）柱箍筋配置

箍筋计算值为 G5.3-1.9，前者为柱加密区抗剪箍筋面积，后者为非加密区抗剪箍筋面积。

加密区箍筋面积 530mm²，建模输入的箍筋间距为加密区间距 100mm，对加密区箍筋计算结果可直接使用。考虑纵筋选了 6 根，箍筋取 6 肢时单肢面积为 $530/6 =$ 88.33mm^2，实配 6 肢Φ12@100 箍筋，实配面积为 678.6mm^2。

非加密区箍筋面积 190mm^2，对非加密区箍筋间距取 200mm，计算结果需要进行换算。选用 6 肢箍筋，换算后非加密区单肢箍筋面积为 $190 \times 200/100/6 = 63.33\text{mm}^2$，选$\Phi$10@200 箍筋，实际设计和加密区相同考虑，选$\Phi$12@200 箍筋。

由于层高 4m，按柱净高计算，属于短柱，最终非加密区实际配 6 肢Φ12@100 箍筋，实配面积为 678.6mm^2。

设计中还要满足构造配筋要求，具体见《抗规》6.3 节。

（3）柱节点域抗剪箍筋配置

三级以上框架会出现节点域抗剪箍筋面积不为构造的情况，此时在梁高范围内的柱子中要设置箍筋并满足计算要求。

柱节点域抗剪箍筋面积 380mm^2，在梁高范围内的柱子上配Φ12@100（6）已经足够。

（4）柱箍筋加密区的体积配箍率复核

该柱属于短柱，按《抗规》6.3.9-3 条注 3，短柱配箍率 ρ_v 应不小于 1.20%。

实际体积配箍 $\rho_\text{v} = (910 \times 6 + 910 \times 6) \times 113.1/(910 \times 910 \times 100) = 1.49\%$，满足要求。

如果本案例中的混凝土柱子不是短柱，应按《抗规》第 6.3.9-3 条计算，体积配箍率不应小于 $\rho_\text{v} = 0.15 \times 25.3/360 = 1.054\%$。

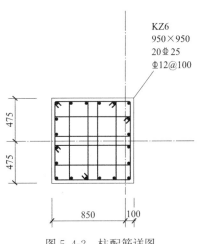

KZ6
950×950
20Φ25
Φ12@100

475
475
850　100

图 5.4-2　柱配筋详图

（5）柱箍筋非加密区的体积配箍率和柱节点核心区的体积配箍率的复核，按《抗规》6.3.9、6.3.10 条要求进行，计算方法同上，不再赘述。

图 5.4-2 是软件自动生成的柱配筋详图。

专题 5.5　YJK（PKPM）梁筋实配案例详解

图 5.5-1 是 PKPM 计算结果中梁配筋信息图。

G0.9-0.5
13-0-0
――――――――
13-12-14
VT7.0-0.3

图 5.5-1　梁配筋信息

梁截面参数 $B \times H$（mm）$= 400 \times 800$，抗震等级二级。

（1）梁面筋计算值 1300mm^2，梁底筋计算值 1400mm^2，直接按计算值选筋，同时考虑配筋率、钢筋间距、保护层厚度、箍筋肢数关系，不赘述。

（2）G0.9-0.5 为梁抗剪箍筋配筋面积，单位为平方厘米（cm^2）。0.9 表示箍筋加密区面积，0.5 表示箍筋非加密区面积。YJK 中梁箍筋加密区计算间距设定为 100mm。配筋需要满足计算要求和构造要求。

400mm 宽的梁需要配四肢箍，根据计算值，箍筋加密区单肢箍筋面积为 $0.9/4 = 0.225\text{cm}^2$。非加密区箍筋间距为 200mm，箍筋非加密区单肢箍筋面积为 $0.5 \times 2/4 =$

0.25cm^2，抗震等级二级时箍筋最小直径为Φ8，抗剪箍筋实际配置Φ8@100/200（4）。

（3）VT7.0-0.3为梁抗扭配筋面积，单位为cm^2。7.0表示受扭纵筋面积，0.3表示受扭箍筋面积。受扭纵筋沿梁的外周均匀分布，梁上下边的抗扭筋要结合受弯钢筋配置。

如果梁的高宽比差距不是很大，可以把受扭钢筋在梁的四边平均分配，当然按每边占周长的比例分配更准确。VT7.0时，梁的每个边分配$700/4＝175\text{mm}^2$抗扭钢筋，梁底配筋面积为$1400＋175＝1575\text{mm}^2$，实配6Φ20，梁面配筋面积为$1300＋175＝1475\text{mm}^2$，实配6Φ18，角筋面积不小于175 mm^2，并考虑构造要求。

梁两个侧边的抗扭筋面积分别为175mm^2，间距不大于200 mm，考虑楼板，每侧设置3Φ12的纵向抗扭钢筋（钢筋直径不宜小于12 mm）。

受扭箍筋面积为0.3cm^2，是外侧单肢抗扭筋的面积。要结合抗剪箍筋的要求来最终确定箍筋的配置。箍筋加密区单肢抗剪箍筋面积为$0.9/4＝0.225\text{cm}^2$，外侧箍筋面积为$0.3＋0.225＝0.525\text{cm}^2$，前面配置的抗剪筋为Φ8@100（4），每肢箍筋面积为50.3mm^2，略小于52.5mm^2，大于30mm^2，另外实际抗剪箍筋面积为$50.3×4－52.5×2＝96.2\text{mm}^2$，大于$90\text{mm}^2$，可以认为Φ8@100（4）满足梁的剪扭配筋要求。外侧单肢箍筋是0.525cm^2，取Φ10@100（4）也可以。

图5.5-2是软件自动生成的梁配筋图，和人工复核的配筋结果略有差异，软件此处的配筋相对人工配筋，梁底筋略偏小、箍筋偏大。请读者自行对比其合理性。

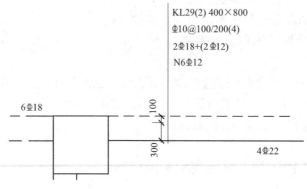

图5.5-2　梁配筋图

专题5.6　柱箍筋加密区体积配箍率计算案例

柱配筋信息见图5.6-1。柱箍筋加密区体积配箍率的要求详见《抗规》6.3.9-3条和《高规》6.4.7条。

体积配箍率ρ_v是指核心面积范围内、单位体积混凝土内箍筋所占的体积，即箍筋体积（箍筋总长乘单肢面积）与相应箍筋的一个间距（S）范围内混凝土体积的比率。框架柱计算体积配箍率时应扣除重叠长度。

（1）最小箍筋配箍率

查《抗规》表6.3.9，可知箍筋加密区箍筋最小配箍特征值$\lambda_v＝0.154$。

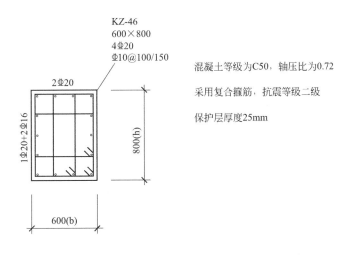

图 5.6-1　柱配筋信息简图

规范要求的柱箍筋加密区体积配箍率 $\rho_v \geqslant \lambda_v f_c / f_{yv}$，且二级时不应小于 0.6％，此时与核心区混凝土截面积无关，其中 f_c 为混凝土轴心抗压强度设计值，f_{yv} 为箍筋或拉筋抗拉强度设计值。

C50 混凝土轴心抗压强度设计值 $f_c = 23.1\text{N/mm}^2$，箍筋或拉筋抗拉强度设计值 $f_{yv} = 360\text{N/mm}^2$，$f_{yv}$ 不受 360N/mm² 的限制，按实际取值，见《混凝土规范》11.4.17 条文说明。

$\rho_v \geqslant \lambda_v f_c / f_{yv} = 0.154 \times 23.1/360 = 0.96\%$。

（2）实际箍筋配箍率

$\rho_v = (n_1 A_{s1} l_1 + n_2 A_{s2} l_2)/A_{cor} S$，见《混凝土规范》6.6.3 条。

$n_1 \lambda = A_{s1}(n_2 \lambda = A_{s2})$ 为 b（h）方向的箍筋肢数、单根箍筋面积。

l_1（l_2）为 b（h）方向箍筋宽度，为混凝土核心面积内的长度，需减去保护层厚度（也有再减去一个箍筋直径的）。

A_{cor} 为箍筋范围内的混凝土核心面积，S 为箍筋间距。

箍筋的钢筋体积是指一个箍筋间距内含的箍筋、拉钩筋的体积，复合箍筋应不计重叠段。混凝土的核心区体积是指一个箍筋间距内箍筋内表面围成的核心区面积乘箍筋间距。

$A_{cor} = (600 - 2 \times 25 - 2 \times 10) \times (800 - 2 \times 25 - 2 \times 10) = 386900\text{mm}^2$，$A_{s1} = A_{s2} = 78.5\text{mm}^2$，$l_1 = 600\text{-}2 \times 25 = 550$，$l_2 = 800\text{-}2 \times 25 = 750$，$n_1 = n_2 = 4$，$S = 100\text{mm}$。

柱子实际箍筋配筋率 $\rho_v = (n_1 A_{s1} l_1 + n_2 A_{s2} l_2)/A_{cor} S = (4 \times 78.5 \times 550 + 4 \times 78.5 \times 750)/386900 \times 100 = 1.055\%$，大于限值 0.96％，满足要求。

如果实际设计中采用箍筋抗拉强度设计值为 270N/mm² 的箍筋时，箍筋配筋率限值为 $\rho_v \geqslant \lambda_v f_c / f_{yv} = 0.154 \times 23.1/270 = 1.28\%$，实际配箍率就会不满足要求，就需要加大箍筋直径。

对框架柱而言，配箍量如果是体积配箍率控制时，应采用高强度箍筋更合理，强度高低的箍筋价格越来越趋同。

专题 5.7　少墙框架设计的适用标准讨论

　　结构设计中经常会遇到框架结构设置了很少量抗震墙（剪力墙）的情况，这时是按框架结构设计还是按框剪结构设计，经常会让设计师难以把握，审图人员的标准也不相同。这种情况下框架、抗震墙（剪力墙）的地震剪力、配筋计算、轴压比、位移角、$0.2V_0$ 调整以及周期等规则性指标如何控制需要明确。

　　规范和此问题有关的条文如下：

　　《抗规》6.2.13-4 条，设置少量抗震墙的框架结构，框架部分的地震剪力值，宜采用框架结构和框剪结构两者较大值。明确了框架部分的地震剪力取值的标准，其他方面没有涉及。

　　《抗规》6.1.3-1 条，设置少量抗震墙的框架结构，在规定水平力作用下，底层框架承担的地震倾覆力矩大于结构总倾覆力矩 50% 时，框架抗震等级按框架确定，抗震墙的抗震等级可与框架相同。这里明确了当底层框架承担的地震倾覆力矩大于结构总倾覆力矩 50% 时，仍属于框架结构。条文说明要求此时结构的层间位移角限值需按底层框架部分承担倾覆力矩的大小，在框架结构和框剪结构两者的层间位移角之间偏于安全的内插。

　　《抗规》6.1.4 条，少量抗震墙的框架结构，抗震缝宽度按框架结构的标准设置。《抗规》对少量抗震墙的框架结构明确了抗震等级、抗震缝宽度和层间位移角的要求，对其他方面没有规定，但明确了少墙框架结构也是框架结构的概念。

　　《高规》8.1.3 条，框架承担的地震倾覆力矩不大于结构总倾覆力矩 10% 时，按剪力墙结构设计；大于 10% 但不大于 50% 时，按框剪设计；大于 50% 但不大于 80% 时，按框剪设计，其最大高度比框架适当增高，框架的抗震等级和轴压比按框架采用；大于 80% 时，按框剪结构设计，最大高度、抗震等级、轴压比按框架，但层间位移角不满足框剪要求时，可进行结构抗震性能分析论证。和《抗规》不同，《高规》对框架承担的地震倾覆力矩大于结构总倾覆力矩 80% 时的这种极少墙的框架，仍要求按框剪设计，并在条文说明中明确了此种情况为少墙框剪结构的概念。

　　对设置少量和极少量抗震墙（剪力墙）的结构，《抗规》认定为少墙框架结构，《高规》认定是少墙框剪结构，两者侧重点是不同的。由此带来了设计上的困惑。

　　从结构变形特点看，框架结构的变形是剪切型，上部层间相对变形小，下部层间相对变形大。剪力墙结构的变形为弯曲型，类似悬臂结构的弯曲变形，上部层间相对变形大，下部层间相对变形小。框剪结构的变形是剪弯型，介于前两者之间，使结构的上下部层间相对变形更加趋同合理并且顶点位移较为折中。当只有极少量的抗震墙（剪力墙）时，结构变形基本和框架结构是一致的，是具有明显的框架结构特征的。

　　从框架结构设置少量剪力墙的目的看，设置剪力墙主要是为了结构或局部构件满足规范对框架结构在多遇地震下结构的弹性层间位移角限值要求，结构的抗剪承载力仍按框架结构标准执行的，少量的剪力墙无法起到防线的作用。

　　鉴于《抗规》和《高规》在此存在一定差异，建议结构设计时对多层结构和高层结构采取区别对待比较合适。

　　多层结构可以按少墙框架结构进行设计，结构承载力、配筋按纯框架和框剪结构进行包络设计，层间位移角限值按《抗规》要求根据插值结果确定，剪力墙抗震等级按框架取，其他方面按纯框架对待。

高层结构复杂些，根据《高规》应按少墙框剪结构进行设计，这里是指框架承担的地震倾覆力矩大于结构总倾覆力矩 80％时的框剪结构。层间位移角限值按框剪结构执行，如不能满足，按抗震性能设计分析论证。最大适用高度、框架的抗震等级和轴压比按框架结构采用。结构承载力、配筋按纯框架和框剪结构进行包络设计。其他方面按框剪结构要求进行设计。

但根据《高规》的条文说明，少墙框剪结构因抗震性能较差，剪力墙容易受力过大过早破坏，高层结构尽量避免这种结构形式。

实际设计遇到这种高层结构，可以根据建筑功能和布置的条件，对少量的剪力墙进行加强使其更接近框剪结构，或削弱使其更接近框架结构。

专题 5.8 少墙框架设计案例要点解析

某综合楼多层框架结构，地上 6 层、地下 1 层，抗震设防烈度为 7 度区，设计基本加速度值 $0.15g$ （7 度半），采用 PKPM 软件设计。

按框架结构设计时层间位移角不满足框架结构的 1/550 要求，结构模型中标准层平面见图 5.8-1。设计师在结构的角部设置少量抗震墙进行调整，形成少墙框架结构，模型中标准层平面见图 5.8-2，上方左右角涂黑位置为增加的抗震墙。

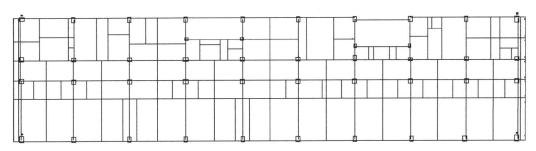

标准层结构构件布置平面图(纯框架)

图 5.8-1 框架标准层平面图

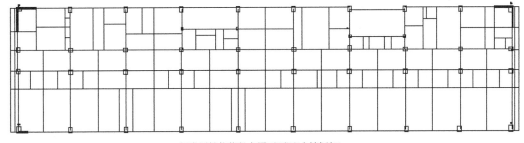

标准层结构构件布置平面图(少墙框架)

图 5.8-2 少墙框架标准层平面图

采用 PKPM 软件多模型包络对少墙框架结构进行包络设计，可以得到三个计算模型结果。折减模型即框架结构模型，框架的配筋和指标等看这个模型；原始模型即增加少量抗震墙后的少墙框架结构模型，生成相应的配筋和指标；主模型即配筋和指标均取前面两个模型的包络结果，主模型直接用于施工图设计，规则性等指标和配筋均按主模型设计结果采用。

原框架结构的其他规则性指标均在正常范围内，只有层间位移角超限。调整后的少墙框架模型经过计算，重点考察层间位移角是否合格，通过对抗震墙的数量和位置的调整并反复验算，位移角调整到符合规范要求就可以直接按主模型进行配筋制图。

表 5.8-1、表 5.8-2 是框架结构和少墙框架的最大弹性层间位移角计算结果，表 5.8-3 是少墙框架结构规定水平力下底层（首层）框架占结构总地震倾覆力矩百分比。

框架结构的最大弹性层间位移角　　　　表 5.8-1

指标项		汇总信息
最大层间位移角	X 向	1/539＞[1/550](3 层 1 塔)，不满足限值要求(地震工况)
	Y 向	1/453＞[1/550](3 层 1 塔)，不满足限值要求(地震工况)

少墙框架结构最大弹性层间位移角　　　　表 5.8-2

指标项		汇总信息
最大层间位移角	X 向	1/616(3 层 1 塔)
	Y 向	1/645(3 层 1 塔)

少墙框架结构规定水平力下底层框架占结构总地震倾覆力矩百分比　　　　表 5.8-3

指标项		框架柱
底层	X 向	85%
	Y 向	80%

少墙框架结构的层间位移角限值需按底层框架部分承担倾覆力矩的大小，并根据在框架结构和框剪结构两者的层间位移角之间偏于安全的内插结果来确定其限值。

根据少墙框架的计算结果可知，X 向底层框架占结构总地震倾覆力矩百分比为 85%，此时对应的 X 向最大弹性层间位移角为 1/616，虽然大于框剪的 1/800 要求，但少墙框架的层间位移限值需要由插值计算结果才能最终确定。

少墙框架 X 向层间位移角限值计算：

$$1/550-(1-0.85)/(1-0.5)\times(1/550-1/800)=1/607$$

1/616＜1/607，少墙框架 X 向满足层间位移角限值要求。

根据少墙框架的计算结果可知，Y 向底层框架占结构总地震倾覆力矩百分比为 80%，此时对应的 Y 向最大弹性层间位移角为 1/645，需要由插值计算结果才能最终确定。

少墙框架 Y 向层间位移角限值计算：

$$1/550-(1-0.8)/(1-0.5)\times(1/550-1/800)=1/628$$

1/645＜1/628，少墙框架 Y 向满足层间位移角限值要求。

少墙框架模型图中布置的抗震墙数量位置基本合理，根据主模型包络设计结果进行施工图设计即可。

专题 5.9　框架柱制图存在的两个常见问题

（1）柱箍筋设置应留浇灌空间

在柱箍筋设计时，不论层高是多少，许多设计师对箍筋形式选择的都是井字箍，箍筋距为 200mm 左右，如图 5.9-1 柱箍筋形式简图的左图所示。这种箍筋设置只满足了《抗规》的要求，不能满足《高规》和《全国民用建筑工程设计技术措施》的相关要求。

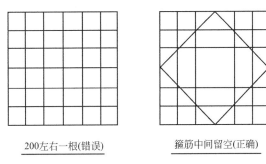

200左右一根(错误)　　　　箍筋中间留空(正确)

图 5.9-1　柱箍筋形式简图

《高规》6.4.11 条要求，柱箍筋的配筋形式，应考虑浇筑混凝土的工艺要求，在柱截面中心部位应留出浇筑混凝土所用导管的空间。

《高规》6.4.11 条文说明中要求，柱中箍筋宜留出 300mm×300mm 的空间便于下导管。

《全国民用建筑工程设计技术措施》2009 年版在 4.1.10-7-3 条要求，柱中心应留出浇灌混凝土的空间，不小于 300mm×300mm。

因此柱子箍筋形式选择应按图 5.9-1 的右图才是正确的。

（2）柱配筋表达方式问题

很多结构设计师在绘制柱配筋图时，不论柱截面是矩形还是正方形，常常都是按图5.9-2 所示 KZ1 的两种方式制图，柱配筋简图一（平面详图分离表示法）。

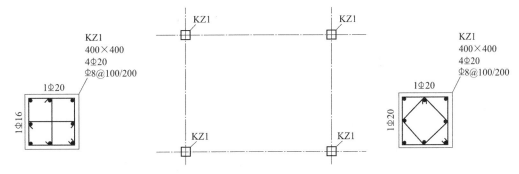

图 5.9-2　柱配筋简图一（平面详图分离表示法）

图 5.9-2 中采用的是柱平面图和详图分离的制图方式，左图的 KZ1 截面上、下边各配 3Φ20，左、右两侧边配 2Φ20＋1Φ16。存在的问题是当工程较大且有角度时，施工人员不易准确判断配筋方向。

图 5.9-2 中右图的 KZ1，全部采用按大值的对称配筋，会带来浪费。

16G101-1 图集中的列表注写方式是在平面、详图及柱表内都要求注写 h_1、h_2、b_1、b_2，清楚准确的表达柱配筋方向。但是柱表内配筋表示较为复杂，尤其是审图人员在对柱配筋进审核时，不便于直观地发现柱配筋问题。

对上面的情况，柱配筋图的制图方式推荐采用原位标注为主的截面注写方式。当正方形柱采用四边相同配筋，表示方法采用原位标注法或柱表法均可，如邻边采用不同配筋时，宜采用原位标注法，详图与平面不分离。如图 5.9-3 所示的柱配筋简图二（原位标注法）。

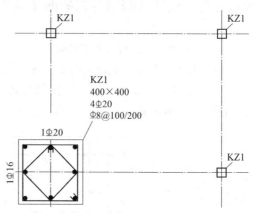

图 5.9-3　柱配筋简图二（原位标注法）

当高层建筑或工程较大时，采用原位标注法图纸太多，采用柱表法又太复杂时，可采用原位标注与柱表相结合的方法并且对柱截面不是采用正方形时，采用平面详图分离表示法；对正方形的柱子，邻边配筋不同时，则采用原位表示法。

专题 5.10　梁的抗扭钢筋布置问题

实际设计中梁抗扭筋配置不合理的问题还是比较多的，本专题将对此做详细梳理和解析。

和梁抗扭钢筋有关的规范条文如下：

《混凝土规范》9.2.13 条：梁的腹板高度 h_w 不小于 450mm 时，在梁的两侧应沿高度配置纵向构造钢筋。每侧纵向构造钢筋（不包括梁上、下部受力钢筋及架立钢筋）的间距不宜大于 200mm，截面面积不应小于腹板截面面积（bh_w）的 0.1%，但当梁宽度较大时可以适当放松。

《混凝土规范》9.2.5 条：梁截面受扭纵向钢筋，沿截面周边布置，间距不应大于 200mm 及截面短边长度。除应在梁截面四角设置受扭纵向钢筋外，其余受扭纵向钢筋宜沿截面周边均匀对称布置。受扭纵向钢筋应按受拉钢筋锚固在支座内。

《混凝土规范》9.2.10 条：受扭所需的箍筋应做成封闭式，且应沿截面周边布置。当采用复合箍筋时，位于截面内部的箍筋不应计入受扭所需的箍筋面积。

条文解析：受扭力最大的部分一定是在最表面，抗扭计算所需抗扭筋应均匀分布在截面的最外侧。如果计算所需抗扭纵筋面积为 S，梁截面总边长度为 L，梁底筋和面筋多余的纵筋不论有多少，也只能抵消 S/L 乘以梁底边和上边边长之和所得抗扭筋的面积，剩余抗扭筋应再均匀布置在梁截面的另外两侧边。可见抗扭筋位置如果不对，是不能起到相应的作用，还会导致抗扭不足。

抗扭箍筋也应沿截面周边布置，多肢箍只有分布在截面周边的箍筋能起到抗扭作用，截面内部的箍筋不能计入抗扭箍筋。

案例：某受弯剪扭混凝土梁，$b \times h = 400\text{mm} \times 900\text{mm}$、$h_w = 780\text{mm}$、正负弯矩计算配筋各为 1300mm^2（4Φ20）、剪力所需箍筋Φ8@200（4）；抗扭纵筋 $A = 2700\text{mm}^2$（12Φ18）、抗扭箍筋为Φ8@200（2）。

如果不考虑抗扭时梁配筋如下：梁上下各配 4Φ20、箍筋Φ8@200（4）、构造腰筋 $G = 400 \times 780 \times 0.1\% = 312\text{mm}^2$，可取 G 为 6Φ10，具体配筋简图如图 5.10-1 所示即满足要求了。

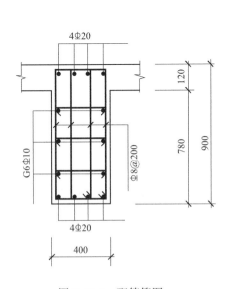

图 5.10-1　配筋简图一

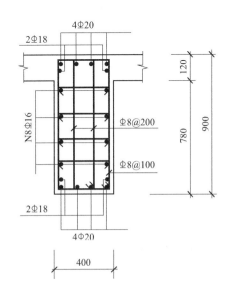

图 5.10-2　配筋简图二

考虑抗扭时梁配筋如下：

梁宽 400mm、梁高 900mm；梁截面总边长 $S = 2 \times (900 + 400) = 2600\text{mm}$。

抗扭纵筋 $A = 2700\text{mm}^2$，则梁面和梁底的抗扭纵筋面积为：$2700/2600 \times 400 \times 2 = 831\text{mm}^2$（4$\Phi$18），由此可知梁底和梁面纵筋的最终实际配筋各自应为 4Φ20+2Φ18。

剩余抗扭纵筋为 $2700 - 1017 = 1682\text{mm}^2$，应沿截面两侧（$2 \times 900\text{mm}$）每 200mm 布置的抗扭纵筋 N 确定如下：

$200\text{mm} \times 1683/1800 = 187\text{mm}^2$，即：

取 8Φ16，钢筋面积为 1608.8mm^2，抗扭纵筋可基本满足要求（略差些，但考虑未计入的抗剪的内部两肢箍实际也是会有一定作用的，不必再取大了）。

抗扭箍筋Φ8@200（2）全部布置在截面周边，与抗剪外侧两肢箍叠加，即梁截面外侧实际箍筋为Φ8@100（2），内部为Φ8@200（4）。最终配筋简图如图 5.10-2 所示。

专题 5.11　错层结构判断及其受力特点

《高规》10.4.1 条文说明中：不规则结构对抗震不利，但错层结构对抗震性能的影响十分严重。因为错层处楼板不连续、形成短柱短墙、楼层质心刚心偏置、楼层作用不清晰等，导致内力的增大。

（1）错层结构的判断

《高规》10.4.1条文说明中：相邻楼盖结构高差（h_0）超过梁高（h_1）范围的，宜按错层结构考虑。如图 5.11-1 所示，楼盖高差超过梁高（$h_0 > h_1$）。

是不是只要相邻楼盖高差未超过梁高的都不算错层结构？当然不是，否则只要在错层位置加大梁高，相邻楼盖高差就可不超过梁高，也就不存在错层结构了。

结构在水平地震作用下，楼盖错层处不能将水平地震作用传递给相邻楼盖，而在错层处应力集中将造成结构破坏。

如图 5.11-2 所示，相邻楼盖高差小于梁高（$h_0 < h_1$）。从图可知相邻楼盖高差小于梁高（$h_0 < h_1$），可以看到，左图虽然 $h_0 < h_1$，但由于楼盖错层较大，显然楼盖在错层处不能将水平地震作用传递给相邻楼盖；而右图也是 $h_0 < h_1$，但楼盖错层较小，如错层梁较宽时，楼盖在错层处有可能将水平地震作用较多地传递给相邻楼盖。

那么相邻楼盖高差多少算较大错层？

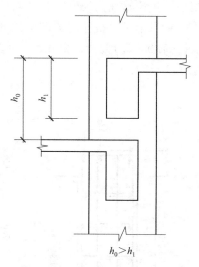

图 5.11-1　楼盖高差示意图一

《全国民用建筑工程设计技术措施》2009 年版在图 12.1.2-4 中对此做了较为详细的划分，首先是明确了较大错层的认定标准：

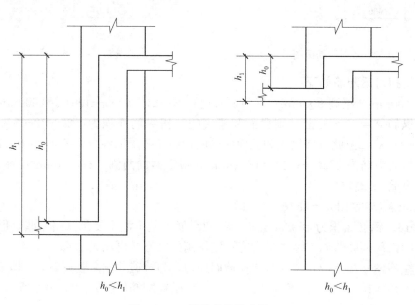

图 5.11-2　楼盖高差示意图二

1）楼面错层高度 h_0 大于横向钢筋混凝土梁高 h_1 时为较大错层，如图 5.11-3 所示较大楼层错层示意图中 $h_0 > h_1$ 图。

2）两侧楼板用同一根横向钢筋混凝土梁相连，但楼板间垂直净距 h_2 大于支承梁宽（b）的 1.5 倍时，为较大错层，如图 5.11-3 所示较大楼层错层示意图中 $h_2>1.5b$。

3）当两侧楼板用同一根横向钢筋混凝土梁相连，虽然 $h_2<1.5b$，但 h_0 大于纵向梁高度 h_2 时，此时仍应作为较大错层考虑，如图 5.11-3 所示较大楼层错层示意图中 $h_2<1.5b$、$h_0>h_2$ 图。

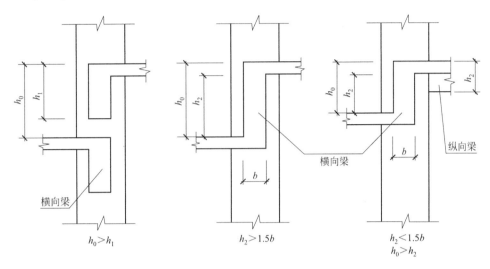

图 5.11-3　较大楼层错层示意图

然后，当结构的较大错层面积大于该层总面积 30％时，就应视为楼层错层，既为错层结构，该楼层处应按错层结构建模设计。

另外，《高规》还要求"错开的楼层应各自作为一层进行分析，错开的楼层不应归并为一个刚性楼板，计算分析模型应能反映错层影响"。这是对错开的楼层内力分析方法的要求。

上述对高层关于错层的判别及错层结构的内力分析的规定也应适用于多层混凝土结构设计。《高规》中对高层建筑的其他错层的有关措施和规定，多层建筑设计时可仅做参考。

（2）错层结构的受力特点

了解错层处的力学特点与普通结构的区别，有助于对错层结构的认识。对错层框架柱的弯矩图来讲，在错层起始处柱的内力等于上段柱最大弯矩加下段柱最大弯矩之和，即 $M=M_上+M_下$；而未错层结构，柱的内力取上、下段最大弯矩的较大值。可以看出错层结构对抗震性能的影响十分严重。

《高规》在 10.4.3 条中对错层结构要求，错开的楼层不应归并为一个刚性楼板。当错开的楼层分层建模时，依据以上分析，错层处柱弯矩为两层弯矩之和（一侧无楼板开洞），即 $M=M_上+M_下$，正确建模是很重要的。

举例加以说明：

例：某多层框架带一层地下室在建工程，地下室顶板高差 1.0m，根据上述对较大错层的判别，属较大错层，错层处弯矩图应为我们上面分析的 $M=M_上+M_下$，如图 5.11-4 错层地下室内力分析简图所示。

如果并未分为两层建模，也未按两层内力相加，只在模型中输入高差计算，还是和按同一层没输入高差的内力计算结果一样，其结果只是其中的弯矩的较大值，而非上、下弯矩之和。

正确的做法是分层建模。即：第一层层高 4.0m，计算出边跨结构内力 $M_下$；第二层层高 1.0m，计算出另一方向边跨结构内力 $M_上$；最后 $M=M_上+M_下$。其验算结果配筋比原未分层计算有时会大较多。

对错层结构首先要正确判断，然后应分别建模进行受力分析，并采用最不利设计，这里的采用最不利设计是按 $M=M_上+M_下$ 对错层处构件进行核算。

（3）错层结构的建模特点

错层结构应按楼板进行分层建模设计为宜，结构简单的也可采取修改构件标高的方法建模计算。

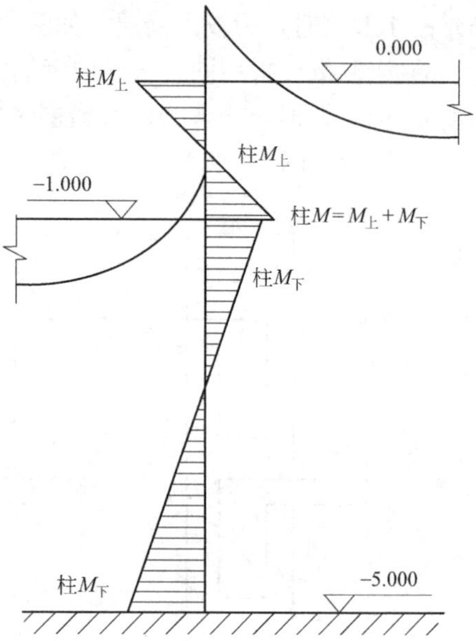

图 5.11-4　错层地下室内力分析简图

错层处一般采取楼板开洞并设置弹性膜；错层结构属于复杂结构，计算时应考虑双向地震作用和考虑偶然偏心影响，进行包络计算；错层处的配筋取值应人工复核并取大值；错层处计算数据会出现失真现象也需人工判断。

专题 5.12　梁刚度放大系数的合理取值问题

相关规范条文如下：

《高规》中 5.2.2 条规定，在结构内力和位移计算中，现浇楼盖和装配整体式楼盖，梁的刚度可考虑翼缘的作用予以增大。近似考虑时，楼面梁刚度增大系数可根据翼缘情况取为 1.3～2.0。对于无现浇面层的装配式楼面，不宜考虑楼面梁刚度的增大。

《混凝土规范》中 5.2.4 条规定，对现浇楼盖和装配整体式楼盖，宜考虑楼板作为翼缘对梁刚度和承载力的影响。梁受压区有效翼缘计算宽度可按规范表 5.2.4 所列情况中的最小值取用；也可采用梁刚度增大系数法近似考虑，刚度增大系数应根据梁有效翼缘尺寸与梁截面尺寸的相对比例确定。

根据上面梁刚度增大系数的条文，设计中有两个需要进一步明确的问题。

首先是《高规》5.2.2 条，楼面梁刚度增大系数可根据翼缘情况取为 1.3～2.0，其条文解释中有建议现浇楼板的边框梁取 1.5，中框梁取 2.0；《混凝土规范》5.2.4 条也说明可以采用梁刚度增大系数法近似考虑，没有给出具体数值。

设计中发现，对于一般比较规则的现浇楼板多高层住宅，由于板厚、梁截面等相对固定，梁刚度增大系数按边框梁 1.5，中框梁 2.0 计算基本符合实际。但是对于其他比较复杂结构和楼板厚度、梁截面变化较大或者装配式结构等情况，这种取值很多时候和实际情况有偏差甚至偏差较大。

规范的梁刚度放大系数使得梁的刚度取值更接近实际，是必要的，但这只是一种近似计算，当梁的截面、楼板截面差异较大时，放大系数实际是不同的。梁刚度取值偏小，结构会不安全。梁刚度取值偏大，配筋会过大造成浪费。

对复杂情况，建议设计师选择根据梁的翼缘尺寸和梁截面尺寸比例关系的计算结果来最终确定梁刚度增大系数的取值方法更加合理。举例如下。

某项目框架梁的代表性截面为 $300\text{mm} \times 600\text{mm}$，现浇楼板厚度为 120mm，梁受压翼缘计算宽度按《混凝土规范》表 5.2.4 计算结果为 1500mm，梁刚度放大系数计算如下（单位为毫米）。

有翼缘时梁的截面积 $A = 300 \times 600 + 1200 \times 120 = 180000 + 144000 = 324000\text{mm}^2$。

框架梁中和轴到梁顶面距离 $y_0 = (300 \times 600 \times 300 + 1200 \times 120 \times 60)/324000 = 193.3\text{mm}^2$。

有翼缘时梁的截面惯性矩 $I_1 = 300 \times 600^3/12 + 1200 \times 120^3/12 + 300 \times 600 \times (300 - 193.3)^2 + 1200 \times 120 \times (193.3 - 60)^2 = 5.4 \times 10^9 + 0.1728 \times 10^9 + 2.05 \times 10^9 + 2.56 \times 10^9 = 10.183 \times 10^9\text{mm}^4$。

矩形梁的截面惯性矩 $I_2 = 300 \times 600^3/12 = 5.4 \times 10^9\text{mm}^4$。

梁刚度放大系数 $= EI_1/EI_2 = 10.183/5.4 = 1.886$。

设计中按此方法分区段的计算和输入梁刚度放大系数值，和实际结构是匹配的，更加准确。

另一个问题是梁刚度放大系数取值在《混凝土规范》5.2.4 条推荐了梁刚度增大系数法（近似）和根据梁的翼缘尺寸和梁截面尺寸比例关系确定梁刚度增大系数的两种取值方法，哪一种更合理？

从大量设计的对比分析数据结果看，按考虑楼板作为翼缘对梁刚度和承载力的影响来确定梁刚度放大系数更加符合实际。这种方式带来的配筋经济性也优于近似系数法。这两种计算模式在 PKPM 和 YJK 结构设计软件中都有选项供设计师选择。

在确定梁刚度放大系数时，还要注意以下问题。

梁刚度放大系数只适用于刚性楼板假定的情况，对弹性楼板不起作用，不需要放大。对连梁也不起作用。楼板开洞处梁刚度放大系数取 1.0。

梁刚度放大系数只对构件内力计算起作用，配筋计算时构件截面仍取矩形，但梁的配筋是按放大后的内力计算的。

装配式结构有现浇层时可适当减小梁刚度放大系数取值。对装配整体式楼板，如果按近似系数法计算时，建议边梁 1.2，中梁 1.5。

专题 5.13　介绍框架柱的一种置换方法

当框架柱的混凝土强度偏低或有缺陷导致承载力不足时，如果强度降低和缺陷深度相对较小，并且满足混凝土加固规范要求，可采用局部凿除缺陷部位，加大截面、包钢、碳纤维补强等方法对框架柱进行加固。但是如果强度损失过大或者缺陷程度过大，或者不满足混凝土加固规范要求时，就需要采用对框架柱的全截面进行置换处理方法。框架柱的置换方法有多种，这里推荐并介绍其中一种方法，其具体步骤如下：

（1）本方法是采用型钢或者钢管支撑进行框架柱的置换施工，在需置换框架柱的四周框架梁位置,从框架柱下方的基础顶面至需要置换的框架柱所在楼层的上部框架梁底之间设置钢支撑,需要置换的框架柱所在楼层的上一层也要相同支撑。钢支撑可以用 H 型钢或钢管,截面由计算确定,所有支撑的型钢受到的合力应不小于被置换框架柱荷载的 1.2 倍。确保通过这套钢支撑系统,把与需置换的框架柱相连的框架梁的上部荷载传递至柱下基础上,对需要置换的框架柱进行架空处理。

钢支撑的安装应按设定的工艺流程进行,基本要求是,和框架梁连接的型钢及其垫板等均需焊接牢固,和基础相连接的下端或上端的梁下设置千斤顶,向上顶起,可以配合钢楔固定,还可以加焊加劲板,就是施加预撑力,使需要置换的框架柱的上层框架柱所承受的荷载保持不变,不能受到拉力,这些都是要根据计算确定的。上述所有构件和所有过程都需满足模型计算的要求,包括千斤顶选择等。钢支撑安装流程一般是按照钢支撑柱脚下部找平、安装钢支撑、固定及校正钢支撑垂直度、安装钢支撑顶部千斤顶、安装千斤顶顶部钢板、施加预顶力的次序进行施工的。

如果框架柱承受的荷载较大,可以在需要拆除的框架柱上层柱子的底部临时设置双向拉梁,增加稳定性。可以视情况决定是否需要设置大面积脚手架支撑系统进行辅助施工。

框架柱的基础是锥形独立基础时,需要先把锥形部分用相同强度等级混凝土填平,钢支撑系统安装前还需用 1:2 水泥砂浆在需要安装钢支撑的柱脚位置进行找平处理。

(2)在钢支撑施工完成后,把需置换的框架柱混凝土凿除,凿除过程从上往下进行,不得损坏原框架柱的主筋,凿除范围为基础面至上部框梁底(或两层框架梁之间),凿除过程产生的破碎混凝土需要清理干净,如果框架柱的纵筋数量不足,可以用植筋增加框架柱的竖向钢筋数量。还要检查柱子箍筋,如箍筋不足时应增加箍筋,并绑扎牢固,建议按全高加密处理。在拆除过程中,如果钢筋有损伤,应做废弃处理,并按相同规格进行替换。

(3)如需增加钢筋时,增加的钢筋下部锚入基础或下层框架柱的核心区,上部也是如此,并对需置换的框架柱进行钢筋绑扎施工。

如需加大断面时,应从被置换的框架柱开始到基础全长加大断面,按《混凝土结构加固设计规范》GB 50367—2013 中加大断面的要求施工。

采用比原设计提高一个等级且不应低于 C25 的微膨胀混凝土重新进行浇筑需置换的框架柱。

(4)整个施工过程中,应进行沉降和变形观测,严格控制变形值。施工过程要严格执行施工方案,严格控制千斤顶的顶升力,严格控制钢筋和混凝土拆除过程,并辅助必要的监控手段。

(5)置换后框架柱的混凝土强度应达到原设计的 80% 以上时,才可拆除钢支撑系统。

注:所有的过程和构件都要符合《混凝土结构加固设计规范》GB 50367—2013 的相关计算和构造要求,整体模型包括施工阶段和使用阶段的计算等。

具体施工示意图如图 5.13-1 所示(仅作为示意参考),其中图一为底层采用 H 型钢的钢支撑示意图,图二为中间楼层采用钢管的钢支撑示意图。

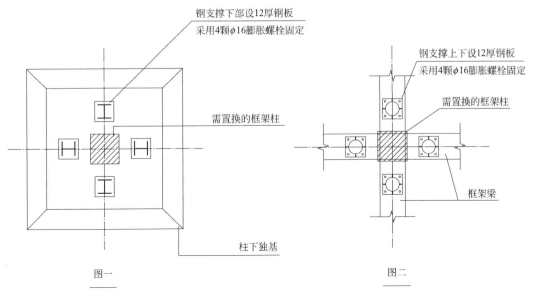

图 5.13-1 施工示意图

综合类

说明：本篇中涉及的主要规范为《高层建筑混凝土结构技术规程》JGJ 3—2010（简称《高规》）、《建筑抗震设计规范》（2016 年版）GB 50011—2010（简称《抗规》）、《混凝土结构设计规范》（2015 年版）GB 50010—2010（简称《混凝土规范》）、《建筑结构荷载规范》GB 50009—2012（简称《荷载规范》）、《建筑地基基础设计规范》GB 50007—2011（简称《地基规范》）。

专题 6.1　消防车荷载你用对了吗

地下室顶板局部范围内有消防车荷载，地下室的板梁柱墙构件计算时按哪个对应跨度取值合理、覆上折减如何考虑、设计建模如何合理高效？这些问题在实际项目设计中，有不同的理解和做法。

理论上要考虑轮压、板块上的车轮数等按等效荷载、覆土厚度去折减计算，比较烦琐复杂。工程设计中应按《荷载规范》的条文和精神执行，建议如下：

（1）计算地下室顶板时，《荷载规范》中表 5.1.1，明确了消防车荷载取值，双向板当板跨≥3m 时，消防车荷载取 35kN/m²；当板跨≥6m 时，消防车荷载取 20kN/m²；板跨在两者中间时取板的短边长度按插值计算。然后再按《荷载规范》的附录 B，查得覆土厚度折减系数乘上去即可得到计算地下室顶板时消防车荷载。

（2）地下室顶板如有次梁，计算次梁时，按《荷载规范》5.1.2-1-3）条要求，上述荷载值再乘 0.8 折减系数。

（3）计算框架（主）梁时，应采用由框架梁所围成的"楼板跨度"确定的消防车荷载标准值，再按《荷载规范》5.1.2-1-3）条，再乘 0.8（0.6）折减系数。

（4）计算墙柱配筋时，规范要求消防车活载按实际情况考虑。应采用由墙柱所围成的"楼板跨度"确定的消防车荷载标准值，再乘 0.8（0.6）折减系数。

（5）需要注意的是计算跨度较大的框架梁和墙柱配筋时，消防车荷载不建议考虑覆土折减系数。

（6）实际设计建模时，由于顶板、次梁和框架梁、墙柱的消防车荷载取值可能不同，给设计工作带来不便。考虑到地下室顶板基本都有覆土，而顶板、次梁经过覆土折减后和考虑框架梁、墙柱的跨度增大的影响后，当两者的取值实际差值不大时，建议最终也可取上面两者的大值建模设计，两者相差较大时还是应按实际计算为宜。

以地下室为 6m×6m 柱网，设十字次梁，3m×3m 板，1.5m 覆土为例：

顶板设计时消防车荷载取 $35×0.79＝27.65kN/m^2$；次梁设计时消防车荷载取 $35×0.79×0.8＝22.12kN/m^2$。

框架梁、柱设计时消防车荷载取 $20×0.8＝16kN/m^2$，而不是 $35×0.79×0.8＝22.12kN/m^2$，也不是 $20×0.79×0.8＝12.64kN/m^2$。

《荷载规范》对框架梁、柱墙配筋计算时，消防车荷载是否考虑覆土折减不明确，只是说可按实际情况考虑。对框架梁、柱墙配筋计算时按哪个跨度对应取消防车荷载也不明确。

在 2018 年版的中国建筑设计院有限公司编制的《结构设计统一技术措施》中，对框架梁、柱墙配筋计算时的消防车荷载取值，明确要求按由框架梁、墙柱所围成的"楼板跨度"范围确定消防车荷载标准值。但是对此时消防车荷载是否考虑覆土折减也不明确。

考虑到由于框架梁、柱、墙跨度一般都大于 6m 以上，覆土扩散作用对框架梁、柱、墙基本没有影响了，因此建议大跨框架梁墙柱不宜再考虑覆土厚度的折减，否则就偏于不安全。

消防车荷载是可变荷载，当承受消防车荷载的结构需要计算裂缝时，应计入消防车荷载。计算基础时不考虑消防车荷载。消防车活载不与地库顶板的施工活荷载（$5kN/m^2$）叠加使用。

专题 6.2 水浮力抗浮安全系数及分项系数看这里

由于《荷载规范》等规范在某些方面讲得比较隐晦、规范升版、不同的规范取值存在差异等因素，导致抗浮设计计算时水浮力分项系数取值存在差异，对规范依据感到模糊不清。

例如，在地下室抗浮稳定性验算中，有的设计师采用是否满足 $0.9G＞F_w$（G——建筑物自重及压重之和，F_w——浮力标准值）的标准进行验算。

还有把防水板作为单独楼层建模，水浮力值按恒载输入且按负值输入，分项系数 1.0，上部各层活载输入 $0kN/m^2$，混凝土密度乘以 0.9，隔墙不建进模型或者适当折减。导荷值即为上拔力（0.9 恒载－浮力）。

还有在地下室底板强度计算时，水浮力的分项系数取 1.2、1.27 等情况。

上述这些方法和现行规范要求并不完全一致，只是个别规范的提法或近似算法甚至是在某些情况下是错误的。在不同的情况下和水浮力有关的系数如何取值才正确？

（1）全埋式地下室整体抗浮稳定计算时结构规范的要求如下。

由《荷载规范》中 3.2.4 条可知，此时结构自重为有利荷载，分项系数取 1.0，但水浮力的分项系数没有明确，只是说应满足有关的规范规定。由《荷载规范》3.1.1 条的条文说明可知，对水位不变的水压力可按永久荷载考虑，对水位变化的水压力应按可变荷载考虑，水浮力的分项系数也不明确。

《地基规范》中 3.0.5-3 条，抗浮稳定计算时，作用效应应按承载能力极限状态下作用的基本组合，但其分项系数均为 1.0。这里明确了整体抗浮稳定计算时水浮力的分项系数也取 1.0。

再根据《地基规范》5.4.3 条，抗浮稳定计算时，自重/浮力≥1.05（抗浮稳定安全系数）即可，采用标准值表达（此时水浮力分项系数按 1.0）。这才是现行规范推荐的抗浮稳定性验算的方法，并明确了水浮力的分项系数。

但是在 2020 年 3 月 01 日开始实施的《建筑工程抗浮技术标准》JGJ 476—2019（以下简称《抗浮标准》）中，又发生了一些变化，把建筑抗浮工程分为甲、乙、丙级，这个抗浮稳定安全系数在施工期间分别为 1.05、1.00、0.95，使用期间分别为 1.10、1.05、1.00。这是规范对建筑工程抗浮稳定性验算的最新要求。

（2）地下室底板等构件的强度计算时，作用效应应按承载能力极限状态下作用的基本组合，并采用相应的分项系数。

构件承载力计算时，水浮力应取荷载设计值，可视为永久荷载效应控制的组合且对结构不利，此时水浮力的分项系数取 1.35。

当采用筏板基础且建筑物重量超过水浮力时，地下室底板配筋不需要考虑地下水压力的影响。

《给水排水工程构筑物结构设计规范》GB 50069—2002 中 5.2.2 条、5.2.3 条，对于抗浮结构的设计，把地表水或地下水作用视为第一可变荷载，在进行结构构件的强度计算时，分项系数取为 1.27。

（3）抗浮构件的变形、裂缝计算时水浮力为标准值。按正常使用极限状态作用的标准组合，取荷载的标准组合，此时水浮力的荷载分项系数取 1.0。

专题 6.3 结构位移比及位移角的另类思考

《高规》中 3.4.5 条：在考虑偶然偏心影响的规定水平地震力作用下，楼层竖向构件最大的水平位移和层间位移，不宜大于该楼层平均值的 1.2 倍，不应大于该楼层平均值的 1.5 倍（位移比）。

本条规范下面的"注"：当楼层的最大层间位移角不大于本规程第 3.7.3 条规定的限值的 40% 时，位移比可以适当放宽，但不应大于 1.6。

《高规》3.7.3 条是对楼层层间最大位移与层高之比（位移角）的限值要求。

《抗规》中 3.4.3 条、3.4.4 条要求，位移比大于 1.2 属于平面不规则，同时也有类似上面《高规》条款意思的表述。

《抗规》在 3.4.1 条的条文说明表 1 也明确要求，只要裙房以上有较多楼层的扭转位移比大于 1.4 时，结构就是属于特别不规则。

那么高层结构设计中，是不是只要满足《高规》3.4.5 条"注"的要求，位移比限值就可以放宽到 1.6？

比如剪力墙结构，规范位移角的限值是 1/1000，如果我们把结构的位移角调整到 1/2500 以上，位移比是不是不超过 1.6 就可以，不必满足 1.5 的限制？根据《高规》是可以这样处理的，但是实际操作上还是要区别对待。

合理的结构设计是指一个整体结构而言的，不是单纯为了追求满足某个指标限值是否够。很多时候当剪力墙结构的位移角调整到 1/2500 以上时，结构的整体刚度往往明显会过大，地震作用也会增大很多，结构经济性就会受到明显影响。

因此不建议简单的利用这个放宽条款去刻意地躲开位移比限值，当位移比超限时，首先还是要找出超限的原因、具体位置，对超限的局部区域或构件进行调整。实际设计工作中，多数情况下还是比较容易把位移比调整到 1.4 以内的。既满足规范要求，又不影响结构的经济合理性。

类似的问题还有，比如当结构的位移比超出 1.2 倍，在 1.2～1.4 之间时，判断结构为扭转不规则，这种情况需要考虑双向地震计算。是不是就直接选择双向地震计算？当然也要综合分析、区别对待最好。

选择双向地震计算，一般情况下就会直接增加工程造价。

高层建筑在水平力作用下，几乎都会有扭转，最大位移一般基本都发生在结构的边角部位。多数情况下，位移比都是由这些部位决定的，调整结构外围这些部位的刚度，是控制结构位移比的最有效和最佳方法。

当出现结构的位移比超出 1.2 时，首先还是要选择查找原因进行调整，而不应直接选择双向地震计算。通过调整结构使位移比回到 1.2 之内，多数情况下简单的操作就可以做到。

目前的常用软件 PKPM、YJK 等，都会在结构位移输出项中给出楼层的位移比、位移角，并且给出对应的节点号。

以 PKPM 软件为例，可以在偶然偏心地震作用规定水平力下的楼层最大位移（强刚模型）信息中找到超限的位移比和对应的节点号，然后通过"编号简图-构件搜索-节点"功能直接搜索到位移比超限的节点所在位置，就可以有针对地对结构这些部位和区域的梁、柱、墙截面进行相应的调整。

调整时是增加结构周边相应部位的刚度还是适当削弱中部刚度、是通过加强需要减小周期方向的刚度还是通过削弱需要增大周期方向的刚度，来达到调整的目的，要根据结构的整体刚度和周期比等指标综合决定。

这个阶段一般来说调整手段有很多，通常是可以比较容易地把位移比调整到 1.2 以内的。多数情况没必要进行双向地震计算。

对由于建模过程中的误差，如梁柱连接问题、墙柱节点约束问题等情况导致的楼层位移比超出 1.2 时，就更应该首先排除并修改了，更不能直接考虑双向地震计算，从而造成工程造价的增加。

专题 6.4 经常被忽视的两个规范条款

（1）《抗规》中 3.5.3-3 条，结构在两个主轴方向的动力特性宜相近；《高规》中 7.1.1 条、条文说明 8.1.7-7 条，剪力墙沿两个主轴的侧向刚度宜接近。这两个条款在设计中经常被忽视或者不是十分清楚设计中应该如何落实处理。

动力特性主要是指结构两个方向的周期和振型。动力特性宜相近主要是指结构 X，Y 两个方向的第一振型的周期 T_1、T_2 要接近。根据有关资料，一般情况下，T_2/T_1 在 15％以内为宜，朱炳寅在《高规》应用与分析中的建议是两个主轴第一平动周期相差不大于 20％，即可视为动力特性宜相近。

需要注意的是，结构在两个主轴方向的动力特性宜相近，也等于同时要求了结构的第一振型，第二振型宜为平动，扭转周期宜出现在第三振型以后。

因为当第一振型为扭转时，周期比不满足规范要求。当第二振型为扭转时，说明结构沿两个主轴方向的侧向刚度相差较大，结构的抗扭刚度相对于其中一主轴（第一振型）的侧移刚度是合理的，但是对另一主轴（第三振型）侧移刚度不合理。不符合本条款要求。

结构在两个主轴方向的动力特性宜相近和振型的关系还体现在振型数量的合理取值上，合理的振型数量才能得到合理的周期结果。

振型数的多少与结构层数及结构形式和计算要求有关，一般来说，当仅计算水平地震作用时，振型数应至少取 3，为了使得每阶振型都能得到两个平动振型和一个扭转振型，振型数应取为 3 的倍数。同时振型数应使各振型参与质量之和即质量有效系数不低于总质量的 90%。这样的振型数就是合理的。

结构两个主轴的侧向刚度宜接近，还可以从其层间位移角是否接近、结构两向底部倾覆力矩比是否接近、框架剪力墙结构的两个方向的结构特征是否一致等角度观察分析。

所以考察结构是否符合规范的这个条款，应从上述的几个方面去量化落实。

（2）风力相互干扰系数。《高规》中 4.2.4 条，多栋或群集的高层建筑，相互间距离较近时，宜考虑风力相互干扰系数。但具体如何应用和取值则没有说明。因此这个系数在设计中较少使用。那么有没有相应的应用依据？

根据条文的理解，首先这个系数是乘在单栋高层建筑的风载体型系数上面的。另外在 2018 年版的《结构设计统一技术措施》中，明确了风力相互干扰系数的使用对象是城市中心区或高层建筑集中的区域，相距较近的高层建筑。也就是针对城市中心区的高层建筑密集的情况。

其次，《荷载规范》中 8.3.2 条，明确了风力相互干扰系数在 1.0~1.2 范围内根据具体情况取值。

比如，城市中心区的多栋高层建筑间距较近时，比如多塔楼结构，计算时宜取大值。

专题 6.5　超限高层抗震专项审查申报表的基本内容

抗震设计的超限高层申请超限审查时，抗震设防超限设计可行性论证报告是必要的文件之一，其中就包括抗震专项审查申报表，项目的超限类别不同，填写内容侧重点也不同。这里就以高度、规则性等一般性超限项目为例，介绍下超限高层抗震设防专项审查申报表至少（但不限于）需要包括哪些内容。

（1）项目基本信息：项目概况、地基基础、勘察报告信息、计算软件、材料、截面、支撑、抗震信息、结构布置和选型等项目的各类基本信息，这个部分按项目的实际情况填写即可。

（2）结构常规计算参数和主要结果：周期折减、楼面刚度、地震方向、自振周期、最大层间位移角、扭转位移比、转换层刚度比、剪力比、多塔偏心、风荷载控制时总风荷载、风倾覆力矩、风载最大层间位移等资料。这部分需要按项目的实际计算结果去填写。

（3）时程分析参数和计算结果：波形选择、波形峰值、剪力比较、位移比、弹塑性位移角、加强层刚度比、倾覆力矩框架承担的比例以及时程分析结果和反应谱法结果比较等。根据具体计算结果填写。

上面三个部分主要根据项目实际和计算结果填写即可。

（4）超限设计需要重点说明的问题：这部分需要自主编写，是审查报表中的重点内容，也是下面重点要介绍并举例说明的内容，不同项目编写的内容也不同，但主要应包括超限工程设计项目的主要抗震构造措施，比如关键部位或构件以及薄弱部位构造等；超限工程设计采取的主要加强措施；性能设计目标分析；有待解决的问题等几个方面。这个部分的编写需要具备一定的超限项目的工程设计经验，也是超限审查报表的核心内容，要认真对待。

目前结构抗震性能目标分析是超限结构的核心内容，根据《超限高层建筑工程抗震设防专项审查技术要点》的要求，这个部分的编写重点需要满足以下要求：

① 要明确结构整体或局部达到预期性能目标（承载力、位移）的地震水准。

② 要针对实际工程的情况，合理选择承载力的极限（安全）、不屈服、微裂或保持弹性等设计目标。

③ 要按性能目标的计算结果去说明采取的抗震措施的合理可行性。

下面是一个实际工程案例，以此介绍下（4）这部分的基本编写思路。

项目为 28 层带商业裙房的超高层办公楼，7 度区，主楼高度为 128m，含商业、办公、酒店及附属用房，采用框架-剪力墙结构体系。

本工程属于高度超限高层建筑，并具有位移比大于 1.2，扭转不规则，商业区平面凸凹不规则，局部楼板不连续等不规则项。各项不规则超限但不严重。

1）相关超限计算分析情况介绍如下。

依据《高规》有关要求，本结构抗震性能目标确定为主体 D 级，关键构件的性能目标设定为 C 级。

项目采用两种结构设计软件，通过各个设防水准的抗震分析计算，结果显示本结构设计方案在小震时能够充分保证各构件处于弹性阶段；中震时底部加强区构件抗剪弹性、抗弯不屈服（等效弹性分析），关键构件抗剪弹性，抗弯弹性，其他普通竖向构件不发生剪切破坏；大震时层间位移角满足规范要求，底部加强区构件抗弯不屈服（弹塑性）、抗剪不屈服（弹塑性）、满足最小抗剪截面（等效弹性），其他竖向构件不发生剪切破坏。设计师需要把上述的这些主要计算内容和对比分析结果用数据、图表、图形的形式写入报告。

本项目楼板开洞较多，连续性相对较差，商业区平面凸凹不规则，对此还要求楼板达到以下抗震性能目标：中震抗弯弹性，大震抗弯不屈服。对结构薄弱楼板采用中震及大震作用下楼板应力分析，并根据计算结果进行复核设计。

辅助分析方面，结构地上部分商业裙房长度超限制，楼板同时需要进行温度应力分析。同样，这些复杂楼板的计算过程和计算结果也要用数据、图表、图形写入报告。

2）依据上述超限分析数据结果，给出所采取的加强措施。

① 主塔楼竖向构件加强措施：

结构安全等级按一级提高采用，结构重要性系数取 1.1。

对部分小偏心受拉的剪力墙，需单独进行应力分析，全截面受拉的要调整，其他抗震等级提高为特一级。墙肢平均拉应力超过混凝土 f_{tk} 时，设置型钢或钢板。局部柱子建议采用抗震性能更好的型钢混凝土柱。

底部加强区范围扩大，约束边缘构件向上延伸到商业裙房上一层，向下延伸至地下室底层。核心筒非加强区采用约束边缘构件。

塔楼底部加强区的剪力墙水平、框架柱按大震抗剪不屈服、中震等效弹性及小震弹性包络计算配筋。塔楼底部加强区的剪力墙竖向钢筋、框架柱的纵筋按中震抗弯不屈服及小震弹性包络计算配筋。

大震时底部加强区剪力墙应满足最小抗剪截面要求。加强区框架柱受剪截面应满足大震下受剪截面控制条件。

控制核心筒底部的层间有害位移角；对底部 2～3 层的竖向构件控制好轴压比；要控制建筑物周边桩身尽量不出现拉力。

应加强顶部屋面突出物竖向构件的延性，适当提高配筋量。

② 楼板加强的具体措施有：

主楼相关范围内地下室顶板板厚取 180mm，采用双层双向配筋且每层每个方向配筋率不小于 0.25%。

裙房商业屋面处，板厚取 150mm，双层双向配筋，最小配筋率取为 0.25%；其上、下两层楼板板厚取 130mm，双层双向配筋，最小配筋率为 0.25%。商业部分板厚不小于120mm，采用双层双向配筋。

薄弱不规则处楼板厚取 150mm，采用双层双向配筋且每层每个方向配筋率不小于0.25%，其他洞口周边及应力集中区域配筋另行加强。

洞口周边一跨范围内楼板按弹性膜计算复核；合理设置后浇带，后浇带间距按 40m左右控制。

大洞口周边的梁柱配筋应进行加强，狭长板带周边梁的拉通钢筋、腰筋等应予加强，必要时可设置钢板。

③ 主楼的其他加强措施：

角部框架柱之间的楼板增加斜向暗梁。双层双向配筋，最小配筋率提高为 0.3%。

外围处框架梁的腰筋配筋率取 0.2%。

个别斜柱按小震和中震弹性包络值进行设计，满足中震弹性的要求；与斜柱相连的框架梁、楼板均单独加强处理。

以上就是超限高层抗震专项审查申报表至少应展示的基本内容介绍。不同结构会有不同要求，复杂结构要求也复杂。所以这里主要是介绍设计思路，仅供设计师参考。

专题 6.6　温度应力分析注意事项

《混凝土规范》中 5.7.1 条：当混凝土的收缩、徐变以及温度变化等间接作用在结构中产生的作用效应可能危及结构的安全或正常使用时，宜进行间接作用效应的分析，并应采取相应的构造措施和施工措施。

《混凝土规范》中 8.1.3 条：当伸缩缝间距增大较多时，尚应考虑温度变化和混凝土收缩对结构的影响。

《高规》中 3.4.12、3.4.13 条也给出了对结构伸缩缝间距的要求。

混凝土结构的温度应力分析可以采用弹塑性分析方法，也可以采用简化的（考虑了裂缝对刚度的影响）弹性分析方法进行。

建筑结构的正常使用是要控制裂缝的，而变形引起的裂缝占绝大部分，其中又以温度和收缩变形为主。构件增加温度应力验算有些情况下是必须的，对特殊结构根据计算需要设置温度应力钢筋，是可以防止裂缝产生的。

结构的温度应力分析一般用在以下几种情况：

（1）大体积混凝土结构、超长混凝土结构因在间接效应作用下的裂缝问题较为突出，宜进行结构的间接作用效应分析。

（2）超长无伸缩缝地下室楼板、上部结构楼板超长较多未设置伸缩缝时，设计师应通过有效的分析计算，考虑间接效应对结构内力和裂缝的影响并采取措施。

（3）存在大开洞等复杂楼板、塔楼间的连廊等复杂状况，需要进行复杂楼板的设计分析时，其中温度分析也是必不可少的。

比较常见的还是对于超长混凝土结构的温度应力计算，已有工程调查和试验研究表明，结构温度变化和混凝土收缩徐变等非直接荷载作用产生结构变形的内力效应显著，应对其进行效应分析，并在此基础上采取相应的设计、配筋，并采取必要的构造和施工措施。

温度应力分析时的注意事项：

（1）使用阶段由于有围护结构，室内温度相对稳定，因此温度应力计算主要是针对施工阶段的温差影响，对地下室则是指未覆土前的温差影响。

（2）温度应力分析建模计算时，所有楼板均应定义成弹性模或弹性板。剪力墙应采用细分模型为宜。正温差产生压应力，所以温度效应一般按最大负温差控制。

（3）升（降）温度差＝结构最高（最低）平均温度－结构初始最低（最高）平均温度，温度差包括升温温差和降温温差，升温取正，降温取负。精确计算构件的季节温差有一定的难度，设计中综合考虑多方面因素共同作用，允许采用估算值，基本可以满足计算的精度要求。

（4）施工阶段的结构最高（最低）平均温度一般可以取后浇带浇筑时季节温度的平均值，当无法确定后浇带的浇筑时间时，可取近 10 年月平均气温值，一般平均在 15℃（10～20℃之间）。结构初始最低（最高）温度可取近 10 年的最低和最高值，设计时按《荷载规范》中附录 E.5 表的基本气温值取。就是说基本气温的取值和计算，按《荷载规范》9.2.1 条和 9.3 节执行。

（5）对于混凝土收缩徐变产生的应变和应力影响问题，设计中可转化为等效温差的计算问题，一同参与温度应力计算即可。计算时的总温差可取为季节温差与收缩等效温差之和。

等效温差的计算和取值有多种方法和公式，比如在王梦铁的《工程结构裂缝控制》中就有类似计算公式。可以得到例如：结构后浇带在施工 2 个月后浇筑，则结构剩余未完成的收缩应变等效负温差为－17.8℃；结构后浇带在施工 6 个月后浇筑，则结构剩余未完成的收缩应变等效负温差为－5.4℃。关于这个问题，不同的计算方法，得到的等效温差值也会有差异，设计中需要结构设计师根据项目的实际情况去合理使用，这里不做详细讨论。

计算时软件会自动增加温度工况的组合，通常地震组合时不考虑温度荷载影响。徐变应力松弛折减系数默认为 0.3。温度荷载组合系数取 0.6。温度荷载效应的分项系数等于 1.0。考虑微裂缝的存在造成的结构弹性刚度的折减，取刚度折减系数为 0.85。

计算中，如果需要考虑混凝土松弛影响（0.35）和混凝土刚度折减影响（0.85）时，也可以把混凝土的温差乘以松弛系数和刚度折减系数后，再作为温差数值输入程序计算。这样就可以直接得到实际的内力值。

计算结果查看的注意事项：

（1）可在等值线中查看楼板应力、内力、配筋等信息，拉正压负，升温工况以压应力为主，降温工况以拉应力为主。

（2）由于温度对地下结构影响较小，温度差不宜过大。因此对超长地下室结构，绝大部分区域温度应力小于混凝土抗拉强度设计值，局部区域不足时，可以通过加厚楼板及附加温度钢筋满足使用及设计要求，同时地下室楼板全层根据温度应力平均值适当增设整层温度应力钢筋即可满足要求。

地下室也可利用设置后浇带、尽早回填措施降低温度影响，不计算温度应力，仅考虑大面积混凝土的收缩变形即可。

（3）从计算结果中可以看到楼板最大拉应力值，也可读出楼板有温度效应组合的配筋面积。上部楼板温度应力计算时，若楼板拉应力大于混凝土抗拉强度标准值，建议通过配置附加钢筋的方法以满足承载力和使用要求。

（4）对复杂楼板，通过查看各个位置开洞、连廊部位楼板的最不利工况下楼板主拉应力分布图，除了局部拐角位置及尺寸突变处出现应力集中外，重点查看其余区域的主拉应力值是否小于混凝土的抗拉强度标准值。以此判断各层楼板是否可以有效传递地震作用并满足变形要求。

例如，对于混凝土为 C25，厚为 120mm 的楼板，其应力小于 1.78N/mm^2 处，均满足混凝土抗拉要求，楼板不会开裂。对于不满足区域，据此提出加强措施。例如加厚楼板，加强配筋等；对于应力大于 1.78N/mm^2，但小于 2.533N/mm^2 处，则表示满足Φ8@200 配筋（如果是构造配筋）要求，也可不再额外增加配筋，对于大于 2.533N/mm^2 处须再进一步查看附加板配筋是否能满足计算的应力值，不足需要采取措施。

这里双层双向Φ8@200 处应力：$251 \times 360/(120 \times 1000) = 0.753\text{N/mm}^2$，加上板的抗拉 1.78N/mm^2，则抗拉应力：$0.753 + 1.78 = 2.533\text{N/mm}^2$。

（5）计算结果的检查，还要包括温度荷载产生的结构变形、构件内力以及考虑了温度荷载组合的构件配筋结果。

计算结果对最终配筋的影响：

以楼板为例，不同的设计软件在设置上会有不同，但总体上考虑温度荷载后的楼板最终配筋基本有以下几种方式：

（1）查看温度荷载单工况下的配筋值，直接加到楼板配筋中去进行配筋。

（2）查看恒载、活载、温度荷载的组合工况下的配筋值，和楼板计算配筋对比，取大值进行楼板配筋。

（3）如果楼板以构造配筋为主，可以查看温度荷载单工况下的配筋值，仅对超过构造配筋部分加强配筋即可。

温度应力分析在 SATWE 和 PMSAP 中都可以进行计算，程序是利用有限元法计算温度荷载影响，将定义的温度荷载和其他荷载进行组合，得到最终结果。其主要步骤一般是：在 PMCAD 中完成结构的建模，结构楼板要定义为弹性模。然后进入 PMSAP，温差场指定，定义并输入降温和升温温差值，再布置到结构（加在节点上）。返回 PMSAP 主菜单，运行接 PM 生成 PMSAP 数据菜单，再进入参数补充及修改菜单，根据实际需要去修改温度参数，包括混凝土构件效应折减系数（0.3）、弹性模量折减系数（0.8）、温度荷载组合数等。再执行结构分析及配筋计算菜单，最后可进入分析结果图形显示去查看计算结果。

专题 6.7　结构抗震性能设计的《高规》解读

对习惯了过去抗震设计只进行小震下的弹性设计，以保证"小震不坏"，用概念设计和构造措施来保证"中震可修和大震不倒"的许多结构设计师而言，对于现行规范要求的以某种性能目标为控制标准的结构抗震性能设计，特别是在中大震的情况下，对如何把抗震设计从宏观定性向具体量化过渡的设计方法和规范要求还有许多疑惑，这里结合笔者的理解，对结构抗震性能设计的相关内容做一个全面梳理解读，希望能对设计师有所帮助。

《高规》第 1.0.3 条规定：抗震设计的高层建筑混凝土结构，当其房屋高度、规则性、结构类型或场地条件等超过新《高规》的规定或抗震设防标准等有特殊要求时，可采用结构抗震性能设计方法进行补充分析和论证。

《高规》第 3.11.1 条规定：结构抗震性能设计应分析结构方案的特殊性，选用适宜的结构抗震性能目标，并采取满足预期的抗震性能目标的措施。

结构抗震性能目标分为 A、B、C、D 四个等级，结构抗震性能分为 1、2、3、4、5 五个性能水准。

抗震性能设计是以某种性能目标为控制标准，不再是单纯满足规范的承载能力的设计方法。

过去的抗震设计只进行小震下的弹性设计，保证"小震不坏"，用概念设计和构造措施来保证"中震可修和大震不倒"，后者能做到多少，仅能凭借过往经验，但无法量化证实。

而抗震性能化设计是把抗震设计从宏观定性向具体量化过渡。对此软件提供了中（大）震弹性设计，中（大）震不屈服设计等功能，对中大震下实现预期的性能目标提供了计算手段。主要是从承载力和变形验算两个方面进行量化和验证，承载力主要是针对构件，变形验算是针对整体结构的层间位移角。使设计者能够直观地去对比结构在小震和中大震下的计算结果，并以此为依据加强关键或薄弱部位，更具有针对性地进行结构设计。

抗震性能设计的目标主要针对但不限于下面几种情况：①超限建筑结构。②虽然不是超限结构，但结构类型或有些部位布置复杂，难以直接按常规方法进行设计。③位于高烈度区（8、9 度）的甲、乙类结构或处于抗震不利地段的工程，难以确定抗震等级或难以直接按常规方法进行设计的结构。

简单说就是除了严重不规则结构，对特别不规则结构，基本都可按规范进行相应目标的抗震性能设计并进行分析和论证。

对于抗震性能目标的选用，一般需征求业主和有关专家的意见，依据《超限高层建筑工程抗震设防专项审查技术要点》和结构实际情况提出相应的性能目标进行确定，并由设计者来证实并实现其目标。

当设计师做抗震审查申报或复杂结构验算时，性能目标选用标准建议如下：A：小震（1）弹性设计，中震（1）弹性设计，大震（2）基本弹性设计。

A 级主要针对的结构包括：重要结构需要保持弹性状态；特别不规则结构、超限很多、不利地段的结构；业主对安全性有特别要求的结构。

B：小震（1）弹性设计，中震（2）基本弹性设计，大震（3）弹塑性设计，即小中震弹性、大震不屈服。

B 级主要针对的结构包括：和 A 级接近的结构，选 A 的结构也可以选 B，这样可以相应降低造价。

C：小震（1）弹性设计，中震（3）弹塑性设计，大震（4）弹塑性设计。中震不屈服、大震可修。

C 级主要针对的结构包括：特别不规则、超规范较多的结构，建议选 C。

D：小震（1）弹性设计，中震（4）弹塑性设计，大震（5）弹塑性设计。小震不坏、中震可修、大震不倒（竖向构件部分屈服、部分不屈服）。

D 级主要针对的结构包括：高度和不规则性超规范较少的结构，就是一般不规则都可选 D。目标 D 基本相当于现行的设计标准，接近最低标准。

这里 1 和 2 都属于弹性或基本弹性设计，3、4、5 都属于弹塑性设计，但是由于破坏程度不同，它们的有关计算参数、标准是不同的。

针对 1～5 的抗震性能水准要求，规范相应提出了中震弹性、大震弹性、中震不屈服、大震不屈服的计算方法。

水准 1：全弹性设计。小震满足现行规范标准，结构变形参考设计指标值应小于弹性层间位移限值。中震按弹性设计，但不计入风荷载组合，构件内力计算不考虑和抗震等级有关的增大系数。

水准 2：中大震时耗能构件（框架梁、剪力墙连梁）正截面承载力不屈服，其他仍为全弹性设计。中震不屈服即指构件为轻微损坏、接近屈服、达到弹性阶段的极限状态，基本还是属于弹性分析范畴。其结构变形参考设计指标值应小于 1.5 倍弹性层间位移限值；构件承载力按材料强度标准值计算，不考虑荷载分项系数和抗震调整系数。

水准 3、4、5 要进行弹塑性分析，中大震下部分竖向构件不屈服、部分屈服，屈服部位和程度不同，计算参数、承载力标准、层间位移角应符合相应弹塑性变形限值的要求而有所不同。

水准 3：中大震时关键构件和普通竖向构件斜截面应满足弹性，正截面应满足不屈服。耗能构件部分可进入屈服，但斜截面应满足不屈服。结构变形参考设计指标值应小于 2～3 倍弹性层间位移限值。应进行弹塑性分析，可以采用等效弹性方法计算。

水准 4：中大震时关键构件正截面和斜截面应满足不屈服；普通竖向构件部分进入屈服，但截面抗剪应满足受剪截面控制条件，多数耗能构件允许进入屈服。结构变形参考设计指标值应小于 4～5 倍弹性层间位移限值。水平长悬臂结构和大跨度结构中的关键构件还应满足竖向地震为主的正截面不屈服。应进行弹塑性计算分析。

水准 5：大震时关键构件正截面和斜截面满足不屈服；普通竖向构件多数进入屈服，

但截面抗剪应满足受剪截面控制条件；多数耗能构件进入屈服，部分发生较严重破坏。结构变形参考设计指标值应不大于 0.9 倍塑性层间位移限值。应进行弹塑性计算分析，结构承载力下降幅度小于 10%。

对不同的设计方法，地震影响系数最大值取值、组合内力调整系数、抗震等级、荷载分项系数、材料强度、抗震承载力调整系数等都有不同。比如中或大震弹性设计时，地震影响系数最大值要按 2.85 倍小震或 4.5～6 倍小震选取。

从结构承载能力的大小来看，一般来讲是：规范的常规设计方法＜中震不屈服＜中震弹性＜大震不屈服＜大震弹性。

新版抗震性能设计软件操作比较直观，只要抗震性能目标确定后，设计者只要按照抗震性能目标进行对应的中、大震验算，然后再和小震计算结果包络对比或调整或加强就可以了。

旧版软件的相应参数要设计师去单独输入，对应不同标准，其相应规范限值也是不同的。新版软件的操作已经简单化了，不需要设计师单独输入所有参数。

对局部关键构件或局部薄弱加强的验算，主要是分析构件应力，并加以判断。

整体抗震性能分析是为考察本项目在设防地震和罕遇地震作用下的性能水平，采用性能分析方法对其抗震性能进行判定。

针对不同的性能水准和目标，规范规定了需要采用的计算分析方法，有多种方法，弹性分析方法、弹塑性分析方法和等效弹性分析方法等。

等效弹性方法：考虑了阻尼比的增加（中震增加 2%、大震增加 3%）及连梁刚度折减系数（中震 0.3^+、大震 0.2^+），大震特征周期增加 0.05 后的弹性分析，计算中周期不折减、抗震等级取 4 级。特定情况也需要弹塑性分析的方法进行复核。等效弹性方法相对快速和便捷，实质也是弹性计算方法，只是通过调整一些参数，来模拟进入弹塑性后结构刚度的变化（适用 3、4）。

对于 3、4、5 性能水准的结构《高规》要求宜做弹塑性分析。为了方便设计，计算中可适当地考虑结构的阻尼比增加（增加值一般不大于 0.02）以及剪力墙连梁刚度的折减（刚度折减系数一般不小于 0.3）的等效弹性进行设计。

但建议进行弹塑性分析计算时，根据中大震下结构弹塑性的发展情况确定阻尼比，根据连梁的开裂程度确定连梁刚度折减系数。

弹塑性分析的方法规范推荐两种：

静力弹塑性分析，简单、粗放，适用 3、4、5。动力弹塑性分析（弹塑性时程分析），复杂、精细，适用 3、4、5，非线性。若结构进入明显的塑性时，等效弹性分析结果和实际情况会有较大误差，这时就需采用弹塑性分析。

从安全角度对比：弹性分析保守、弹塑性分析激进、等效弹性分析折中。最终是承载力和变形双控并满足构造要求。

专题 6.8 确定结构抗震性能目标实例

依据：

《抗规》中附录 M，实现抗震性能设计目标的参考方法中，给出了对应于不同的结构抗震性能目标的结构构件的抗震承载力、变形能力、构造抗震等级的具体要求，只有这几个方面都满足相应的抗震性能目标要求时，结构才是安全的。同时结构的不同部位的构件可以选用相同和不同的抗震性能要求。

《高规》中 3.11 节：结构抗震性能设计。

实例 1

本工程为 7 度区（0.10g），框架-双核心筒结构，功能为写字楼加底部商业，底层局部设有斜柱。其高度为 145.55m，超过 A 级高度限值且属于 B 级高度限值，具有扭转不规则（商业部分扭转不规则、标准层扭转规则）、其他不规则、竖向尺寸突变三项不规则，但均属一般不规则，且超过规范限值不多。

对本结构而言，关键构件包括：底部加强区的核心筒剪力墙，底部加强区的框架柱，双核心筒之间的框架梁。根据规定，超限工程应进行抗震性能目标设计。

根据抗震性能目标设计的要求，高度和不规则性超规范较少的结构，以及一般不规则的结构，抗震性能目标可选 D 级。针对本工程结构的特点和超限内容，基本符合这个标准。故本工程整体结构按性能目标确定为按 D 级的要求进行设计。另外考虑到关键构件的重要性，同时把关键构件性能目标提高到 C 级。

对应实现上述抗震性能目标的计算方法、变形能力、结构构件承载力的具体设计要求，见表 6.8-1、表 6.8-2。

整体抗震性能设计目标　　　　　　　　　表 6.8-1

地震影响		多遇地震	设防地震	罕遇地震
结构整体性能	性能水准	1	4	5
	震后状况	完好、无损坏，不需修理即可继续使用	中度损坏，修复或加固后可继续使用	比较严重损坏，需排险大修
	层间位移限值	1/800	1/200	1/110
	分析方法	弹性分析	等效弹性分析	等效弹性分析或弹塑性时程分析

结构构件承载力设计要求　　　　　　　　　表 6.8-2

地震影响		多遇地震	设防地震	罕遇地震
性能水准		1	4（关键构件 3）	5（关键构件 4）
关键构件	底部加强区剪力墙	弹性	抗剪弹性(3.11.3-1)(等效弹性)抗弯不屈服(3.11.3-2)(等效弹性)	抗弯不屈服(弹塑性)、抗剪不屈服(等效弹性)满足最小抗剪截面(等效弹性)(3.11.3-2)
	底部加强区框架柱、特定梁	弹性	抗剪弹性(3.11.3-1)(等效弹性)抗弯不屈服(3.11.3-2)(等效弹性)	抗弯不屈服(弹塑性)、抗剪不屈服(等效弹性)满足最小抗剪截面(等效弹性)(3.11.3-2)
普通竖向构件	其他部位剪力墙、框架柱、框架梁	弹性	抗弯允许部分屈服抗剪截面满足(3.11.3-4)	抗剪,抗弯允许较多屈服抗剪截面满足(3.11.3-4 或 5)
耗能构件	框架梁、连梁	弹性	多数构件进入屈服阶段	允许部分发生比较严重破坏

至此，能满足本工程抗震性能设计目标要求的承载力和变形计算标准确定，可以进行软件的计算分析了。

实例2

本工程为 6 度区，钢筋混凝土框架-核心筒结构，功能为酒店公寓。其屋面高度为220m，超过 A 级和 B 级高度限值，同时具有扭转不规则（位移比略大于1.2）、平面凸凹不规则、楼板有大开洞等多项不规则，但超过规范限值不多。

对本结构而言，关键构件包括：底部加强区的核心筒剪力墙，底部加强区的框架柱，凹入处和楼板大洞处的框架梁。应进行抗震专项审查。

本项目主要是高度超限较大，超过 B 级限制210m 且超过 A 级限制46.7%，同时有多项不规则存在，属于较严重不规则。根据抗震性能目标设计的要求，抗震性能目标可选B 级。针对本工程结构的特点和超限内容，基本符合这个标准。故本工程整体结构按性能目标确定为按 B 级的要求进行设计。

对应实现上述抗震性能目标的计算方法、变形能力、结构构件承载力的具体设计要求，见表 6.8-3、表 6.8-4。

整体抗震性能设计目标 表 6.8-3

地震影响		多遇地震	设防地震	罕遇地震
结构整体性能	性能水准	1	2	3
	震后状况	完好、无损坏，不需修理即可继续使用	基本完好、轻微损坏，稍加修理可继续使用	轻度损坏，一般修理可继续使用
	层间位移限值	1/800	1/540	1/333
	分析方法	弹性分析	弹性分析	等效弹性分析或弹塑性分析

结构构件承载力设计要求 表 6.8-4

地震影响		多遇地震	设防地震	罕遇地震
性能水准		1	2	3
关键构件	底部加强区剪力墙	弹性	抗剪弹性(3.11.3-1)(弹性)抗弯弹性(3.11.3-1)(弹性)不出现拉应力	抗弯不屈服(3.11.3-2)(弹塑性)抗剪弹性(3.11.3-1)(弹性)
	底部加强区框架柱、特定梁	弹性	抗剪弹性(3.11.3-1)(弹性)抗弯弹性(3.11.3-1)(弹性)不出现拉应力	抗弯不屈服(3.11.3-2)(弹塑性)抗剪弹性(3.11.3-1)(弹性)
普通竖向构件	其他部位剪力墙、框架柱、框架梁	弹性	弹性不出现拉应力	抗弯不屈服(3.11.3-2)(弹塑性)抗剪弹性(3.11.3-1)(弹性)
耗能构件	框架梁、连梁	弹性	抗弯不屈服(3.11.3-2)(弹塑性)抗剪弹性(3.11.3-1)(弹性)	抗弯抗剪不屈服(3.11.3-2)(弹塑性)

至此，能满足本工程抗震性能设计目标要求的承载力和变形计算标准确定，可以进行软件的计算分析了。

实例3

如实例 2 项目的抗震性能目标确定为 C 类时可参考表 6.8-5、表 6.8-6。

整体抗震性能设计目标　　　　　　　　　　　表 6.8-5

地震影响		多遇地震	设防地震	罕遇地震
结构整体性能	性能水准	1	3	4
	震后状况	完好、无损坏,不需修理即可继续使用	轻度损坏,一般修复后可继续使用	中度损坏,部分较严重,修复或加固后可继续使用
	层间位移限值	1/800	1/333	1/200
	分析方法	弹性分析	等效弹性分析	等效弹性分析或弹塑性时程分析

结构构件承载力设计要求　　　　　　　　　　表 6.8-6

地震影响		多遇地震	设防地震	罕遇地震
性能水准		1	3(关键构件 2)	4(关键构件 3)
关键构件	底部加强区剪力墙	弹性	抗剪弹性抗弯不屈服	抗剪不屈服少数抗弯轻度屈服
	底部加强区框架柱、特定梁	弹性	抗剪弹性抗弯不屈服	抗剪不屈服少数抗弯轻度屈服
普通竖向构件	其他部位剪力墙、框架柱、框架梁	弹性	抗剪弹性抗弯不屈服	抗剪截面满足少数抗弯轻度屈服
耗能构件	框架梁、连梁	弹性	抗剪弹性抗弯允许部分轻度屈服	允许部分发生中等程度破坏

至此,能满足本工程抗震性能设计目标要求的承载力和变形计算标准确定,可以进行软件的计算分析了。

专题 6.9　抗震性能验算参数选取

中震(大震)弹性设计和中震(大震)不屈服设计,是结构抗震的性能设计,必须在结构抗震性能目标确定后,才能进行分析和验算。

中震(大震)弹性是指构件处于弹性状态。

中大震不屈服指构件虽然处于弹性状态但已经达到弹性极限状态,马上将要进入屈服阶段的状态。

结构性能设计时,主要是依据"业主"或审查机构提出的结构整体以及重要构件的性能目标进行,性能目标并不是不可变的,设计师在设计过程中可以起到积极作用。规范中并没有明确给出计算的所有相关参数,这里把计算参数调整的主要内容整理如下,可以供设计师在进行参数检查或设计计算时参考。

(1) 中(大)震弹性

1) 地震影响系数最大值 $\alpha_{\max}$ 按中震(2.8~3.0 倍小震)或大震(4.5~6 倍小震)

取值，PKPM 中直接改。参见《抗规》中 3.10.3 条和表 5.1.4-1 或者《高规》中表 4.3.7-1。

2）取消地震组合内力调整，取 1.0。也可勾选按中（大）震弹性做结构设计，程序自动实现。

3）其余分项系数保留（和小震相同）；抗震等级为四级；材料强度为设计值。

4）基本操作：

地震信息中反应谱曲线按中震或大震输入 α_{max}。

构件抗震等级指定为四级（不考虑地震组合内力调整系数）。

其他设计参数均同小震设计。

自动设计时，点开"中震（或大震）弹性设计"的选项即可。

中大震弹性设计取消内力调整的经验系数，保留了荷载分项系数，也就是保留了结构的安全度和可靠度，属正常设计，相应的配筋也大得多。

（2）中（大）震不屈服

1）地震影响系数最大值 α_{max} 按中震（2.8～3.0 倍小震）或大震（4.5～6 倍小震）取值（PKPM 中直接改）。

2）取消地震组合内力调整，内力调整系数为 1.0（强柱弱梁、强剪弱弯）。也可勾选按中（大）震不屈服做结构设计，程序自动实现。

3）荷载作用分项系数取 1.0（组合值系数不变），材料分项系数、抗震承载力调整系数均为 1.0（PKPM 中直接改）。

4）材料强度取标准值（勾选按中震不屈服做结构设计，程序自动实现混凝土的强度，但钢筋及钢材强度要手动修改）。

5）基本操作：

按中震或大震输入 α_{max}。

按上述要求输入或检查其他系数。

自动设计时，点开"中震（或大震）不屈服设计"的选项即可。

中大震不屈服设计已经去掉所有安全度，属于承载力极限状态设计。

以 PKPM 软件为例，7 度区时，进行结构构件性能计算的参数合理设置可参考表 6.9-1、表 6.9-2 的提示。

中震计算参数选取（等效弹性） 表 6.9-1

计算参数名称	中震不屈服	中震弹性
荷载分项系数	1.0	同小震弹性
材料强度取值	标准值	同小震弹性
材料分项系数	1.0	同小震弹性
承载力抗震调整系数	1.0	同小震弹性
风荷载计算	不计算	不计算
地震最大影响系数	0.23	0.23
特征周期(s)	0.4	0.4
周期折减系数	1.0	1.0

计算参数名称	中震不屈服	中震弹性
结构阻尼比	宜增加 0.005	同小震弹性
中梁刚度放大系数	1.2(1.5)	1.2(1.5)
连梁刚度折减系数	0.6(0.5)	0.6(0.5)
构件地震作用调整	不考虑	不考虑
活荷载最不利布置	不考虑	不考虑
双向地震作用	考虑	考虑
偶然偏心	不考虑	不考虑

大震计算参数选取（等效弹性）　　　　　　　表 6.9-2

计算参数名称	大震不屈服	大震弹性
荷载分项系数	1.0	同小震弹性
材料强度取值	极限值	同小震弹性
承载力抗震调整系数	1.0	同小震弹性
风荷载计算	不计算	不计算
地震最大影响系数	0.5	0.5
特征周期(s)	0.5	0.5
周期折减系数	1.0	1.0
结构阻尼比	宜增加 0.01	同小震弹性
中梁刚度放大系数	1.0	1.0
连梁刚度折减系数	0.4	0.4
构件地震作用调整	不考虑	不考虑

至于如何查看计算结果，这里仅以中震不屈服的计算举例进行说明。

输出结果主要查看位移是否满足 1/333。

查看两个方向底部剪力，与多遇地震底部剪力比值，是否小于 2.8，略小于则说明小部分耗能构件（连梁、框架梁）已发挥作用。

查看抗倾覆结果，看是否满足要求，基底是否出现零应力区。

查看是否有墙肢受拉，对受拉墙肢提取中震作用下恒载、活载及地震工况下的轴向力，轴向力除以墙肢面积得到墙肢应力 σ_k，看其是否大于混凝土轴心抗拉强度标准值 f_{tk}。对受拉墙肢纵筋取包络配筋等。

专题 6.10　设计总说明中起拱要求的误区

很多设计院的结构设计总说明中都有注明"当现浇钢筋混凝土梁、板跨度大于 4m 或悬臂梁跨大于 2m 时应按起拱施工，起拱高度按混凝土验收规范为跨度的 1/1000～3/1000"。

结构设计总说明的这条是不正确的，或者是不完全正确的。这是设计师未能正确理解施工起拱和设计要求起拱的区别，在图纸总说明上这样统一的要求起拱，可能会适得其反，甚至埋下安会隐患。

我们在验算受弯构件的挠度时，当挠度大于《混凝土规范》对受弯构件挠度的限值时，我们都会首先调整修改设计，比如梁的高度值，直到满足《混凝土规范》对受弯构件挠度的限值要求为止。正常情况下我们是不必要在图中注明梁、板起拱的。

《混凝土规范》中 3.4.3 条是对受弯构件挠度限值的要求，条文注解中有当计算受弯构件的挠度大于限值时，可预先起拱的说明。就是验算挠度值时，可将计算所得的挠度值减去预先起拱值。就是说计算的受弯构件挠度大于《混凝土规范》对挠度的限值要求时，设计可以要求起拱。并不是指"当现浇钢筋混凝土梁、板跨度大于 4m 或悬臂梁跨大于 2m 时应按起拱施工"。这种一刀切的要求，不是设计的要求，也不宜出现在设计总说明上。另外《混凝土规范》要求起拱值为计算挠度减去挠度限值，起拱值是需要设计师根据计算结果确定下来的，而不是交给施工单位根据某规范自行确定的，这种做法不符合《混凝土规范》要求。

上述设计总说明中那样要求，实质上是没有搞清楚对大跨构件的施工起拱与设计起拱的区别。

（1）施工起拱

2011 版《混凝土结构工程施工质量验收规范》GB 50204—2002 中 4.2.5 条：对跨度不小于 4m 的现浇钢筋混凝土梁、板，其模板应按设计要求起拱；当设计无具体要求时，起拱高度宜为跨度的 1/1000～3/1000。

2015 版《混凝土结构工程施工质量验收规范》GB 50204—2015 中 4.2.7 条的条文说明对此的解释是：对跨度较大的现浇混凝土梁、板的模板，考虑到自重的影响，适度起拱有利于保证构件的形状和尺寸；其起拱高度未包括设计起拱值，只考虑模板本身在荷载下的下垂。

施工起拱主要是考虑混凝土在本身重力作用下发生的塑性变形，是混凝土的徐变影响。那么施工时对起拱值的确定就是一个变数，比如拆模时间早，起拱值可取上限，拆模时间晚就取下限；跨度大取下限，跨度小取上限；对钢模板可取偏小值，对木模板可取偏大值等。和设计的起拱目的是不同的。

施工起拱是针对施工模板、支撑等构件在构件自重作用下产生的压缩变形和侧向变形的，这些变形会导致梁板的下塌。为防止这种影响，施工时模板预先向上方起拱。施工完成后这个起拱高度应该和模板、支撑的变形基本是抵消的。

（2）设计起拱

当设计计算时受弯构件挠度大于《混凝土规范》对挠度的限值要求，设计可要求起拱，且设计起拱值为计算挠度减去挠度限值；还有一种情况是对大跨构件的外观有较严格要求时，例如计算挠度变形是 200mm，尽管不大于规范限值，但考虑外观要求，设计可以要求起拱比如 120mm，在构件完成变形后只存在不大于 80mm 的挠度。

设计起拱值是通过计算得出的固定值，拆除模板后设计的起拱高度是应保留在构件上面的，并要符合设计要求。

因此仅按结构设计总说明这种要求进行起拱，对大跨构件将会导致大于或小于设计起拱值的情况出现，特别是当设计计算确定的起拱值大于 1/1000～3/1000 较多时，会出现实际构件的挠度值大于《混凝土规范》的挠度限值而产生隐患。

因此对计算能满足挠度要求的构件，结构设计总说明没必要要求起拱；无法满足计算要求时，应按照计算挠度减去挠度限值的计算结果要求设计起拱；而《混凝土结构工程施工质量验收规范》的起拱要求应由施工方自行处理执行才是正确的做法。

专题 6.11 超限高层常用计算方法简述

（1）多遇地震分析方法

弹性（振型分解）反应谱分析也称规范法，适用于大量的工程计算。用于有一般不规则项的高层建筑计算分析时，需要采用两个不同力学模型的软件对比计算。限于弹性阶段计算分析。

弹性时程分析，适用于特别不规则建筑、复杂高层、甲类建筑和《抗规》中表 5.1.2-1 中所列建筑以及 7～9 度抗震设防时不满足《高规》中 3.5.2～3.5.6 条规定的高层建筑，需进行弹性时程分析补充计算。重点是针对底部剪力、楼层剪力、层间位移进行对比，和反应谱分析结果进行包络配筋设计。

多遇地震的这种计算分析方法主要目的是从结构强度（截面承载力）、位移（位移比，层间位移角）、延性（轴压比，剪压比，配筋率等）、抗扭刚度（周期比等）、竖向规则性（层刚度比，层抗剪承载力比）等几个方面对结构进行分析。

（2）设防地震分析方法

应采用弹性时程分析、等效弹性分析或静力推覆分析、弹塑性时程分析（动力时程分析）方法计算。具体哪种方法根据性能目标按以下规范要求选择。

《抗规》中附录 M.1.3-1 条：构件总体上处于开裂阶段或刚刚进入屈服阶段，可取等效刚度和等效阻尼比，按等效线性方法进行估算；构件总体上处于承载力屈服至极限阶段，宜采用静力或动力弹塑性时程分析方法进行估算；构件总体上处于承载力下降阶段，应采用动力弹塑性时程分析方法进行估算。

《高规》中 3.11.4-1 条：高度小于等于 150m 超限高层建筑，可进行弹塑性静力时程分析；高度大于 200m 的高层建筑适用于弹塑性动力时程分析；高度在 150～200m 之间的高层建筑，可根据不规则程度选取中大震弹塑性静力时程分析或弹塑性动力时程分析；高度超过 300m 的结构，应有两个独立的计算软件进行校核计算。

结构位移比>1.5（1.4）并且≤1.8，扭转平动周期比>0.9（0.85）并且≤0.95 的结构以及有抗震性能设计要求的结构，应做中震设计。

对部分复杂超限结构，根据超限细则，需要中震弹性或不屈服设计。

中震弹性分析，B 级高度的超限高层宜满足中震弹性分析；中震不屈服分析，A 级高度的超限高层宜满足中震不屈服分析（等效弹性）、中震弹塑性时程分析。

原则上对抗震性能水准 1、2、3 的结构可采用等效弹性计算方法计算分析；对抗震性能水准 4、5 的结构采用动力弹塑性分析方法计算分析。

设防地震分析主要目的是从结构弹塑性破坏过程、弹塑性层间位移角、薄弱层或薄弱部位、防倒塌设计等几个方面进行结构分析。

（3）罕遇地震分析方法

应采用简化弹塑性分析方法或弹塑性时程分析方法。罕遇地震下结构都会进入非线性状态，因此罕遇地震作用的计算常有两种，一种是静力弹塑性分析，也叫静力非线性分析，加载方式影响结果的准确性。另一种是动力弹塑性时程分析，也叫动力非线性分析，地震波的选取影响结果的准确性。

另外结构高度不同或超限程度不同采用的计算分析方法也各有侧重，具体选用可以按（2）中的《高规》和《抗规》条文要求采用。

罕遇地震分析主要目的是进一步从结构弹塑性（塑性）破坏过程、弹塑性（塑性）层间位移角、薄弱层或薄弱部位、防倒塌设计等几个方面进行结构分析。可以根据塑性变形、损伤情况判断结构大震不倒；根据塑性发展，判断关键构件满足承载力情况；对薄弱部位和构件提出加强措施。

上述所有计算分析方法的分析目的：具体构件主要是保证承载力和满足延性指标要求；整体指标主要是层间位移角满足相应要求。根据整体结构的弹塑性变形值（位移角），判断结构是否满足大震不倒的要求。根据塑性损伤情况判断关键构件的抗震承载力的情况。发现薄弱部位采取加强措施。

（4）特殊情况的补充计算分析项目（局部应力分析）

楼板应力分析：各类复杂楼板，应进行楼板抗震受力的应力分析计算。

楼盖舒适度验算：大跨度楼盖结构，应给出楼盖结构的竖向振动频率、竖向振动加速度峰值等计算结果。

温度应力分析：未设置伸缩缝的较大面积楼板，宜进行温度应力分析。

专题 6.12　不同荷载组合的应用解析

《荷载规范》在荷载组合中给出了荷载的基本组合、偶然组合、标准组合、频遇组合和准永久组合，如何去正确应用？

荷载组合即荷载效应组合，指各类构件设计时不同极限状态所应取用的各种荷载及其相应的代表值的组合。要取最不利进行设计。

（1）基本组合是承载能力极限状态计算时荷载效应组合，是永久荷载和可变荷载的组合。它包括以永久荷载效应控制的组合和可变荷载效应控制的组合，荷载效应设计值需要取两者的大值。两者中的分项系数取值是不同的。

实际设计中常用的基本表达式为：可变荷载效应控制时为 $1.3G_k + 1.5Q_k$（G_k、Q_k 分别为永久荷载和可变荷载标准值），永久荷载效应控制时为 $1.35G_k + 0.7 \times 1.5Q_k$。

由此可知，当 $1.35G_k + 0.7 \times 1.5Q_k > 1.3G_k + 1.5Q_k$ 时，即 $G_k/Q_k > 9$ 时，取 $1.35G_k + 0.7 \times 1.5Q_k$，其他取 $1.3G_k + 1.5Q_k$ 进行设计。这些在计算软件中会自动对比后取不利值进行设计。

（2）偶然组合是包含了偶然荷载标准值的组合，也是承载能力极限状态计算的荷载效应组合，当存在爆炸、撞击等偶然荷载时，承载能力极限状态计算应采用第一个可变荷载的频遇值系数及其他可变荷载的准永久值系数进行组合。

分为用于承载能力极限状态计算的效应设计值和用于偶然事件发生后受损结构整体稳固性验算的效应设计值两种表达形式。

标准组合、频遇组合和准永久组合都是属于正常使用极限状态设计的荷载效应组合。

需要根据不同的设计要求分别采用。

（3）标准组合是含有起控制作用的一个可变荷载标准值效应的组合，属于短期效应组合，是正常使用极限状态计算时，采用标准值或组合值为荷载代表值的组合。主要用来验算一般情况下构件的挠度、裂缝、应力等正常使用极限状态问题。标准组合是不需要考虑荷载分项系数的，这里的恒载和活荷载都用标准值。比如计算基础面积或布置桩时，要用标准组合（$1.0G_k + 1.0Q_k$）。

（4）频遇组合是含有可变荷载频遇值效应的组合，目前在实际设计中几乎很少有应用。可变荷载的频遇值等于可变荷载标准值乘以频遇值系数。频遇值系数：可变荷载在设计基准期内，其超越时间的较小比率或超越频率的值。

（5）准永久组合是含有可变荷载准永久值效应的组合，与过去的长期效应组合相同，其值等于荷载的标准值乘以准永久值系数。它考虑了可变荷载对结构作用的长期性，其超越总时间约为设计基准期一半的值。准永久组合常用于考虑荷载长期效应对结构构件正常使用状态影响的分析中。简单可以理解为，准永久组合＝$1.0G + 0.5Q$（风、地震不参与组合）。

准永久系数：可变荷载作用在结构上达到或超过某一荷载值的持续时间较长，可乘以该系数，使其变成准永久值（永久荷载）。

频遇值、准永久值都是可变荷载的折减值。由于各种可变荷载在概率上不太可能同时出现，如果全部用标准值累加就偏大。所以根据设计要求的不同，要乘以不同的系数进行折减。

组合系数：结构上同时作用多种可变荷载时，同时达到预计值的最大值的概率，是考虑设计组合时，不起控制作用的可变荷载乘的系数。

在设计中，只有在按承载能力极限状态设计时才需要考虑荷载分项系数的基本组合；在按正常使用极限状态设计中，当考虑荷载标准组合时，恒载和活荷载都用标准值；当考虑荷载频遇组合和准永久组合时，恒载用标准值，活荷载用频遇值和准永久值。

专题 6.13　设计中非常规的构造详图

（1）次梁底标高和主梁相同时，次梁底筋应置于主梁底筋之上，详见图 6.13-1 次梁底标高和主梁相同时构造图。

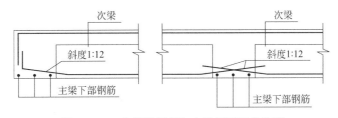

图 6.13-1　次梁底标高和主梁相同时构造图

（2）次梁底标高低于主梁时，应设置吊筋，详见图 6.13-2 次梁底标高低于主梁的构造图。

（3）现浇板内埋设管线时，管线应布置在上下两层钢筋之间，如埋设管线处无上层钢筋，应附加钢筋网，详见图 6.13-3 现浇板内埋设管线构造图左图。如板内管线比较密集，应采用⏀6@200 钢筋网与支座负筋搭接处理，详见图 6.13-3 右图。

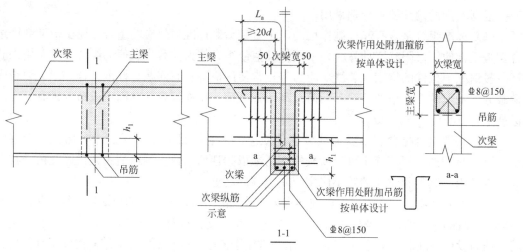

图 6.13-2　次梁底标高低于主梁时构造图

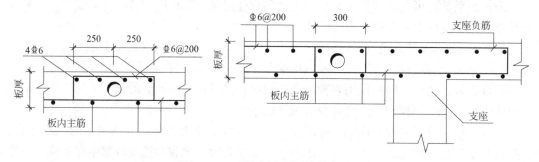

图 6.13-3　现浇板内埋设管线构造图

（4）变截面梁配筋构造详见图 6.13-4。

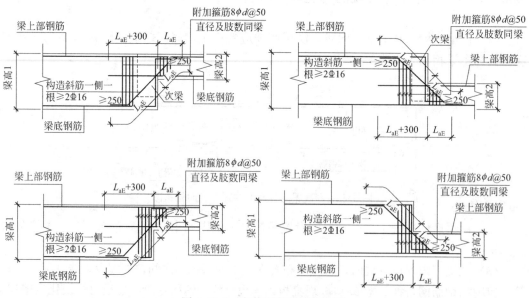

图 6.13-4　变截面梁配筋构造图

（5）桩头防水构造详见图 6.13-5。

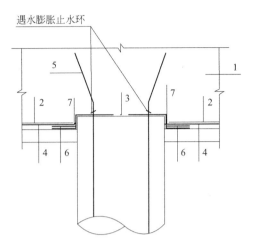

图 6.13-5　桩头防水构造图

1—结构底板或柱墩；2—防水保护层；

3—水泥基渗透结晶型防水涂料（卷材与涂料搭接不小于 300mm）；

4—防水卷材；5—桩头钢筋；6—20 厚 1：2 聚合物水泥砂浆防水层；7—防水密封膏

（6）多支框架梁和框架柱相交的节点锚固措施详见图 6.13-6。

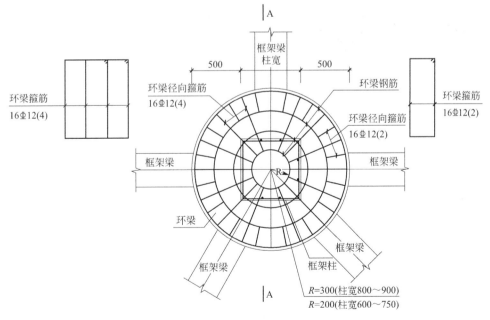

（该大样用于梁柱节点处梁数≥5或无法保证梁在柱中锚固长度时）

图 6.13-6　多支框架梁和框架柱相交的节点锚固措施图（一）

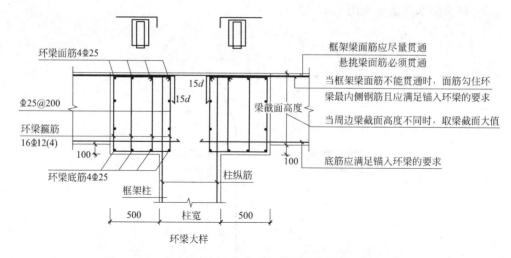

图 6.13-6　多支框架梁和框架柱相交的节点锚固措施图（二）

（7）水平折梁大样构造详见图 6.13-7。

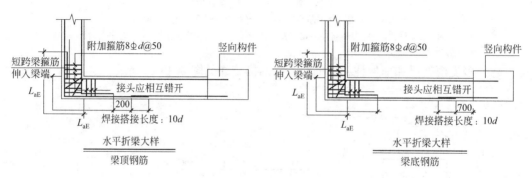

图 6.13-7　水平折梁大样构造图

（8）剪力墙处上翻梁的构造详见图 6.13-8。

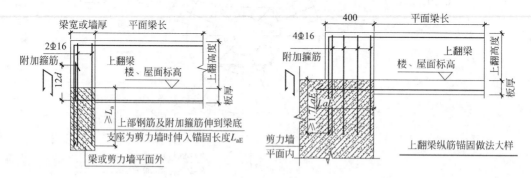

图 6.13-8　剪力墙处上翻梁的构造图

（9）筏板高差处与桩连接构造详见图 6.13-9。

（10）梁支座锚固不足节点构造图详见图 6.13-10 梁支座筋锚入板内或弯折处加横向短筋帮条焊图和图 6.13-11 墙顶处加暗梁或梁下加腋图。

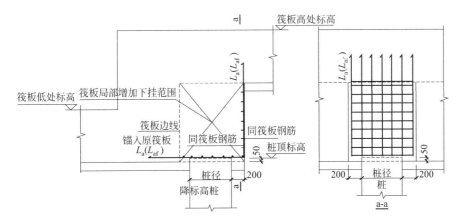

图 6.13-9 筏板高差处与桩连接构造图

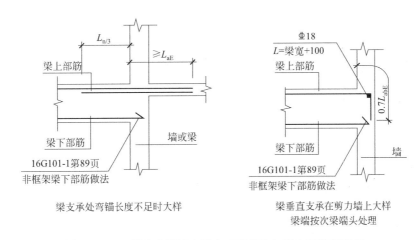

图 6.13-10 梁支座筋锚入板内或弯折处加横向短筋帮条焊

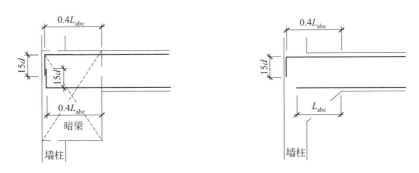

图 6.13-11 墙顶处加暗梁或梁下加腋

（11）陡坡处嵌岩桩构造参考详图 6.13-12。

（12）地基处理中桩土复合地基坡面构造详图 6.13-13。

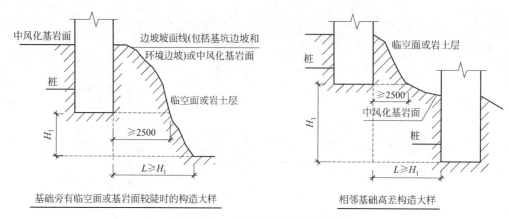

图 6.13-12　陡坡处嵌岩桩构造详图

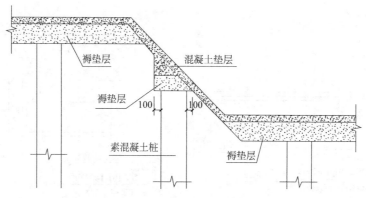

图 6.13-13　桩土复合地基坡面构造详图

专题 6.14　建模计算中荷载输入的两个问题

（1）活荷载输入问题

《荷载规范》的民用建筑楼面均布活荷载表 5.1.1 中规定：本表各项荷载不包括隔墙自重和二次装修荷载；对固定隔墙的自重应按永久荷载考虑，当隔墙位置可灵活自由布置时，非固定隔墙的自重应取不小于 1/3 的每延米长墙重（kN/m）作为楼面活荷载的附加值（kN/m²）计入，且附加值不应小于 1.0kN/m²。

因此固定隔墙按永久荷载对待；非固定隔墙及二次装修荷载应按活荷载对待，具体数值视情况而定。设计者应按该要求在输入楼面活荷载标准值时，在《荷载规范》提供的楼面均布活荷载标准值的基础上再加非固定隔墙及二次装修荷载。但是在实际所见的设计中很多忽略了这两个荷载，即使增加的话基本都是加在永久荷载项。

造成二次装修荷载作为恒载输入的原因，一方面是理解错误或重视不足问题；另一方面也有《荷载规范》前后条款不一致的原因。

《荷载规范》中第 4.0.1 条：永久荷载应包括结构构件、围护构件、面层及装饰、固定设备、长期储物的自重、土压力、水压力以及其他需要按永久荷载考虑的荷载。其条文说明还有：民用建筑二次装修很普遍，而且增加的荷载较大，在计算面层及装饰自重时必须考虑二次装修的自重。

从上可见《荷载规范》中第 4.0.1 条，非常明确地将二次装修荷载作为了永久荷载考虑。

但是在《荷载规范》中第 5.1.1 条，关于民用建筑楼面均布活荷载的规定中清楚地表明可移动隔墙荷载和二次装修荷载属于活荷载。且本条属于强制性条文，执行力优先于 4.0.1 条。

（2）活荷载折减超范围问题

活荷载折减是《荷载规范》基于安全的基础上，为经济而制定的强制性条款。5.1.2 条文说明中：作用在楼面上的活荷载，不可能以标准值的大小同时布满在所有的楼面上，因此在设计梁、墙、柱和基础时，还要考虑实际荷载沿楼面分布的变异情况，也即在确定梁、墙、柱和基础的荷载标准值时，允许按楼面活荷载标准值乘以折减系数。

活荷载折减设计要遵守，但不能扩大化或者不在折减范围的也进行折减。《荷载规范》的楼面活荷载折减是针对"民用建筑楼面均布活荷载"进行折减，这里应注意工业建筑和屋面活荷载不在此列，设计中容易被忽略也进行了折减，这种情况时有发生。

《荷载规范》中 5.1.2 条，第 1（1）项当楼面梁从属面积超过 $25m^2$ 时，折减系数取 0.9。该款内容只适用于"住宅、宿舍、旅馆、办公楼医院病房、托儿所、幼儿园"。其余的比如学校教室、医院门诊室、商业、展厅等活荷载均不能按此条款进行楼层折减，设计中经常看到被同样进行折减了，应加以注意。

专题 6.15 结构加固设计常用方法的施工要求

（1）增大截面加固法的基本要求

把构件表面的抹灰层或饰面层铲除，对混凝土表面存在的缺陷清理至露出骨料新面后，将表面凿毛，要求打成麻坑或沟槽。若采用三面或四面外包加固梁或柱时，应将其棱角打掉。如不便在原有混凝土表面进行凿毛处理，也可在构件的结合面锚入锚栓。

清除混凝土表面的浮块、碎渣、粉末，并用压力水冲洗干净，若采用喷射混凝土加固，宜用压缩空气和水交替冲洗干净。

若原构件有裂缝，应采用相容性良好的裂缝修补材料进行修补，并在浇筑混凝土前，在原有混凝土结合面上先涂刷一层高粘结性能的混凝土结构界面剂。

加固钢筋和原有构件受力钢筋之间采用连接短钢筋焊接时，应凿除混凝土的保护层并至少裸露出钢筋截面的一半，对原有和新加受力钢筋都必须进行除锈处理，在受力钢筋上施焊前应采取卸荷载或临时支撑措施。

施工完成后，由于原结构混凝土收缩已完成，后浇混凝土凝固收缩时易造成界面开裂或板面后浇层龟裂。在浇筑加固混凝土 12h 内就开始泡水养护，养护期为两周，可用两层麻袋覆盖，定时浇水。

（2）混凝土构件粘钢板加固法的基本要求

构件表面处理：表面处理包括加固构件结合面处理和钢板贴合面处理。首先应打掉构件的抹灰层，如局部有凹陷、破损，应凿毛后用高强度水泥砂浆或修补胶修补后再进行处理。对裂缝部位也应封闭处理。

钢板粘贴前应用工业丙酮擦拭钢板和混凝土的粘合面各一道。若结构胶粘剂产品使用说明书要求刷底胶，应按规定进行涂刷。

卸荷：为减轻和消除后粘钢板的应力、应变滞后现象，粘贴钢板前宜对构件进行卸荷，如用千斤顶顶升方式卸荷。对于承受均布荷载的梁，应采用多点均匀顶升；对于有次梁作用的主梁，每根次梁下要设一个千斤顶。顶起吨位以顶面不出现裂缝为准。

配胶：粘贴钢板使用的结构胶粘剂在使用前应进行现场质量检验，合格后方能使用，使用时应按产品说明书规定进行配制。

涂敷胶及粘贴：胶粘剂配制好后，用抹刀同时涂抹在已处理好的混凝土表面和钢板上，然后将钢板贴于预定位置。

固定与加压：钢板粘贴时表面应平整，段差过度应平滑，不得有折角。钢板粘贴后应立即用卡具夹紧或支撑，最好是采用锚栓固定，并适当加压，加压点均匀布置；锚栓一般是钢板的永久附加锚固，其埋设孔洞应与钢板一道于涂胶前配钻。不得考虑锚栓与胶层的受力。

混凝土与钢板粘结的养护温度不低于15℃，若养护温度低于15℃，应按产品使用说明书的规定，采取升温措施或改用低温固化型结构胶粘剂。

钢板与混凝土之间的粘结质量可用锤击法或其他有效探测法进行检查。按检查结果推定的有效粘贴面积不应小于总面积的95%。

防腐粉刷：粘贴钢板加固的钢板，应按设计要求进行防腐处理。可在钢板表面粉刷水泥砂浆保护，并在抹灰时涂刷一道混凝土界面剂。

（3）构件外包型钢加固法的基本要求

表面清理：清除原构件表面的尘土、浮浆、污垢、抹灰层或饰面层，如出现剥落、空鼓等老化现象的部位应予剔除，用指定的修补材料修补，裂缝部位也进行填补和封闭处理。

表面处理：将混凝土结合面凿毛，然后打磨平整。加固梁和柱时，应将其截面的棱角打磨成圆角，并用钢丝刷刷毛，用压缩空气吹净；角钢、扁钢及箍板与混凝土的结合面应除锈和糙化处理，糙化可采用喷砂或砂轮打磨。

骨架安装：在混凝土的结合面刷一薄层结构界面剂或环氧树脂浆；采用专门卡具将角钢及扁钢箍卡贴于构件预定结合面，并箍牢和顶紧，应在原构件表面上每隔一定距离粘贴小垫片，使钢骨架与原构件之间留有一定的缝隙，以备注胶液；型钢骨架各肢安装并校准后应彼此进行焊接，扁钢箍与角钢应采用平焊连接，若扁钢箍焊在角钢外表面上，应用环氧胶泥填塞扁钢箍与混凝土之间的缝隙；型钢骨架全部杆件的缝隙边缘，应采用封缝胶或环氧胶泥进行严密封缝，应保持杆件与原构件混凝土之间注胶通道畅通，待封缝胶固化后，进行通气试压；封缝、注胶等工序均应在型钢构架全部焊接完成后才进行。

注胶：灌注用的结构胶粘剂应经试配，并测定其初黏度，对结构构造复杂工程和夏季施工工程，还应测定其适应期；灌注压力的取值应按产品使用说明书提供了合适的压力范围及推荐值，即可按其推荐的灌注压力对加压注胶全过程进行实时控制；注胶施工结束后，应静置72h进行固化过程的养护。养护期间，被加固部位不得受任何撞击和振动的影响。

外包型钢加固的防护：外包型钢加固混凝土构件时，型钢表面（包括混凝土表面）必须进行防护处理，可以在外包型钢的表面点焊一层钢丝网，然后用高强度等级的水泥浆抹不小于 25mm 厚的保护层，也可以采用聚合物砂浆或其他具有防腐和防火性能的饰面材料加以保护。

对于外包钢加固法：干式外包钢法，由于型钢与原构件间无有效的粘结，因而其所受的外力，只能按原柱和型钢的各自刚度进行分配，外包型钢按照钢结构规范设计；湿式外包钢计算方法按照加固规范进行计算，因为两者粘结后能形成共同工作的复合截面构件，承载力得到更大的发挥，但是由于型钢与混凝土中间要注结构胶，胶体的使用年限一般只有 30 年；所以如何选择这两种方法可结合结构使用年限相应选取。

专题 6.16　加固设计中对材料的基本要求

（1）锚栓：在抗震设防区承重结构加固中所用锚栓应采用自扩底锚栓或特殊倒锥形锚栓。进场时应进行检查，并应对锚栓钢材受拉性能指标进行见证抽样复检。对地震设防区，还应复查该批锚栓是否属地震区适用的锚栓。锚栓外观表面应光洁、无锈、完整，栓体不得有裂纹或其他局部缺陷；螺纹不应有损伤。应对锚栓的性能和质量进行严格的检查和复验。

后扩底锚栓是可用于抗震设防区承重结构的机械锚栓的统称。后扩底锚栓包括自扩底锚栓，模扩底锚栓及胶粘模扩底锚栓三类。

有机械锁键效应的后扩底锚栓应采用符合现行国家规范标准《低合金高强度结构钢》GB/T 1591—2018 中规定的 Q355 钢，且钢材强度性能指标必须符合《混凝土结构后锚固技术规程》JGJ 145—2013 表 3.2.3、表 3.2.4 的规定；不得采用膨胀锚栓作为承重结构的连接件；当采用焊接构件时，不得采用后置化学锚栓。

（2）混凝土：加固用的混凝土应采用收缩性小、微膨胀、粘结力强、早期强度高的混凝土。当选用聚合物混凝土、微膨胀混凝土、喷射混凝土、钢纤维混凝土、合成短纤维混凝土时，或结构加固用的混凝土须采用早强、防冻或其他外加剂时，应在施工前进行试配，经检验其性能符合设计要求后方可使用。

在承载力满足设计要求的前提下，采用比原结构提高一级微膨胀混凝土，浇筑困难时宜采用细石混凝土或喷射混凝土或灌浆料。混凝土中粗骨料最大粒径不宜大于 20mm，采用细石混凝土或喷射混凝土，现场拌制混凝土时不宜大于 12mm。混凝土坍落度以 40～60mm 为宜，对浇筑特别困难或质量难以保证部位可采用混凝土灌浆料或部分采用混凝土灌浆料；对原构件混凝土表面应经处理，设计文件应对所采用的界面处理方法和处理质量提出要求；一般情况下，除混凝土表面应打毛清洁外，尚应采取涂布结构界面胶、种植剪切销钉或剪力键等措施，以保证新旧混凝土共同工作。

（3）植筋：植筋基材表面温度应符合胶粘剂使用说明书要求，原构件锚固部位的混凝土不得有局部缺陷，否则应先进行补强或加固处理后再植筋。

结构加固时植筋所采用钢筋定义为带肋钢筋，不能使用冷轧扭钢筋及光圆钢筋。带肋钢筋的横肋能够使植筋胶体在锚固段形成与钢筋相咬合的肋体，这些肋体保证了植筋的长期锚固性。非承重结构的构造拉结筋的锚固植筋加固可采用光圆钢筋，如框架结构填充墙拉结筋。钢筋必须按要求除锈，钢筋不能有油渍等杂物。植筋表面如需刷防护层时，需植筋固化后进行。植筋固化完成后，现场检测抗拔力时，植筋的抗拔力要求必须大于钢筋抗拉强度的设计值。

选择植筋胶对于锚固植筋加固工程也很重要，必须满足《混凝土结构加固设计规范》GB 50367—2013 的要求。植筋胶必须进行胶体性能的检测。

采用植筋技术对混凝土结构进行加固改造时，原构件的混凝土强度等级应按现场检测结果确定。当采用 HRB335 级钢筋种植时，原构件的混凝土强度等级不得低于 C15；当采用 HRB400 级钢筋种植时，原构件的混凝土不得低于 C20。

当混凝土构件尺寸不满足植筋深度要求时，可采用端部锚固做法。

（4）结构加固用胶粘剂：所有加固用的胶粘剂其性能均应符合《工程结构加固材料安全性鉴定技术规范》GB 50728—2011 中第 4.2.2 条的规定。并需通过长期应力作用能力的检验。严禁使用不饱和聚酯树脂和醇酸树脂作为胶粘剂。

粘贴碳纤维布的胶粘剂必须采用专门配制的改性环氧树脂胶粘剂，对符合安全性要求的纤维织物复合材或复合板材，应采用良好适配性的配套粘贴材料和表面防护材料。当与其他结构胶粘剂配套使用时，应对其抗拉强度标准值、纤维复合材与混凝土正拉粘结强度和层间剪切强度重新做适配性检验。底胶和修补胶应与浸渍、粘结胶相适配，其安全性能应符合规范要求。如选免底涂且浸渍、粘结与修补兼用的单一胶粘剂，应有厂商出具免底涂胶粘剂的证书。

粘贴钢板或外粘型钢的胶粘剂必须采用专门配制的改性环氧树脂胶粘剂，其安全指标必须符合规范要求。

种植锚固件的胶粘剂必须采用专门配制的改性环氧树脂胶粘剂或改性乙烯基酯类胶粘剂，其安全指标必须符合规范要求。胶粘剂填料必须在工厂制胶时添加，严禁在施工现场掺入。

胶粘剂的钢-钢粘结抗剪性能必须经湿热老化检验合格。处于寒冷地区用胶粘剂，应具有耐冻融性能试验合格证书。胶粘剂必须通过毒性检验，对完全固化的胶粘剂，其检验结果应符合实际无毒卫生等级的要求。

粘贴在混凝土梁上的钢板，表面应进行对钢板和胶粘剂无害的防锈蚀处理，并应按原建筑的耐火等级对钢板和胶粘剂进行防护。

（5）混凝土灌浆料：加固工程中使用的灌浆料，其质量及性能指标必须符合现行规范要求；施工满足现行《水泥基灌浆材料应用技术规范》GB/T 50448—2015 的要求。

灌浆料为了满足灌浆施工自行流动的要求，灌浆料的流动度必须大于 240mm。

灌浆料的 1d 竖向自由膨胀率为 0.1%～0.5%，6 个月的剩余竖向自由膨胀率大于 0.05%。灌浆料的抗压强度指标要求为 R28≥40MPa。

灌浆料与光面钢筋的粘结强度一般应大于或等于 6MPa，与螺纹钢筋的粘结强度一般应大于或等于 30MPa。

（6）碳纤维复合材、钢材的要求在《混凝土结构加固设计规范》GB 50367—2013 中已有比较详细要求，遵照执行即可。

专题 6.17 加固设计对常规施工工艺的基本要求

（1）支撑卸荷措施

在缺陷梁柱构件周边梁板位置，设置型钢及千斤顶进行临时卸荷支撑保护，支撑力须满足上部静荷载的要求，所有过程及使用构件都要经过结构的相应计算确定，结构需要满足使用阶段和施工阶段的要求。结构要始终处于安全状态。支撑用型钢及千斤顶系统视情况和结构计算需要确定支撑的层数。型钢或钢管支撑系统的设置需要满足相应的工艺流程和构造要求。

（2）凿除与钢筋修整

凿除缺陷混凝土梁柱，应人工自柱上往下进行，由外到里，小心剔除松散混凝土，直至露出坚实的混凝土，并保持干燥。

剔除缺陷柱体混凝土，到达缺陷边缘后，再向内部清除不小于 30mm；直至坚实致密混凝土为止。

凿除过程应尽量保护竖向主筋不被凿伤，如弯曲需进行纠直，难以纠直者加筋焊接，箍筋重新按设计进行开料绑扎。

重新绑扎、修正原有梁钢筋，按设计要求调整箍筋间距并绑扎牢固，按要求放置水泥垫块。

对于明显损伤的主筋和箍筋，应进行替换，搭接处采用焊接处理。

（3）构件加大截面浇捣技术要求

新旧混凝土结合面刷涂界面胶后，以高标号的微膨胀高强度灌浆料浇捣，强度比原梁柱混凝土强度提高一个级配。

新增截面混凝土浇捣，采用高位灌浆方法进行，灌浆过程中不应采用机械振捣，采用钎插进行抽插内部，并不断敲击模板外围，直至确保灌注饱满并在喇叭口处出现浆料溢流后，方可停止灌浆。

模板安装时，确保浇筑灌浆料后的观感质量，模板支设好后要求进行垂直度检查，符合规范。

灌浆采用逐步加压方式，直至溢流口流出浓浆为止，注浆过程中需不时敲击模板外侧以确保浆体饱满。

采用无收缩灌浆料浇筑前，先对模板底口及交接处进行封堵，封堵应严密牢固，防止出现浇筑漏浆、麻面等质量缺陷。对混凝土基面充分洒水浸润并涂刷水泥浆等界面结合剂。

浇筑 24h 后拆模，浇水湿润后覆盖塑料薄膜保养，达到强度要求 75% 后，卸除临时支撑体系，修复受力点，新增截面及修补后的原框架柱共同作用，恢复受力。

（4）植筋技术要求

植筋基本程序包括：基材检查、定位、成孔、清孔、钢筋处理、配胶与注胶、插筋、养护、检验等。

植筋深度选择：通常为 15d，条件受限时为 10d；需满足《混凝土结构加固设计规范》GB 50367—2013、《混凝土结构后锚固技术规程》JGJ 145—2013 要求。

按设计要求标示植筋钻孔位置、型号，然后用钢筋探测仪扫描原结构钢筋位置，调整植筋孔位。

钻孔完毕，用毛刷将孔壁刷净，然后用无油压缩空气将孔内粉屑吹出，如此宜反复进行数次，钻孔孔内应保持干燥。

锚固胶配置应使用成品，使用专用注胶枪注入孔内，不得现场配置。将锚固胶从底部开始注入孔内，若孔较深可用细钢筋轻微捣实，锚固胶填充量以插入钢筋后有少量料剂溢出为宜。

钢筋或螺栓应单向旋转并对中插入植筋孔，插入预定深度后露出段应予以固定不得晃动。锚固胶填充量应保证插入钢筋后周边有少许胶料溢出。

（5）裂缝灌注工艺要求

剔除缝口表面的松散杂物，用压缩空气清除槽内浮沉；沿缝长范围内用丙酮进行洗涮，擦净表面。小于 0.20mm 的混凝土裂缝应封闭处理。大于 0.20mm 的混凝土裂缝采用树脂灌胶处理。

裂缝清理后，沿裂缝布置灌胶底座，粘贴间距为 20～30cm 之间。用封缝胶骑缝埋设、粘贴灌浆嘴，每条裂缝至少有一个排气孔和进浆孔。

将环氧浆液植入专用注胶器的储胶筒内，开动注浆泵排出注浆管内空气开始出浆后，连接上埋设好的裂缝最低位置的注浆嘴，直至环氧浆液充满缝隙或从相邻的灌浆嘴溢出。注意不可漏浆，储胶筒内环氧浆液注完时立即换补。应维持压力 1～2min 才结束灌注。在缝内胶液初凝后拆除注浆嘴，并用环氧胶泥抹平封口。

专题 6.18 碳纤维加固的基本措施

碳纤维加固修补结构技术是继加大混凝土截面、粘钢之后的又一种新型结构加固技术。施工时将碳纤维用环氧树脂胶粘剂沿受拉方向或垂直于裂缝方向粘贴在要补强的结构上，形成一个新的复合体，使增强粘贴材料与原有钢筋混凝土共同受力增大结构的抗裂或抗剪能力，提高结构的强度、刚度、抗裂性。

（1）混凝土表面处理

凿除混凝土构件表层混凝土，直至露出坚实混凝土基面。将混凝土构件表面的残缺、破损部分清除干净。对构件残缺部分用环氧腻子（树脂）对构件表面残缺面进行修补、复原。若有裂缝，应按设计要求对裂缝进行灌缝或封闭处理。然后用裂缝修补胶等将表面修复平整。

采用钢丝锯对钢筋进行除锈，用砂纸、锉刀或角磨机等工具对不易除锈的部位进行除锈，保证钢筋表面无锈层。

将原混凝土表面打磨至平整度达 5mm/m 以内，构件转角粘贴处也打磨成圆弧状，圆弧半径不小于 20mm。

碳纤维布、聚合物砂浆等加固材料应具有产品合格证、其相关物理力学等指标均需符合现行规范要求。对碳纤维布的一般要求：高强度 I 级布，300g，抗拉强度大于 3300MPa。

（2）涂刷底胶

按产品供应商提供的工艺规定配制底层树脂，应用滚筒刷将底层树脂均匀涂抹于混凝土表面。

当粘贴纤维材料采用粘结材料是配有底胶的结构胶粘剂时，应按底胶使用说明书的要求进行涂刷和养护。若粘贴纤维材料采用的粘结材料是免底涂胶粘剂，应检查产品有关证明书并得到有关单位确认后，方允许免涂底胶。

（3）找平处理

应按产品使用说明书提供的工艺要求进行配制修补胶。经清理打磨后的混凝土表面，若有凹陷部位，用修补胶填补平整；若有凸起处，应用细砂纸磨光，并应重刷一遍。不应有棱角，转角部位应用修补胶修复为光滑圆弧，宜在修补胶表面指触干燥后尽快进行下一工序。

（4）粘贴碳纤维

在规定的工作环境下，按设计要求的尺寸裁剪碳纤维布，应按产品供应商提供的工艺规定配制浸渍树脂并均匀涂抹于所要粘贴的部位，用专用的滚筒顺纤维方向多次滚压，挤除气泡，使浸渍树脂充分浸透碳纤维布。碳纤维纵向接头必须搭接 20cm 以上。该部位应多涂树脂，碳纤维横向不需要搭接。

（5）养护要求

粘贴碳纤维材料后，需自然养护 1～2h 达到初期固化，应保证固化期间不受外界干扰和碰撞。粘贴碳布后表面还要砂化处理。

需要在表面涂刷其他保护层时，应在树脂初期固化后进行，比如防火涂料等。

注意，缺陷深度大于 5cm，梁表面混凝土强度等级大于 C35，采用粘贴高强度碳纤维法结构补强。

专题 6.19　楼盖结构舒适度讨论及案例

《高规》中 3.7.7 条：楼盖结构应具有适宜的舒适度。楼盖结构的竖向振动频率不宜小于 3Hz，竖向振动加速度峰值不应超过表 3.7.7 的限值。

《混凝土规范》中 3.4.6 条：混凝土楼盖结构应根据使用功能的要求进行竖向自振频率验算。并宜符合下列要求：住宅和公寓不宜低于 5Hz；办公楼和旅馆不宜低于 4Hz；大跨公建不宜低于 5Hz。

楼盖结构跨度增加（变弱、刚度减小）则频率降低，当和人行走频率（1～3Hz）接近时会引发共振导致不舒适。

脉冲和人员行走的激励，产生楼盖竖向振动加速度，导致不舒适。

《混凝土规范》只对楼盖竖向自振频率提出限值，要求跨度较大和业主有要求楼盖结构需要执行；多层混凝土建筑可以按《混凝土规范》执行。

《高规》对楼盖竖向自振频率和竖向振动加速度都提出了限值要求。要求跨度较大、平面体型复杂、有明显薄弱（刚度弱）的楼盖和组合楼盖需要按这两个指标进行控制。高层建筑按此要求设计。

另外，对一般的住宅、办公、商业建筑楼盖结构的竖向频率小于 3Hz 时，也是需要验算振动加速度值。

就是说按《高规》，所有楼盖都要验算竖向自振频率；对竖向频率小于 3Hz 的楼盖和特殊楼盖以及竖向自振频率达不到楼盖竖向振动加速度限值表要求的，还要验算竖向振动加速度。

YJK 软件加入了"多楼层频率验算"功能。只需设定简单的参数，便可选择多个楼层执行批处理模态分析，分析完毕后，软件可以筛选不满足条件的楼层，接下来需要对不满足条件的楼层进行时程分析验算。

楼盖结构的舒适度设计是在正常使用极限状态设计裂缝和挠度验算基础上，增加的验算内容。

YJK 软件在楼板及设备振动模块进行楼板舒适度设计。

以高层剪力墙楼盖舒适度验算说明其主要步骤：

（1）竖向自振频率计算

参数设置-楼层频率验算-查看计算结果-竖向自振频率计算结果。

（2）竖向振动加速度验算

对大跨楼板和上述自振频率结果不满足设置限值的楼层进一步验算振动加速度：主要步骤是根据模态结果在薄弱位置布置动力荷载（轨迹设置、人行荷载设置、荷载工况设置）-生成数据-时程分析计算-查看加速度结果。

如选择一层第一振型验算振动加速度步骤：

模态分析、轨迹设置、人行荷载设置（采用连续行走荷载，内置对应荷载时程分析曲线）、楼盖竖向振动加速度计算结果。

注意每层所有频率不够的振型都要逐一查看和验算振动加速度。

某高层综合楼的计算案例：

根据《高规》及《混凝土规范》的规定，确定商场区域楼盖结构的竖向振动频率不宜低于 3Hz，办公楼区域不低于 4Hz。根据《高规》附录 A.0.2 计算时，楼盖结构阻尼比取 0.02，人群密度考虑 1 人/m²，单人体重取 0.75kN，采用连续行走荷载，同点重复数不少于 3。

采用 YJK 软件对楼盖的竖向自振频率和楼盖加速度进行时程分析方法计算。竖向振动加速度峰值不应超过《高规》表 3.7.7 的限值，计算结果通过各层楼盖竖向振动频率表显示（略）。

结论：由表中数据可知 C 区商场区域楼盖结构的竖向振动频率不低于 3Hz，C 区办公区域楼盖结构的竖向振动频率不低于 4Hz，均满足《高规》及《混凝土规范》3.4.6 条的规定。

根据规范要求除竖向振动频率满足规范要求外，还应验算竖向振动峰值加速度。采用时程分析，将时程荷载施加于模态分析得到的最不利位置。针对频率最小的某层商业层楼板进行竖向振动加速度分析（图 6.19-1）：

```
******************************************************************
                  盈建科楼板加速度包络计算分析报告
      楼层号：4   标准层号：4   计算时间：2018-03-15 19:20:03
******************************************************************

    工况名          最大加速度(m/s^2)          对应节点号

    工况1            0.141508                  41000034
```

图 6.19-1　楼板加速度包络计算分析报告

结论：由结果可得 C 区楼盖竖向振动加速度峰值满足《高规》限值 0.15m/s²。

以上是对楼盖结构舒适度设计的基本要求和计算过程简要介绍，仅供参考。

专题 6.20　减小结构超长影响的措施归纳

超长结构（如大型地下室、大型综合体）混凝土构件的开裂问题经常出现，解决起来比较复杂，必须从结构设计的源头抓起，采取综合措施应对。

（1）结构设计的措施

1）设置后浇带（后浇带间距宜 35m 左右），除至少要求施工 60d 后方可浇筑外，并严格控制施工后浇带的浇筑时间和材料膨胀率。

2）根据应力分析结果，楼板加厚、加大配筋。

3）后浇带钢筋采用搭接接头；梁顶面设通长钢筋；梁两侧腰筋按受拉锚固设计。

4）温度应力计算较大的楼层楼板板面拟布置双层双向贯通钢筋。

5）在屋盖设置保温层，温度筋等措施，以减小温度应力。

（2）混凝土材料的措施

水泥宜采用低水化热的，且符合现行国家标准《中热硅酸盐水泥、低热硅酸盐水泥》GB/T 200 规定的水泥。配置大体积混凝土所用水泥 7d 的水化热不应大于 250kJ/kg。

1）骨料：细骨料宜采用水洗中砂，含泥量不应大于 2.5%，泥块含量不应大于 1%；粗骨料宜采用碎石或卵石，含泥量不应大于 1%；粒径不宜大于 30mm。

2）地下室利用混凝土后期强度（60d）代替 28d 强度进行配合比设计，减少水泥用量。

3）混凝土配合比应满足现行国家标准《普通混凝土配合比设计规程》JGJ 55 的规定，混凝土应经过计算及试配确定。应严格控制水泥用量。

4）混凝土拌合物入泵坍落度宜控制在（180±20）mm；具体的混凝土要求应符合《地下混凝土结构防裂技术规程》DB21/T 1745 的要求。

（3）施工要求的措施

1）施工单位应提出具体详细的施工方案，报建设、监理、设计单位进行专项论证，通过后方可施工。

2）应从混凝土的自身、施工工艺两个方面综合考虑，科学合理的设计混凝土配合比。采用商品混凝土时，应与商品混凝土搅拌站合作，制定合理的混凝土施工方案。

3）大体积大面积混凝土底板、外墙和楼板大面积混凝土应分别制定相应的施工措施。

4）混凝土的浇筑及养护应满足《地下混凝土结构防裂技术规程》DB21/T 1745、《地下工程防水技术规范》GB 50108、《地下防水工程质量验收规范》GB 50208、《大体积混凝土施工标准》GB 50496 等相关规范、规程的规定和要求。

5）宜在相对低温情况下浇筑混凝土，降低并控制现浇混凝土的入模温度在 23～28℃，并应根据配合比试配、施工条件最终确定。

6）制定合理的混凝土浇筑顺序和间隔时间，振捣时不应漏振、欠振和过振。

7）梁板通长钢筋均应按受拉钢筋的要求进行连接或锚固。

8）地下室混凝土浇筑达到强度后，应尽可能及时回填。

9）施工中应特别加强后浇带的施工管理。施工组织设计时，应尽可能采用跳仓工艺浇筑等。

专题 6.21　地震作用下楼板应力分析要点

楼板在地震作用下起着传递水平力、协调变形的重要作用，对复杂楼板有必要采用弹塑性时程方法进行罕遇地震下的受力分析。根据应力分析结果，找出楼板的薄弱部分并采取相应补强措施。

楼板应力分析评估的标准：

多遇地震作用下，楼板不应开裂，通过查看楼板主拉应力图，除去局部应力集中外，应确认楼板的混凝土拉应力标准值（σ_k）一般应远小于混凝土轴心抗拉强度标准值（f_{tk}），楼板处于弹性工作状态。$\sigma_k \leqslant f_{tk}$ 满足楼板不开裂的性能目标。

设防地震作用下，大部分楼板应保证不开裂，楼板混凝土的拉应力标准值宜小于或略超过混凝土抗拉强度标准值；局部薄弱部位允许出现非贯通性裂缝，这部分混凝土退出工作，楼板拉应力由钢筋承担，楼板应力设计值（σ）应小于水平钢筋的抗拉强度设计值 $\sigma = 1.3\sigma_k \leqslant f_y A_s / (\gamma_{RE} h_s)$。满足楼板基本不开裂的性能目标。$\gamma_{RE}$ 是承载力抗震调整系数。

罕遇地震作用下，大部分混凝土楼板允许开裂退出工作，但应保证楼板的整体性，确保在罕遇地震作用下仍能有效传递水平剪力。此时拉应力由钢筋承担，按现行规范抗震构造措施一般应能够保证楼板不塌落。保证罕遇地震下楼板不退出工作。罕遇地震下的楼板应力标准值应小于水平钢筋的抗拉强度标准值 $\sigma_k \leqslant f_{yk} A_s / h_s$。比如开洞较大时，局部楼板宜按大震进行平面内的承载力复核。

楼板应力分析中，由于应力集中现象较比较普遍，不具有代表性，为消除计算分析中的误差，通常可以取楼板的平均应力作为评估指标。

楼板的抗震性能水准应根据楼板的完整性、传递水平力的能力大小和其重要性确定。一般比较完整的楼板属于普通构件；楼板开大洞、不连续、不规则（明显细腰、凸凹）或处于转换层、加强层时应按关键构件看待。罕遇地震的楼板应力分析一般指后者，此时应满足抗弯不屈服抗剪不屈服，要复核楼板截面内钢筋应力是否低于屈服强度标准值。另外像转换层、大悬挑、连体和复杂连接部位的楼板也应进行楼板应力分析。应验算狭长楼板周边构件的承载力，并按照偏拉构件进行设计。

当然复杂楼板有些时候也需要进行设防烈度地震的应力分析，此时宜满足弹性要求，以保证楼板的弹性工作状态和不出现贯通裂缝为目标。

楼板应力分析另一个重点应观察楼板的整体性，楼板的薄弱部位注意不要在大震下产生受剪破坏。如果楼板开洞，应同时进行楼板受剪承载力验算。

在罕遇地震作用下，少部分楼板允许开裂，楼板开裂后就要退出工作，不能有效传递水平剪力，为确保罕遇地震作用下仍能有效传递水平剪力，大震下楼板应力标准值应小于 $\sigma_{k\text{-}大震}$，$\sigma_{k\text{-}大震}$ 计算公式可按如下采用：

$$\sigma_{k\text{-}大震} \leqslant (f_{yk} \times A_s) / (h \times S)$$

式中：h——楼板厚度（mm）；

S——楼板单位宽度（mm）；

f_{yk}——钢筋抗拉强度标准值（N/mm^2）；

A_s——单位宽度内钢筋面积（mm^2）。

通过查看罕遇地震作用下 X、Y 双向的楼板主应力图，应确认大部分位置的主拉应力小于混凝土的抗拉强度标准值，但比如核心筒内局部、洞口周边等转折处较少局部可以忽略。

楼板受拉损伤图形查看。混凝土楼板不宜出现受拉损伤，受拉损伤的程度和数量应控制在合适范围内，钢筋不宜出现塑性应变，楼板钢筋不屈服。则说明楼板完整性较好，能够有效地传递楼层剪力。

楼板常用的加强措施：通过上述分析对发现的楼板薄弱部位，主要采取加大板厚和加强配筋的加强措施。

核心筒之间及楼板开洞较大处，采取加强开洞周边楼板，板厚不小于 130mm，双层双向配筋，配筋率提高一级采用。

核心筒内部和周边一般会出现拉应力较大的现象，这部分板厚不小于 150mm，且双层双向配筋，最小配筋率提高一级采用。

裙房屋面楼板出现局部应力较大时，板厚不小于 150mm，且双层双向配筋，最小配筋率按提高一级采用。

对出现明显的应力集中的位置，楼板采取增加板厚及配筋的加强措施，板厚不宜小于 140mm，配筋率不小于 0.3%。

对于细腰薄弱处楼板下可以根据需要增设水平交叉钢桁架，以保证罕遇地震下楼板不退出工作。

楼板应力分析总的讲就是首先要清楚哪些楼板需要进行应力分析，然后确定不同工况下楼板的工作状态目标，经相应计算后，重点比对局部楼板拉应力和混凝土抗拉强度标准值的关系，再通过配置附加钢筋或增加楼板厚度进行处理，同时采取相应构造加强措施。达到各个工况下楼板能有效传递水平力的作用。

专题 6.22　屋面露台厨房卫生间环境类别确定的误区

混凝土结构的环境类别问题，实质上就是混凝土结构的耐久性问题，就是混凝土内钢筋锈蚀、混凝土劣化速度是否满足混凝土构件对耐久性的要求。环境类别不同，混凝土配方也不同。目前设计师对混凝土结构环境类别划分中还存在问题，比如是否满足规范要求、是否便于施工，对不同环境类别混凝土的配方管理是否可行等，下面就以上问题进行探讨。

混凝土劣化的原因：内因是自身混凝土配方和质量，即材料劣化；外因是碳化、有害离子、碱集料、干湿交替、冻融等。

以普通住宅为例，目前许多建筑设计院的结构设计总说明中基本都是按如下原则划分混凝土结构环境类别的。

±0.000 以上室内正常环境构件为一类；雨篷、厨房、卫生间、屋面等混凝土结构环境类别为二 a 类。有的严谨些的设计图也有"地上二 a 类，如厨房、卫生间构件表面有可靠的防护层时，混凝土保护层厚度可适当减小，但不应小于一类环境下的数值"这样的补充说明。下面重点针对这个部分进行分析。

环境类别这样划分产生的结果是：假如某层建筑面积为 500m² 的普通住宅工程，室内正常使用环境（环境类别为一类）的面积为 $480m^2$，混凝土假如 $60m^3$；卫生间室内潮湿环境（环境类别为二 a 类）的面积为 $20m^2$，混凝土约 $2.5m^3$。这样设计划分是否和规范本意一致、是否正确合理？

环境类别不同，规范规定的混凝土配方及钢筋的混凝土保护层厚度就不同。比如一类环境等级时，混凝土的最大水胶比 0.6，最低强度等级 C20，最大氯离子含量 0.3%；二 a 类环境等级时，混凝土的最大水胶比 0.55，最低强度等级 C25，最大氯离子含量 0.2% 等。还有对梁板墙柱的混凝土保护层厚度要求两者也都不同。现在工程建设多采用商品混凝土，如环境类别按上述划分，那么实际设计和施工中只可能带来下面两种结果：

（1）一个楼层的整层楼板混凝土强度是相同的，设计师很少会将普通房间楼板混凝土强度与卫生间等楼板混凝土强度区别设计，那样既没必要，也会给施工带来不小的麻烦。

另外，由于施工方普遍对耐久性的认识和重视不足，也不会因为这 $2.5m^3$ 的混凝土，就将整个楼层 $60m^3$ 全部采用二 a 类环境的混凝土。

（2）环境类别不同时钢筋保护层厚度不同，结构设计模型中钢筋保护层厚度是统一输入的，计算软件中梁、柱、板分别只能各输入一个钢筋保护层厚度，如按不同环境类别施工，钢筋在卫生间与普通房间交界处，为满足保护层厚度要求钢筋就必须弯曲，会带来很多不便。对今后的工业化住宅建设和眼前的装配式建筑也很不利。

由上可知，混凝土环境类别将卫生间与室内其他构件区别划分是有待商榷的，实际施工也难办到。

那为什么设计院还把上述构件定为二 a 类或二 b 类呢？是因为《混凝土规范》在环境类别划分中有这样一句"室内潮湿环境为二 a 类，干湿交替环境为二 b 类"。设计师由此认定这些部位就属于潮湿环境的二 a 类，这是否符合规范的原意？卫生间等部位定为二 a 类或二 b 类对吗？

《混凝土规范》在耐久性设计条文 3.5.2 条的条文说明中有如下描述：

室内潮湿环境是指构件表面经常处于结露或湿润状态的环境；干湿交替主要是指室内潮湿、室外露天、地下水浸润、水位变动的环境；环境类别是指混凝土暴露表面所处的环境条件。

环境条件指的是结构的构件表面。而结构构件表面通常是有建筑抹灰层、屋面、露台、卫生间、雨篷等迎水面更设有防水层、面层等，这些构件所处的环境实际是密封的，完全能满足室内环境的条件。

综上所述一般工业与民用建筑 ±0.000 以上的雨篷、卫生间、厨房、屋面等混凝土结构构件不论从规范的原意还是实际施工的可能性方面都不应也没必要确定为二 a 类或二 b 类，均应按一类环境进行设计。

一般工业与民用建筑 ±0.000 以上均应按一类环境设计是符合规范和正确合理的。

第 7 章

工程事故处理案例及设计案例分析

说明： 本篇中涉及的主要规范为《高层建筑混凝土结构技术规程》JGJ 3—2010（简称《高规》）。

专题 7.1 管桩偏位问题处理案例

（1）基本情况

某高层住宅小区，16～18 层，带大地下室，6 度区。其中 9 号楼地上 18 层，地下一层，建筑高度 52.350m，地下室层高 5.150m，地下车库覆土 1.5m。

基础为钻孔灌注桩，直径 600mm，混凝土强度等级 C40，有效桩长 32～39m，持力层为中风化角砾凝灰岩（岩石饱和单轴抗压强标准值 $f_{rk}=16.8$MPa），入岩 0.5m，桩身全长配筋，上 2/3 配筋 8Φ16，下 1/3 配筋 6Φ16，总桩数 63 根。基础为桩基，上部为筏板。桩施工完成后，静载实验桩 6 个，满足设计要求。

9 号楼为首开区，先于地库开挖，桩基施工过程中，北侧东侧放坡开挖，完成后，南侧由于堆土过高、土方未及时运出，下雨导致土体移动，出现大面积偏桩、断桩，导致主楼下几乎全部桩基向北出现大幅度倾斜。偏桩数量 90% 左右。偏位尺寸为 0.2～3.0m。

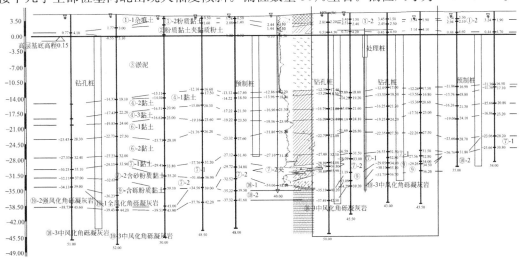

图 7.1-1　地勘剖面

土层基本情况是，流塑性淤泥层（较厚，筏板下 10 米多厚）、硬塑性黏土亚层、中风化凝灰岩（桩端持力层）。地勘剖面见图 7.1-1，桩施工布置见图 7.1-2。

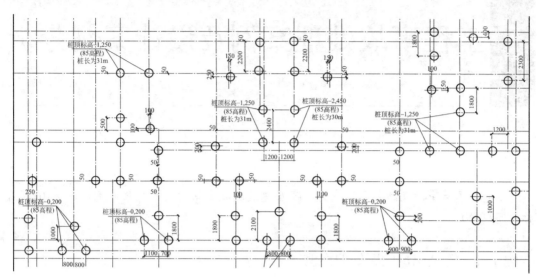

图 7.1-2　桩施工布置图

（2）检测检验

1）偏桩尺寸检测

经现场测量，55 根桩偏位，桩顶处偏桩尺寸为 0.2～3.0m，大多数为偏位 2.0m 左右。

桩偏位情况见图 7.1-3，桩位偏差测量记录见表 7.1-1，小应变检测记录见表 7.1-2，现场情况见图 7.1-4、图 7.1-5。

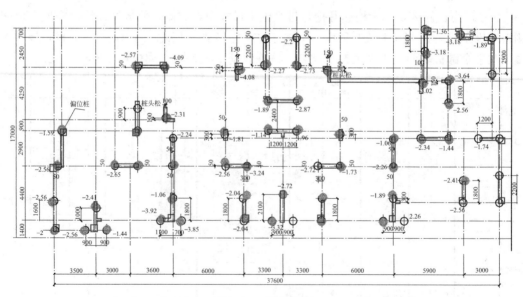

图 7.1-3　桩偏位图

桩位偏差记录

表 7.1-1

工程名称		9 号楼				检查日期					
桩号	桩径 (mm)	第一次测量偏位(cm)		第二次测量偏位(cm)		桩号	桩径 (mm)	第一次测量偏位(cm)		第二次测量偏位(cm)	
		东为+	北为+	东为+	北为+			东为+	北为+	东为+	北为+
1	600	20	80	−6	8	33	600	56	110	−5	3
2	600	30	50	−4	6	34	600	130	210	−5	7
3	600	15	60	8	10	35	600	50	240	8	6
4	600	10	17	8	13	36	600	60	220	10	12
5	600	20	15			37	600	70	250	−16	20
6	600	10	13			38	600	76	200	−6	−12
7	600	2	15	−3	7	39	600	160	310	−10	−3
8	600	20	9	8	3	40	600	60	200	3	−6
9	600	224	10	10	−25	41	600	47	130	4	−9
10	600	190	7	5	−9	42	600	50	110	−16	−15
11	600	130	15	3	−6	43	600	50	110	−3	−9
12	600	6	6			44	600	40	130	−8	−7
13	600	4	−4			45	600	30	150	−7	17
14	600	180	30	7	12	46	600	50	170	6	8
15	600	200	17	10	−7	47	600	40	220	−8	−10
16	600	−3	4			48	600	70	200	8	10
17	600	4	10			49	600	40	170	−5	−10
18	600	9	−15	6	−10	50	600	50	200	17	20
19	600	9	2	4	−3	51	600	79	200	3	18
20	600	8	230	4	−7	52	600	60	240	4	9
21	600	40	40	5	4	53	600	65	180	4	−8
22	600	30	340	−6	13	54	600	50	120	5	−6
23	600	80	240	6	10	55	600	45	130	5	3
24	600	40	30	10	15	56	600	40	160	−5	−12
25	600	110	110	−12	3	57	600	38	300	−20	25
26	600	130	230	−8	14	58	600	30	150	6	−8
27	600	80	290	−18	22	59	600	−30	372	−3	−5
28	600	30	290	6	5	60	600	10	130	6	−2
29	600	20	300	3	9	61	600	40	210	10	4
30	600	70	260	4	−5	62	600	−4	6		
31	600	4	200	−6	−10	63	600	5	20		
32	600	60	150	5	10						

2）小应变检测

全部桩基的小应变检测结果显示，Ⅲ类桩共计 42 根，桩身缺陷位置发生在桩顶下 1.0～4.0m 范围，多数发生在 2.0m 位置附近。见表 7.1-2。

小应变检测记录

表 7.1-2

桩号	桩身完整性评价	完整性类别
9-1	桩头下 2.57m 处桩身明显缺陷	Ⅲ类桩
9-2	桩头下 4.09m 处桩身明显缺陷	Ⅲ类桩
9-3	桩头下 4.08m 处桩身明显缺陷	Ⅲ类桩
9-6	桩头下 2.20m 处桩身明显缺陷	Ⅲ类桩

桩号	桩身完整性评价	完整性类别
9-8	桩头疏松	Ⅲ类桩
9-9	桩头下 3.18m 处桩身明显缺陷	Ⅲ类桩
9-10	桩头下 1.36m 处桩身明显缺陷	Ⅲ类桩
9-12	桩头下 1.89m 处桩身明显缺陷	Ⅲ类桩
9-14	桩头下 3.64m 处桩身明显缺陷	Ⅲ类桩
9-15	桩头下 3.02m 处桩身明显缺陷	Ⅲ类桩
9-16	桩头疏松	Ⅲ类桩
9-18	桩头下 2.56m 处桩身明显缺陷	Ⅲ类桩
9-19	桩头下 1.44m 处桩身明显缺陷	Ⅲ类桩
9-20	桩头下 2.34m 处桩身明显缺陷	Ⅲ类桩
9-21	桩头下 1.06m 处桩身明显缺陷	Ⅲ类桩
9-22	桩头下 2.41m 处桩身明显缺陷	Ⅲ类桩
9-23	桩头下 1.96m 处桩身明显缺陷	Ⅲ类桩
9-24	桩头下 2.87m 处桩身明显缺陷	Ⅲ类桩
9-25	桩头下 1.89m 处桩身明显缺陷	Ⅲ类桩
9-26	桩头下 1.14m 处桩身明显缺陷	Ⅲ类桩
9-27	桩头下 1.81m 处桩身明显缺陷	Ⅲ类桩
9-28	桩头下 2.24m 处桩身明显缺陷	Ⅲ类桩
9-29	桩头下 2.31m 处桩身明显缺陷	Ⅲ类桩
9-30	桩头疏松	Ⅲ类桩
9-32	桩头下 1.59m 处桩身明显缺陷	Ⅲ类桩
9-34	桩头下 2.65m 处桩身明显缺陷	Ⅲ类桩
9-37	桩头下 3.20m 处桩身明显缺陷	Ⅲ类桩
9-38	桩头下 3.24m 处桩身明显缺陷	Ⅲ类桩
9-39	桩头下 2.72m 处桩身明显缺陷	Ⅲ类桩
9-40	桩头下 1.73m 处桩身明显缺陷	Ⅲ类桩
9-41	桩头下 2.26m 处桩身明显缺陷	Ⅲ类桩
9-42	桩头下 2.56m 处桩身明显缺陷	Ⅲ类桩
9-43	桩头下 2.54m 处桩身明显缺陷	Ⅲ类桩
9-44	桩头下 2.56m 处桩身明显缺陷	Ⅲ类桩
9-45	桩头下 2.41m 处桩身明显缺陷	Ⅲ类桩
9-46	桩头下 1.44m 处桩身明显缺陷	Ⅲ类桩
9-47	桩头下 1.06m 处桩身明显缺陷	Ⅲ类桩
9-48	桩头下 3.92m 处桩身明显缺陷	Ⅲ类桩
9-49	桩头下 3.85m 处桩身明显缺陷	Ⅲ类桩
9-50	桩头下 2.04m 处桩身明显缺陷	Ⅲ类桩
9-51	桩头下 2.04m 处桩身明显缺陷	Ⅲ类桩
9-52	桩头下 2.72m 处桩身明显缺陷	Ⅲ类桩

现场照片见图 7-1-4：挖机处为 9 号楼南侧，大量土在此堆积。

（3）问题桩处理

由于桩身缺陷基本发生在桩顶下 2.0～3.0m 附近，首先在采取保护措施的前提下，对偏桩原位向下开挖，把这部分挖除，至少挖到缺陷下方 500mm 处（图 7.1-4、图 7.1-5）。

图 7.1-4　9 号楼南侧大量挖机处

图 7.1-5　9 号楼北侧放坡开挖

　　对该处桩头再进行偏位测量，大多数桩在此处偏位尺寸在 10～15cm，只有两根桩为 25cm。开挖的深度的控制原则是，直到下部偏位小于 400mm 并超过缺陷处至少 500mm。如开挖过深，开挖安全难以保证时就停止，并按废桩处理。

　　挖除上部缺陷桩后，再对该栋楼桩基进行小应变检测，全测 63 个，还有 3 个是Ⅲ类，缺陷在更深位置。其余检测结果均为正常。

　　由此，判断原来Ⅲ类桩的断缺陷节点下面的桩身质量基本完好，承载力损失比较小。

　　然后决定把挖除部分的桩重新接桩处理。总体要求如下：

　　桩缺陷端以上部位全部凿除后，再次进行小应变检测，检测下部是否还存在缺陷。

　　二次检测合格且桩身混凝土强度满足设计要求者，清理桩截面，用高一级强度等级的微膨胀混凝土浇筑桩身，直径 1.0m。

　　原桩主筋必须锚入接桩桩头内 850mm，钢筋折断无法满足锚固时，应向下继续凿出桩主筋，同直径钢筋焊接后满足锚固要求（双面焊 $5d$，单面焊 $10d$），原桩和新接桩搭接 500mm。

设计要求接桩处理后的工程桩应进行 100%低应变检测，单桩承载力极限值应有静载试验确定，满足设计要求后，方可后续施工。

最终接桩后高应变检测 5 个（因条件限制难以做静载，堆载做静载试验，流塑性淤泥会对周边桩有新的影响，难度大）。因接桩段和下面桩断面突变明显，数据难以判断，没有明确结果。接桩详图见图 7.1-6。

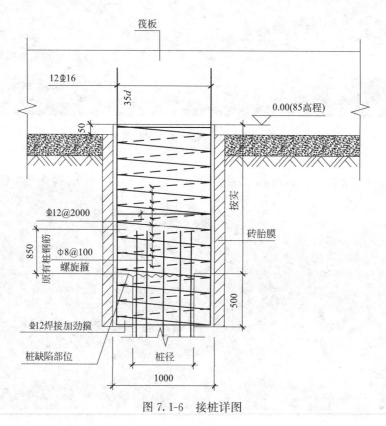

图 7.1-6 接桩详图

（4）存疑问题

1）断桩接头位于 3 号淤泥层内，至硬塑层 4 号土尚有 10m 左右，流塑状土层对接头水平约束较弱，即使小应变检测合格，是否可按完整桩设计使用。

2）现场断桩、接桩比例高达 90%，现场场地条件较差，接桩后因无法进行静载荷试验，承载力如何取值较为安全。

3）根据前述信息资料，90%桩基为处理后桩，为保证结构安全可靠度，补桩比例多少为宜。

4）原来筏板厚度 0.7m，考虑增强底板刚度，加厚至多少为宜。

5）接桩处下部仍存在一定偏位，对桩承载力的影响如何确定。

（5）进一步处理方案

根据前述，经过接桩处理后，桩剩余偏位较小、下部桩基垂直度偏差在 1%以内，桩身质量较好，判定经过上面的处理后，土层满足设计要求，桩身缺陷已经挖除，桩端进入中风化，安全度还是比较高。基本可以判定桩基承载力基本完好，损失较小。

同时考虑到，桩基仍存在少量偏位，实际测量的误差等因素，长期荷载下，可靠度不足，认为桩基承载力实际存在部分损失情况；另外 600mm 桩 C40，桩身承载力基本用足了。慎重起见，适当补桩是需要的。

经过五方主体共同商议，补桩方案如下：

1）按 20% 的数量进行补桩。总计补桩 12 根，问题桩总计 57 根，补桩占比 21%。

2）30% 取芯，重点看交接部位下部情况，取芯至接桩部位下 2m。少量取到硬塑层。如情况良好，可以进一步减少补桩数量。

3）二次检测的 III 类桩缺陷较深，原位附近补桩处理。

4）筏板加厚 200mm，增加整体刚度。

5）补桩位置确定原则：南北侧受力较大部位适当补桩、以就近补桩为主，根据有限元软件计算按薄弱部位进行补桩。

补桩及接桩管桩布置详见图 7.1-7：全阴影填充者为补桩。

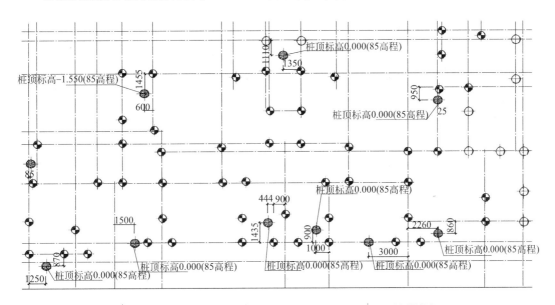

本图中 " ⊕ " 为原图桩位示意，" ◉ " 为断桩接桩示意，" ◉ " 为新增桩位

图 7.1-7　补桩及接桩管桩布置图

专题 7.2　钻孔灌注桩纠偏及缺陷处理案例

（1）工程概况

某高层住宅小区项目 2 号楼，其基础采用钻孔灌注桩，桩径为 700mm，施工过程中钻孔灌注桩由于开挖、堆土的原因，70% 桩产生较大的位移，在 5～10m 桩段已产生开裂等质量缺陷，需要进行纠偏加固处理。

（2）准备工作

1）现场准备、实地测量：根据现场桩倾斜程度在图上作出标识，计算偏斜距离，据各桩实际情况分别定出纠偏方法。并会同有关部门复核全部桩位，存留数据，以备核查施工过程中是否影响现有的完好桩。

2）技术准备：熟悉图纸、技术要求，根据施工桩位图，标明桩号，并按现场条件确定施工顺序。

3）纠偏原则：桩的纠偏方法采用桩侧取土、钻孔掏土，即在桩基偏移反方向一侧钻孔掏土，使桩侧形成一定的空间，掏孔体积与桩基偏移体积大致相等。再配合牵顶引拉纠正。纠正位置的最终确定以桩体基本垂直为原则，在实际处理过程中，根据实际纠偏情况可适当调整。

在实际掏土纠偏时，钻孔数量要逐步增加，钻孔深度达到或接近淤泥层底为宜。同时实时动态监测，根据监测数据及时调整钻孔方案，并进行预警控制。

（3）桩缺陷处理、加固补强方式对比

本工程计划优化采用目前常用的下列三种补强加固方法：

1）开挖凿桩接桩法

这种方法的原理是将工程桩开挖至断裂面，凿除断裂面以上部分工程桩，采用普通灌注桩的接桩方法，用钢筋混凝土二次接桩至设计桩高。

该法的优点是原理简单、安全可靠，但只适用于桩断裂面距基础板底较浅的情况，当该深度较大时施工困难，虽可采用沉井开挖，但当工程桩的桩距较近时，沉井施工易造成周边工程桩偏倾或断裂。

考虑本工程桩断裂部位深度都在 5m 以上，此工法在本次纠偏过程中不予采用。

2）补桩加固法

补桩加固法即在断桩周边适当位置补打工程桩，替换该断桩。

受开挖后场地等原因影响，大量补桩已不可能，一般只能补钻孔灌注桩或锚杆桩，存在施工工期长、费用高等缺点。同时补桩后改变了原基础布局，会加大承台或地梁尺寸，造成浪费。

此工法仅作为本次纠偏后个别桩纠偏失败后的备选方案。

3）取芯注浆加固法

本工法是采用在倾斜钻孔桩背侧卸荷减小断桩纠偏方向土压力，借助反力支承系统使用手动葫芦提供水平拉力（也可使用千斤顶提供水平推力），使断桩复位后，在桩中心取芯注浆加固法，使桩得以加固的施工工法。

本工程综合各方面因素考虑，应用第三种方案比较可靠合理。

（4）施工要求

1）施工流程

测定断裂部位及断裂方向；设备就位；下放钢套管；钻孔灌注桩背侧卸荷；纠偏施工；判断符合要求结束（不符合要求返回第五步重新纠偏）。

2）主要施工方法

管桩背侧卸荷。卸荷有两种方法，一种为冲淤法，只适合于在偏斜桩缺损部位深度小于 4.0m 时采用，另一种采用钻机钻孔取土，可适用于各类缺损桩的处理。

3）本工程采用钻机取土方法卸荷，施工要点如下：

沿管桩背侧布置直径 300～400mm 钻孔，钻孔深度距钻孔桩断裂部位深度高出 3m

左右;

本次需纠偏桩桩径为 700mm,桩背侧钻孔孔数视桩斜度而定,偏斜度大的桩,应布置 4~6 个钻孔,偏斜度小的桩,应布置 2~3 个钻孔;

成孔过程中采用清水作循环液,边钻孔边采用泥浆泵排浆。

(5) 纠偏

纠偏采用手拉葫芦牵引或油压千斤顶反顶,使管桩缓慢恢复到竖直方向;钻孔灌注桩调整到竖直方向后,在原腹侧(现中空)填入石子或打入木锲等承托物,防止钻孔桩回弹到倾斜方向,在一段时间后(待土体内应力释放过程),在原钻孔处也回填黄砂碎石,必要时,应采取注浆措施。

(6) 检测

对纠偏后效果及质量进行现场相关检测,符合相关标准和规范要求,则完成本次纠偏和缺陷处理。

专题 7.3　基础埋深放宽尺度案例分析

有关代表性规范关于基础埋深的描述如下:

《高规》中 12.1.8 条:天然基础取房屋高度的 1/15;桩基础取房屋高度的 1/18。当采用岩石地基或采取有效措施时,在满足承载力、稳定性要求、基础零应力区有关要求前提下,可适当放松。

注:朱炳寅关于本条的解释中,没有提及非岩石基础的埋深是否可以放松、按什么比例放松的问题。

重庆市《建筑地基基础设计规范》DBJ 50-047—2016 中关于基础埋深的 4.1.5 条,和《高规》基本一致,也没有提及非岩石基础的埋深是否可以放松、按什么比例放松的问题。

《贵州建筑地基基础设计规范》DBJ 52/T 045—2018 中,有关表述同上。

重庆市《钢筋混凝土短肢剪力墙、异形柱结构技术规程》DBJ 50-058—2006 中,关于地基基础 7.3.0-2 条:对土质地基基础及岩石端承桩基础,当采取有效措施,在满足承载力、变形、抗滑及抗倾覆要求及满足《高规》12.1.6 条的前提下,基础埋置深度可适当放松。其他要求和《高规》相同。

案例一

某高层住宅小区,坡地建筑,一层设置大地下室,层高 5.0m。沿外围呈 U 形设置 1~3 号高层塔楼,17 层,层高 3.0m,剪力墙结构,U 形横头的 2 号主楼外侧面(临街侧)地坪和地下室底板顶面标高相同,导致 2 号楼基础埋深需要从地下室底板顶面向下算起。其他部位内外均填土至地下室顶板上 1.2m 处。基础采用钻孔灌注桩基础,进入碎石层 20m 左右。地震烈度为 8 度区。

拟建地坪高差比较大,有深厚的人工填土,地基上层为人工新近填土,厚度 10m,下层为碎石层,厚度大,未揭穿。施工开挖过程中,会形成局部高边坡,存在边坡滑坡隐患,应事先做好边坡支护。

设计问题:2 号楼的基础埋深如果从地下室底板顶面向下算起,需要埋置 3.1m(承台底）。经过计算，该桩基础满足抗倾覆、抗滑移要求且无零应力区，基础埋深能否放宽设计？土层分布见表 7.3-1。

土层分布表 表 7.3-1

层号	时代成因	岩土名称	岩性特征	分布范围
①	Q_4^{ml}	人工填土	杂色,稍密,稍湿,主要由角砾、碎石、块石、粉土等混合而成,各层随机出现,无规律,角砾、碎石、块石主要成分为泥岩、砂岩,呈强至中等风化状,其中:角砾含量为 20%～35%,粒径为 2～1.9mm,碎石含量为 10%～30%,碎石粒径为 30～80mm,块石含量为 15%～30%,块石块径为 250～400mm,无磨圆度,呈棱角状。回填方式累积回填,该层 5m 以下局部已固结,无明显分层	全场分布
②		碎石 （未揭穿）	杂色,稍湿～湿,中密。碎石含量为 55%～60%,排列混乱,残坡积碎石,成份以砂岩、板岩、泥岩为主。碎石级配极差,粒径一般 20～100mm,碎石无磨圆度,以棱角状为主,中～微风化,未胶结。碎石间充填物以角砾和粉质黏土为主,属级配不良。该层中含 5%～25%块石,块石粒径一般 250～350mm,最大者可达 700mm,块石成份以砂岩、板岩为主,呈中～微风化状	全场分布

问题分析：

（1）《高规》12.1.8 条对基础埋深的说法是，在满足承载力、稳定性要求、基础零应力区有关要求前提下，可适当放松。

但是条文解释中是这样讲的：地震作用下结构的动力效应与基础埋深关系比较大，软弱土层时更为明显……当抗震设防烈度高、场地差时，宜用较大埋置深度……

《高规》对于软土和地震设防烈度高的情况，是从严要求的。这是容易理解的。桩土分析可知，土体越软，桩身受力越大，桩的侧移量越大，桩的破坏就越大；地震作用越大，桩的破坏就越大。

本项目 2 号楼为 8 度区，属于高烈度区，灌注桩上部有较厚填土，为软弱土层，其下部虽然是碎石土，但是和嵌岩相比不是一个量级，也属于相对软土。

本建筑不属于岩石地基，那么上述分析看出，从《高规》角度属于从严要求的情况，基础埋深不具备放松条件。

（2）山地建筑、岩石地基较多的重庆和贵州地方基础规范，也没有基础埋深放宽的说法。

（3）重庆市《钢筋混凝土短肢剪力墙、异形柱结构技术规程》中，地基基础 7.3.0-2 条：

对土质地基基础及岩石端承桩基础，当采取有效措施，在满足承载力、变形、抗滑及抗倾覆要求及满足《高规》12.1.6 条的前提下，基础埋置深度可适当放松。

对于桩基础，只有岩石端承桩基础，当具备一定条件时，才可以放松埋置深度要求。本项目基础不是岩石端承桩基础，不具备放松条件。

最终，经过综合分析，2 号楼基础埋深问题，经过设计人员和甲方团队充分说明后，没有放宽设计标准。

后续讨论：

（1）这个工程填土过厚，且处于 8 度区，不宜完全依靠通过计算所谓大震下稳定性，抗倾覆，抗滑移等方式来决定减少基础埋深。

（2）当外侧地面有坡度时，还要再考虑外侧地面有更低路面的影响。随之带来的相关影响也要按规范要求设计。

（3）确实需突破规范，需采取以额外措施，属于超规范设计。

（4）其他几个侧面填土至地下室顶板，填土对建筑形成推力影响，需慎重。

案例二

基本情况：

项目为新建工程，性质为住宅。外围由 1～8 号主楼（剪力墙结构）和 21 号裙楼，共 9 栋楼和两层地下室组成。建筑场地位于抗震设防烈度 6 度区。无地下水。

场地岩土基本组成如下：填土层、红黏土、强风化黏土岩、强风化破碎岩体（强风化灰岩）、中风化较破碎岩体（中风化灰岩）。

基础形式为：2 号楼为独基＋条基，浅基础持力层为中风化灰岩，嵌岩深度不小于 0.3m；

1 号、3～8 号楼均为桩基。桩基采用机械成孔灌注桩（端承桩），桩长 10～25m，桩端持力层均为中风化灰岩，入岩深度不小于 1m。

建筑总高：本项目建造场地位于坡地，局部地下室外侧没有填土，且地下室和主楼内侧通过沉降缝脱开。建筑总高取 ±0 到大屋面的高度再加上 ±0 到负二层底板的高度。

设计问题：基础埋深如果从地下室底板顶面向下算起，需要埋置较深。经过计算，该桩基础满足承载力、抗倾覆、抗滑移要求且无零应力区，基础埋深能否放宽设计？按什么比例放宽？

如果按 1/18 取值时的埋深：

1 号楼 26F、地下室－2F、结构高度＝78＋8.8＝86.8m、桩基：埋深 4.82m。

2 号楼 24F、地下室－2F、结构高度＝71＋9.8＝80.8m、浅基：埋深 5.4m。

3 号楼 22F、地下室－2F、结构高度＝66＋8.8＝74.8m、桩基：埋深 4.16m。

4 号楼 22F、地下室－2F、结构高度＝75＋8.8＝83.8m、桩基：埋深 4.66m。

5 号楼 26F、地下室－2F、结构高度＝78＋9.5＝87.5m、桩基：埋深 4.86m。

6 号楼 26F、地下室－2F、结构高度＝78＋8.8＝86.8m、桩基：埋深 4.82m。

7 号楼 25F、地下室－2F、结构高度＝75＋8.8＝83.8m、桩基：埋深 4.66m。

8 号楼 25F、地下室－2F、结构高度＝75＋8.8＝83.8m、桩基：埋深 4.66m。

地勘典型柱状图见图 7.3-1，地下室总平面见图 7.3-2。

问题分析：

（1）《高规》12.1.8 条对基础埋深的说法是，在满足承载力、稳定性要求、基础零应力区有关要求前提下，可适当放松。

条文解释中是这样讲的：地震作用下结构的动力效应与基础埋深关系比较大，软弱土层时更为明显……当抗震设防烈度高、场地差时，宜用较大埋置深度……

就是说《高规》对于软土和地震设防烈度高的情况，是从严要求的。但是本工程桩端嵌入中风化石灰岩，不属于软土。6 度区也不属于高烈度区。从《高规》看基础埋深具备放松条件。

（2）山地建筑、岩石地基较多的重庆和贵州地方基础规范，没有基础埋深方宽的相关说法。

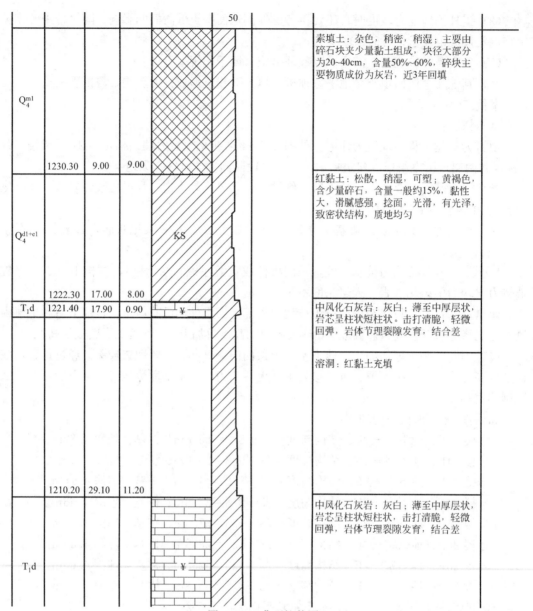

图 7.3-1　典型柱状图

（3）重庆市《钢筋混凝土短肢剪力墙、异形柱结构技术规程》中，地基基础 7.3.0-2 条：

对土质地基基础及岩石端承桩基础，当采取有效措施，在满足承载力、变形、抗滑及抗倾覆要求及满足《高规》12.1.6 条的前提下，基础埋置深度可适当放松。

对于桩基础，只有岩石端承桩基础，当具备一定条件时，可以放松埋置深度的要求。本项目基础是岩石端承桩基础，具备放松条件。

最终，经过综合分析，本项目的基础埋深，具备放宽设计的要求。

基础埋深确定：

考虑《建筑地基基础设计规范》GB 50007—2011 5.1.3 条、《高规》12.1.8 条要

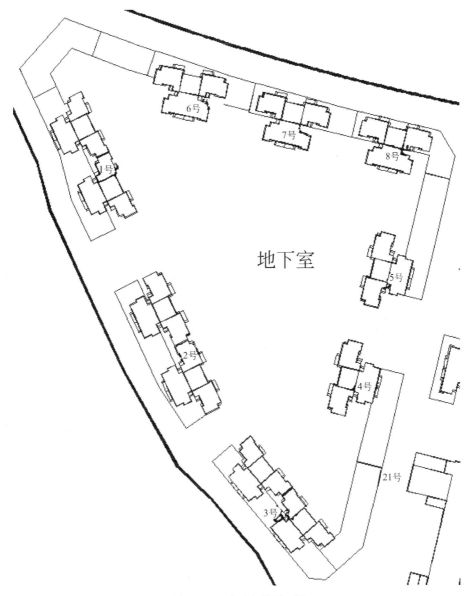

图 7.3-2　地下室总平面图

求，本工程基础建筑满足承载力、变形、稳定以及上部结构抗倾覆验算的要求前提，基础埋深可适当放松。

　　1 号、3～8 号楼均为桩基。施工图基础埋深均取 3.3～3.5m，平均放宽约 30%。

　　2 号楼为独基+条基。岩石地基，施工图的独基和条基基础埋深取 1.2m，满足规范要求。

专题 7.4　钻孔灌注桩偏位问题处理案例

　　某高层住宅建设项目 5 号楼，桩基采用钻孔灌注桩，桩径为 700mm、800mm 两种，桩长 70～75m，独立承台。地基上层土为淤泥和软弱黏土 30 余米厚，桩端进入硬塑黏土和沙砾土，地基条件较差。

桩基平面见图 7.4-1。

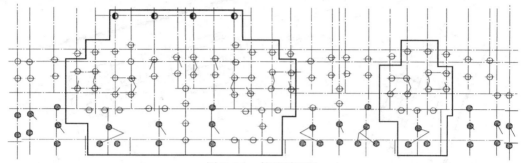

图 7.4-1　桩基平面图

在基坑开挖后发现存在大量桩偏位的情况。最大桩偏差尺寸为 850mm，总偏桩数量为 91 根（扣除偏位尺寸小于 100mm 的桩）。同时经全部动测发现有 34 根Ⅲ类桩，和偏桩的桩不完全重叠（5 号楼总桩数为 119 根），局部缺陷基本分布在 1～9m 桩长范围内。Ⅲ类桩占 28.5%，其余全部为Ⅱ类桩，占 71.5%。现场基础垫层浇筑完成后，局部由于挤土隆起，检测到最大处变形值为 360mm。

发现上述问题后，现场对全部Ⅲ类桩进行了高压注浆的加固施工处理。

桩偏位尺寸测量图见图 7.4-2，偏桩和缺陷桩分布见表 7.4-1，土层分布见表 7.4-2。

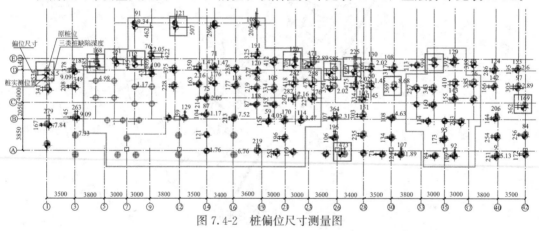

图 7.4-2　桩偏位尺寸测量图

偏桩和Ⅲ类桩统计表　　　　　　　　　　　　表 7.4-1

非Ⅲ类桩		Ⅲ类桩	
桩偏位值(mm)	数量	桩偏位值(mm)	数量
100 以内	23	100 以内	5
100～200	13	100～200	8
200～300	21	200～300	5
300～400	10	300～400	7
400～500	9	400～500	6
500～600	3	500～600	1
600 以上	6	600 以上	2
总计	85	总计	34

地层分布统计表　　　　　　　　　　　　　　　表 7.4-2

地层编号	地层名称	层顶埋深(m) 最大~最小	层顶高程(m) 最大~最小	层底埋深(m) 最大~最小	层底高程(m) 最大~最小	层厚(m) 最大~最小
1	耕土	0.00~0.00	3.24~1.92	0.70~0.60	2.58~1.22	0.70~0.60
2-1	淤泥	0.70~0.60	2.58~1.22	16.00~16.00	-12.76~-14.08	15.40~15.30
2-2	淤泥	16.00~16.00	-12.76~-14.08	36.20~28.70	-26.46~-34.07	20.20~12.70
3-1	黏土	36.20~28.70	-26.46~-34.07	45.00~34.00	-31.06~-42.87	12.00~1.30
3-2	黏土	45.00~34.00	-31.06~-42.87	54.10~43.30	-40.70~-51.98	19.00~4.50
4-1	黏土	54.10~43.30	-40.70~-51.98	62.00~48.00	-45.87~-59.12	15.70~1.70
4-2	黏土	62.00~48.00	-45.87~-59.12	65.00~62.00	-59.70~-63.08	17.00~3.00
4-3	圆砾	64.00~62.00	-59.70~-61.48	66.10~63.10	-60.80~-64.00	3.10~1.10
5-2	黏土	66.10~62.00	-59.88~-64.00	75.70~72.00	-68.76~-73.00	10.70~5.50
5-3	圆砾	75.70~72.00	-68.76~-73.00	78.10~74.70	-72.22~-75.41	4.30~1.00
6-2	黏土	78.10~74.70	-72.22~-75.41	80.00~76.70	-73.86~-77.10	4.80~0.60
6-3	圆砾	80.00~76.70	-73.86~-77.10	84.10~79.50	-76.27~-81.12	7.10~0.80
7-1	黏土	84.10~79.50	-76.27~-81.12	87.00~83.00	-80.11~-84.34	5.50~1.50
8-1	黏土	87.00~83.00	-80.11~-84.34			5.50~1.80

根据上述情况，经过充分研究，本项目的偏桩和Ⅲ类桩问题确定了如下几种处理方案。

原有桩基承台改为筏板，形成桩筏基础，增加整体性。同时建议原基坑围护方案与挖土方案，重新组织专家评审，确保基坑稳定安全。在此前提下，提供以下几种处理方案。

方案一：首先对高压注浆的Ⅲ类桩全部做二次低应变复检，全部合格后（不合格者全部按承载力对等原则替换），根据《建筑桩基技术规范》JGJ 94—2008 要求，不满足偏差允许值的桩，均应按一定比例替换处理。

同时考虑到尽管Ⅲ类桩经过注浆加固处理，但是Ⅲ类桩成因很多，注浆并不能解决Ⅲ类桩存在的所有隐患，且效果不稳定，难以准确评价。另外因地基情况很复杂，淤泥质土层厚达 30 余米且流动性强等因素。从建筑安全出发，对上述问题较严重的桩应进行补桩处理。据此确定如下补桩原则：

Ⅲ类桩且偏位大于 0.5D 者，应按对等补桩处理，共计 13 根。

Ⅲ类桩且偏位为 (0.25~0.5)D 者，应按 75% 对等补桩处理共计 6 根。

Ⅲ类桩且偏位小于 0.25D 者，应按 25% 对等补桩处理，共计 3 根。

Ⅱ类桩偏位尺寸大于及接近 1.0D 者应按对等补桩处理，共计 4 根。

Ⅱ类桩偏位尺寸为 (0.5~1.0)D 者应按 30% 对等补桩处理，共计 6 根。

抗拔桩的问题桩按对等补桩处理，共计 2 根。

总计需对等补桩约 34 根，实际补桩位置还需结合基础的设计计算的结果共同确定。

方案二：首先对高压注浆的Ⅲ类桩全部做二次低应变复检，全部合格后（不合格者全部按承载力对等原则替换），如果现场条件允许，再对Ⅲ类桩和偏位桩选取一定数量进行单桩竖向抗压静载荷试验。在Ⅲ类桩中应至少选取 2 根；偏位桩中偏位 700mm 以上的选取 1 根，偏位 500～700mm 的选取 1 根，偏位 300～500mm 的选取 1 根，偏位 300mm 以内的选取 1 根，总计 6 根。

由于偏位较大桩和Ⅲ类桩，属于问题桩（非正常桩），所以静载试验属于辅助措施，无法确认长期荷载作用下的承载能力情况，因为长期荷载下，偏位桩会产生 P-Δ 效应，形成破坏可能。但静载荷试验结果，可以为补桩方案的确定提供数据支持，优化补桩数量。本方案存在的风险是，如静载荷试验不合格，按规范要求仍要加倍复检。该方案比较费时，结果存在不确定因素。

如果静载试验合格，综合考虑Ⅱ、Ⅲ类桩＋偏位的事实存在，确定补桩方案如下（补桩理由同方案一）：

桩偏位尺寸接近和大于 1.0D 者按对等补桩处理，共计 6 根。

桩偏位尺寸（0.5～1.0）D 者按 30％对等补桩处理，共计 10 根。

桩偏位尺寸（0.25～0.5）D 者按 10％对等补桩处理，共计 4 根。

抗拔桩按对等补桩处理，共计 2 根。

总计需对等补桩约 22 根，实际补桩位置需按着设计计算的结果确定。

方案三：如果现场情况允许，首先对偏桩进行纠偏处理，使其达到设计要求。然后对所有偏桩和Ⅲ类桩进行低应变检测，全部合格后再进行静载式样检测，数量按方案二确定。如果合格，对该桩基础进行少量适量的补桩加强即可。

最终根据现场的实际情况，确定按方案三的要求进行处理。先进行纠偏处理。

纠偏后的剩余偏桩尺寸分布见图 7.4-3，纠偏后的剩余偏桩情况及最终补桩数量见表 7.4-3。

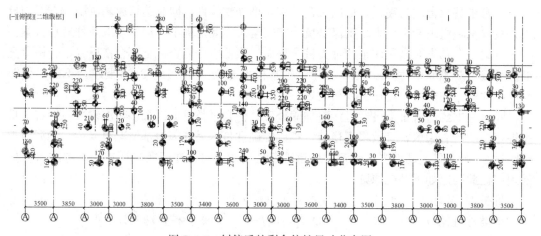

图 7.4-3　纠偏后的剩余偏桩尺寸分布图

纠偏后的剩余偏桩情况及最终补桩数量表　　　　表 7.4-3

剩余偏桩情况统计	实测数	补桩数
桩偏位尺寸接近和大于 1.0D	1	1
桩偏位尺寸(0.5～1.0)D	14	5
桩偏位尺寸(0.25～0.5)D	46	5
抗拔问题桩	2	2

具体补桩位置原则上是以就近为主，最终是结合有限元软件计算结果确定。

专题 7.5　高层桩基遇溶洞需考虑的问题及处理案例

贵州某高层住宅，基础为大直径钻孔灌注桩、嵌岩桩，桩端持力层为中风化灰岩，嵌岩 1.0m，该桩基均位于稳定中风化基岩之上。

桩基施工过程中，局部补勘发现有事先未探明的溶洞存在。图 7.5-1 局部桩平面图中粗虚线范围内的桩为未施工桩，其他是已经施工的桩，本图中大圆为钻孔桩，小圆为原有和新补增的勘探孔。其中钻孔桩 ZK1-61、ZK1-56-1 在原设计的桩端位置的下方发现存在事先未发现的溶洞，溶洞的平面范围见局部桩平面图中的阴影区，图 7.5-1；剖面范围见图 7.5-2。

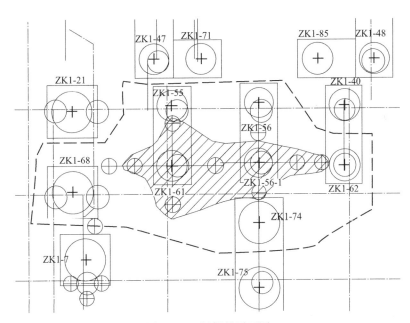

图 7.5-1　局部桩平面图

由此给项目的桩基施工带来如下问题：

（1）溶洞范围内的桩 ZK1-61、ZK1-56-1 如何合理确定施工方案问题。

（2）溶洞范围之外周边和溶洞相邻的未施工桩 ZK1-55、ZK1-56、ZK1-62、ZK1-74、ZK1-68 是否会受到溶洞的影响的判定以及施工方案确定问题。

（3）局部桩平面图中虚线范围外的已经施工的桩 ZK1-47、ZK1-71、ZK1-85、ZK1-48、ZK1-40、ZK1-75、ZK1-7、ZK1-21 的安全性判定问题。

通过已提交岩土勘察报告钻孔情况，后期设计增加柱位孔的情况，以及在施工勘察过程中遇溶洞情况进行补孔勘探情况看，本场地每个桩孔所揭露的岩溶洞（隙）大部分是独立发育，局部成贯通发育，溶洞（黏土充填）规模不大且周围不存在临空面情况。根据贵州岩溶地区及参照以往贵州地区地基基础施工方面的经验，结合本场地现场采取的中风化岩石室内饱和单轴抗压强度试验成果，本场地地基承载力特征值建议为 $f_a = 4500\text{kPa}$，岩石属于较硬岩，本场地持力层是满足地质要求的。

图 7.5-2 工程地质剖面图

根据《贵州建筑地基基础设计规范》DBJ 52/T 045—2018，端承（嵌岩）桩桩端以下 3 倍桩底直径及 5m 深度范围内应无软弱夹层、断裂破碎带和洞穴分布，并应在桩底应力扩散范围内无岩体临空面。

根据钻孔 ZK1-61、ZK1-56-1 及溶洞的补孔情况的数据分析，该范围的溶洞顶至原设计桩端范围的岩层厚度不满足 3 倍桩底直径及 5m 深度的要求，桩承载力无法保证。

同时还根据《贵州省建筑桩基设计与施工技术规程》DBJ 52/T 088—2018 中附录 C，对溶洞顶板的稳定性进行验算，结果显示不满足要求。

据此确定该两桩应揭穿溶洞，桩端置于溶洞下方的稳定中风化基岩之上并满足嵌固要求。按此方案施工，据岩溶补充钻孔该两桩持力层厚度为 8.4m，持力层范围内无不良地质情况。因此桩的持力层可以满足规范要求，且是安全稳定的。

溶洞范围之外周边和溶洞相邻的未施工桩 ZK1-55、ZK1-56、ZK1-62、ZK1-74、ZK1-68 的设计施工方案确定，这些桩是否也需要加长，和穿越溶洞的桩置于一样桩端标高。

由钻探资料可知，上述桩穿过的下方没有溶洞和不良地质情况存在，重点是要考虑其侧向桩 ZK1-61、ZK1-56-1 下方的溶洞壁距这些桩的岩层厚度及对其是否有不良影响。

根据溶洞补孔中钻孔情况及设计单桩竖向承载力分析，按规范《岩土工程勘察规范》DGJ 32/TJ 208—2016 有关规定，地勘最后确认上述桩下方岩层的剖面方向多数为顺层方向，存在顺层滑动潜在滑移面，ZK1-55、ZK1-56、ZK1-62、ZK1-74、ZK1-68 如仍按原定设计的桩端标高施工，可能影响 ZK1-61、ZK1-56-1 桩位及侧向的溶洞。

另外，还同时辅助采用岩土物理学的方法并参考边坡的平面滑动方法去计算桩端的剩余下滑力及其对溶洞的作用，结果也显示不满足相关要求。

综合岩溶及潜在滑移面情况分析，最终决定粗虚线范围内未施工的 ZK1-55、ZK1-56、ZK1-62、ZK1-74、ZK1-68 桩大部分揭穿溶洞施工，桩端穿过溶洞影响范围至溶洞下方的基岩满足嵌岩要求。

仅少数桩高低桩间持力层岩层走向为逆向，岩层满足稳定性要求的，同时又具备相应条件的，这种桩的桩端标高采用往上提高的处理方式，利用溶洞顶完整的岩层为持力层，保证最小持力岩层厚度，桩位于溶洞岩层逆向，可以满足安全性要求。

对已经施工的桩 ZK1-47、ZK1-71、ZK1-85、ZK1-48、ZK1-40、ZK1-75、ZK1-7、ZK1-21 的安全性判定问题。

这些桩距离发现的溶洞距离较远，经过计算及地勘分析，不存在上述的问题。

但是虚线范围以外的桩 ZK1-47、ZK1-71、ZK1-85、ZK1-48、ZK1-40、ZK1-75、ZK1-7、ZK1-21 由于已经施工完成，其桩端在溶洞之上的标高处，造成和穿越溶洞的桩之间的桩端不满足 45 度角。

根据《贵州建筑地基基础设计规范》DBJ 52/T 045—2018 第 8.5.4-4 条规定：桩底宜在同一标高上。对于端承桩，当相邻桩的桩底高差大于 1 倍桩的中心距时，应验算桩的稳定性，在岩溶或有软弱层分布地段，应查明桩底以下是否存在临空面、陡坡、鹰嘴以及其他不良地质等情况。

首先可以采用岩土物理学的方法并参考边坡的平面滑动方法去计算桩端的剩余下滑力对相邻长桩的作用。

上部结构荷载为轴心荷载，无偏心荷载或大偏心荷载，计算结果显示短桩传导至长桩的最大剪应力值 527kN/m。

依据地勘提供的资料及数据，设计方按照《混凝土结构设计规范》（2015 年版）GB 50010—2010 中 6.3.12～6.3.15 条的规定，长桩桩身受到短桩传来的剪应力 527kN/m，进行了桩身的受剪复核计算。

举例说明如下。取桩身长度 1.0m 进行复核，桩混凝土强度等级 C30，桩箍筋为一级钢直径为 10mm，箍筋间距为 250mm，桩受压轴力为 3789kN，桩径 1.60m。

即：$V = 0.7 \times 1.43 \times 1.76 \times 800 \times 1.6 \times 800 + 270 \times (2 \times 79) \times 1.6 \times 800/250 + 0.07 \times 3789$

$\quad = 1804042.24\text{N} + 218419.2\text{N} + 265.23\text{kN}$

$\quad = 1804.04\text{kN} + 218.42\text{kN} + 265.23\text{kN}$

$\quad = 2287.69\text{kN} > 1.6\text{m} \times 527\text{kN/m} = 843.2\text{kN}$

长桩自身能够抵抗短桩传来的剪力影响。

另外，《建筑桩基技术规范》JGJ 94—2008 并没有对桩底标高高差的限制要求，根据该规范的"释义"，端承桩（嵌岩）基桩自身的稳定性可以得到保证，相应的邻桩也不存在不利影响。因为此时虽然桩端分担荷载很大，但由于桩端不存在临空面，其水平应力远小于竖向应力，在满足一定桩距的情况下，桩端处于三向约束状态下不至于失稳。同时中风化岩层属于较硬岩，也排除了其对沉降的影响。

　　基于上述分析和规范的考虑，确认已经施工的基桩对其相邻桩的影响有限，满足桩基安全的要求。

　　图 7.5-3 为部分桩最后确定的桩端位置示意，粗横线为对应的桩端位置。

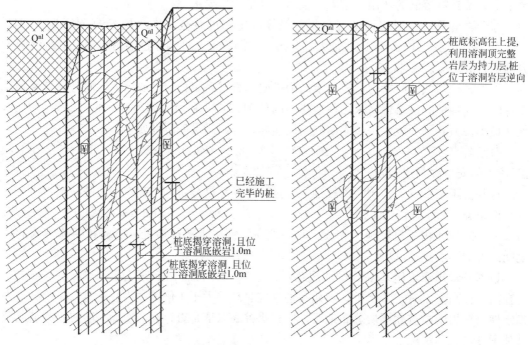

图 7.5-3　最终桩端位置示意

参考文献

曾晓峰，布丁．跳出设计做设计——结构设计常见问题解析．北京：中国建筑工业出版社，2016．